Nachrichtentechnik
Herausgegeben von H. Marko
Band 6

E. Herter · H. Rupp

Nachrichtenübertragung über Satelliten

Grundlagen und Systeme, Erdefunkstellen und Satelliten

Zweite, völlig neubearbeitete und erweiterte Auflage

Mit 98 Abbildungen und 5 Tabellen

Springer-Verlag
Berlin Heidelberg New York Tokyo 1983

Dipl.-Ing. EBERHARD HERTER

Professor an der Fachhochschule für Technik, Esslingen
Wissenschaftlicher Berater der Standard Elektrik Lorenz AG

Dr.-Ing. HEINRICH RUPP

Leiter des Entwicklungsbereichs Funk und Raumfahrt
Standard Elektrik Lorenz AG, Stuttgart

Dr.-Ing. HANS MARKO

Professor, Lehrstuhl für Nachrichtentechnik
Technische Universität München

CIP-Kurztitelaufnahme der Deutschen Bibliothek
Herter, Eberhard:
Nachrichtenübertragung über Satelliten:
Grundlagen u. Systeme, Erdefunkstellen u. Satelliten/
E. Herter; H. Rupp. —
2., völlig neubearb. u. erw. Auflage
Berlin, Heidelberg, New York: Springer, 1983
(Nachrichtentechnik; Bd. 6)

ISBN-13: 978-3-540-12074-2   e-ISBN-13: 978-3-642-81959-9
DOI: 10.1007/978-3-642-81959-9

2362/3020—543210

Zur Buchreihe „Nachrichtentechnik"

Die Nachrichten- oder Informationstechnik befindet sich seit vielen Jahrzehnten in einer stetigen, oft sogar stürmisch verlaufenden Entwicklung, deren Ende nicht abzusehen ist. Durch die Fortschritte der Technologie wurden ebenso wie durch die Verbesserung der theoretischen Methoden nicht nur die vorhandenen Anwendungsgebiete ausgeweitet und den sich ändernden Erfordernissen angepaßt, sondern auch neue Anwendungsgebiete erschlossen.

Zu den klassischen Aufgaben der Nachrichtenübertragung und Nachrichtenvermittlung sind die Nachrichtenverarbeitung und die Datenverarbeitung hinzugekommen, die viele Gebiete des beruflichen sowie des privaten Lebens in zunehmendem Maße verändern. Die Bedürfnisse und Möglichkeiten der Raumfahrt haben gleichermaßen neue Perspektiven eröffnet wie die verschiedenen Alternativen zur Realisierung breitbandiger Kommunikationsnetze. Neben die analoge ist die digitale Übertragungstechnik, neben die klassische Text-, Sprach- und Bildübertragung ist die Datenübertragung getreten. Die Nachrichtenvermittlung im Raumvielfach wurde durch die elektronische zeitmultiplexe Vermittlungstechnik ergänzt. Satelliten- und Glasfasertechnik haben zu neuen Übertragungsmedien geführt. Die Realisierung nachrichtentechnischer Schaltungen und Systeme ist durch den Einsatz des Elektronenrechners und die digitale Schaltungstechnik erheblich verbessert und erweitert worden. Die schnelle Entwicklung der Halbleitertechnologie zu immer höheren Integrationsgraden erschließt neue Anwendungsgebiete besonders auf dem Gebiet der digitalen Technik.

Die Buchreihe „Nachrichtentechnik" trägt dieser Entwicklung Rechnung und bietet eine zeitgemäße Darstellung der wichtigsten Themen der Nachrichtentechnik an. Die einzelnen Bände werden von Fachleuten geschrieben, die auf dem jeweiligen Gebiet kompetent sind. Jedes Buch soll in ein bestimmtes Teilgebiet einführen, die wesentlichen heute bekannten Ergebnisse darstellen und eine Brücke zur weiterführenden Spezialliteratur bilden. Dadurch soll es sowohl dem Studierenden bei der Einarbeitung in die jeweilige Thematik als auch dem im Beruf stehenden Ingenieur oder Physiker als Grundlagen- oder Nachschlagewerk dienen. Die einzelnen Bände sind in sich abgeschlossen, ergänzen einander jedoch innerhalb der Reihe. Damit ist eine gewisse Überschneidung unvermeidlich, ja sogar erforderlich.

Die derzeitige Planung der Reihe umfaßt die mathematischen Grundlagen, die Baugruppen und Systeme sowie die Technik der Signalverarbeitung und Signalübertragung. Eine Ergänzung bildet die Meßtechnik. Das folgende Schema zeigt den heutigen Stand der Reihe unter Einschluß der demnächst erscheinenden Bände.

Mathematische Grundlagen	Band 1:	Methoden der Systemtheorie (H. Marko)
	Band 4:	Numerische Berechnung linearer Netzwerke und Systeme (H. Kremer)
	Band 7:	Grundlagen digitaler Filter (R. Lücker)
	Band 10:	Grundlagen der Theorie statistischer Signale (E. Hänsler)
	Geplant:	Anwendungsbeispiele zur Systemtheorie
	Geplant:	Mehrdimensionale Systemtheorie
	Geplant:	Kanalcodierung
Baugruppen und Systeme	Band 3:	Bau hybrider Mikroschaltungen (E. Lüder)
	Band 8:	Nichtlineare Schaltungen (R. Elsner)
	Geplant:	Transistorverstärker
Signalverarbeitung	Band 5:	Prozeßrechentechnik (G. Färber)
	Geplant:	Analoge Bildverarbeitung
	Geplant:	Digitale Bildverarbeitung
	Geplant:	Sprachverarbeitung und Sprachübertragung
Signalübertragung	Band 2:	Fernwirktechnik der Raumfahrt (P. Hartl)
	Band 6:	Nachrichtenübertragung über Satelliten (E. Herter, H. Rupp)
	Band 11:	Bildkommunikation (H. Schönfelder)
	Geplant:	Millimeterwellen
	Geplant:	Lichtwellenleiter
	Geplant:	Optimierung digitaler Übertragungssysteme
	Geplant:	Antennen
	Geplant:	Radartechnik
Ergänzungen	Band 9:	Nachrichten-Meßtechnik (E. Schuon, H. Wolf)

Herausgeber und Verlag danken für alle Anregungen zur weiteren Ausgestaltung dieser Reihe. Die freundliche Aufnahme in der Fachwelt hat die Richtigkeit der Idee, das sich schnell entwickelnde Gebiet der Nachrichtentechnik oder Informationstechnik in einer Buchreihe darzustellen, bestätigt.

München, im Frühjahr 1983   H. Marko

Vorwort

Das große Interesse an einer aktuellen Darstellung der Nachrichtenübertragung über Satelliten zeigte sich daran, daß die erste Auflage (1979) bereits nach zwei Jahren vergriffen war. Um dieses Interesse noch besser befriedigen und neue Entwicklungen berücksichtigen zu können, wurde die 2. Auflage deshalb völlig neu bearbeitet.

Zwar wurde auch der Umfang erweitert, doch hat die Vielfalt der Nachrichtensatellitensysteme beträchtlich stärker zugenommen (einige Stichworte: Regionalsatellitensysteme in allen Teilen der Welt, kleine Erdfunkstellen, packet switching, Fernsehdirektempfang, neue Generation Intelsat VI, usw.). So muß in vielen Detailfragen auf die Literatur verwiesen werden. Der erhöhten Bedeutung des Literaturverzeichnisses wurde durch eine neuartige Gliederung derart Rechnung getragen, daß das Verzeichnis eigenständig genutzt werden kann. Die Einteilung der Literaturstellen nach Themengruppen erlaubt es, eine solche Gruppe im Text ggf. auch en bloc anziehen zu können, z. B. [63-. . .].

Nach einer Einführung in die Grundlagen wird eine Übersicht über Bedeutung, Aufbau und Netzeinbindung von Satellitsystemen gegeben, um die Kapitel Vielfachzugriff, Erdefunkstelle, Satellit und Planung vorzubereiten. Den Schluß bilden einige Beispiele bestehender Systeme und zukünftiger Entwicklungen. Die in der 1. Auflage gegebene Liste wichtiger Abkürzungen wurde auf ein Mehrfaches erweitert und in das Sachverzeichnis integriert.

Das Buch wendet sich weiterhin in erster Linie an Ingenieure und Studenten der Nachrichtentechnik. Außerdem spricht es aber einen rasch wachsenden Kreis von Lesern an, die auf einem der vielen von der Satellitentechnik tangierten Gebiete arbeiten und sich einen aktuellen Überblick über Nachrichtensatelliten verschaffen wollen. Je nach Arbeitsgebiet werden diese letztgenannten Leser evtl. recht unterschiedliche Vorkenntnisse mitbringen. Sofern dadurch lediglich das Verständnis in Detailfragen etwas erschwert wird, ist dies nicht kritisch. Es wurde aber sichergestellt, daß auch solche Leser aus dem Buch Nutzen ziehen können, die z. B. keine Vorkenntnisse auf dem Gebiet der Höchstfrequenztechnik haben.

Aus obigen Überlegungen heraus erhielt das Kapitel 2 nicht nur die Aufgabe, als Basis für die folgenden Kapitel zu dienen, sondern auch, individuelle Lücken bei den Vorkenntnissen etwas aufzufüllen.

Aus dem Leserkreis erhielten wir viele Anregungen und Verbesserungsvorschläge, die wir soweit wie möglich berücksichtigt haben. Wir danken für alle Ratschläge und bitten um Verständnis, daß wir in Anbetracht des begrenzten Umfangs auf die Behandlung vor allem solcher Punkte verzichten mußten, die nicht primär mit der Nachrichtenübertragung zusammenhängen.

Wir danken dem Herausgeber für die Anregung zu diesem Buch, dem Verlag für die immer gute Zusammenarbeit und der Standard Elektrik Lorenz AG für die Förderung dieses Projektes. Besonders danken wir Frau Gisela Herter für die sorgfältige Reinschrift des Manuskripts. Schließlich wollen wir schon jetzt allen Dank sagen, die uns Hinweise zur weiteren Verbesserung geben werden.

Stuttgart, im Frühjahr 1983   E. Herter H. Rupp

Inhalt

1 Einführung

Seit dem Start von Sputnik I (1957) sind Tausende von Satelliten in Umlaufbahnen um die Erde oder andere Himmelskörper gebracht worden. Sie haben vielfältige Aufgaben:
— wissenschaftliche Missionen,
— Anwendungssatelliten. Wichtigste Gruppe: Nachrichtensatelliten (kommerzielle oder militärische), ferner Wetter-, Erkundungs-, Erdvermessungs- und Navigationssatelliten,
— spezifisch militärische Aufgaben, z. B. Spionagesatelliten,
— bemannte Raumfahrzeuge,
— extraterrestrische Satelliten.

Von großer wirtschaftlicher Bedeutung sind Satelliten, deren Mission speziell darin besteht, als Relaisstellen leistungsfähiger Nachrichtenverbindungen zu dienen: *Nachrichtensatelliten*. Die Nachrichtenübertragung über diese Satelliten ist u. a. durch folgende Randbedingungen gekennzeichnet:
— Die betrachteten Satelliten bewegen sich auf Bahnen um die Erde.
— Die insgesamt für die Übertragung genutzte Bandbreite ist sehr groß, z. B. 500 MHz (viele Nachrichtenkanäle und/oder solche mit großer Bandbreite).
— Viele Erdefunkstellen stehen gleichzeitig über den Satelliten miteinander in Verbindung: „*Vielfachzugriff*".
— Der Satellit und die vielen zugreifenden Erdefunkstellen müssen als Ganzes kostenoptimiert werden.
— Die bei der geostationären Bahn (vgl. 2.1.2) auftretenden Freiraumdämpfungen sind recht groß — Größenordnung 200 dB —, aber doch wesentlich kleiner als im Fall weit entfernter Raumsonden. Da außerdem bei geostationären Satelliten praktisch kein Dopplereffekt auftritt, ist die Fernüberwachung und Fernbedienung (Telemetrie/Telekommando; engl. telemetry/telecommand, TM/TC) relativ unproblematisch.

Bei weit entfernten Raumsonden ist diese Fernwirktechnik oft die einzige (schmalbandige) Nachrichtenverbindung vom bzw. zum Raumflugkörper, die unter schwierigsten Bedingungen (Freiraumdämpfung, Dopplereffekt, ...) realisiert werden muß. Dieses Gebiet wird in einem anderen Band der Reihe [10-1] behandelt.
„*Nachrichtensatellit*" ist ein Oberbegriff; es gibt u. a.:
— Satelliten zur Übertragung von Fernsprechen, Fernsehprogrammen und Daten; sie werden im folgenden als „Fernmeldesatelliten" bezeichnet,
— Fernsehverteilsatelliten,

— Satelliten für Rundfunk- und Fernsehdirektübertragung,
— Flugfunk-, Schiffsfunk- und Navigationssatelliten,
— Relaissatelliten (zu interplanetarischen Systemen; zu subsynchronen Satelliten; usw.).

Die größte Bedeutung haben die Fernmeldesatelliten; sie werden deshalb im vorliegenden Buch in erster Linie behandelt.

2 Die Grundlagen der Nachrichtensatellitentechnik

2.1 Satellitenbahnen und Bahneinschuß

2.1.1 Grundgesetze der Satellitenbewegung

Nach den Keplerschen Gesetzen ist die allgemeine Bahnkurve eines erdumlaufenden Satelliten eine Ellipse, in deren einem Brennpunkt die Erde steht. Die Bahnebene, in der eine Bahnkurve liegt, muß stets durch den Massenmittelpunkt der Erde gehen. Die Bahn hat einen erdnächsten Punkt (Perigäum) und einen erdfernsten Punkt (Apogäum).

Ein wichtiger Sonderfall der Ellipsenbahn ist die kreisförmige Bahn. Der Zusammenhang zwischen der Bahnhöhe h (über Erdboden) und der Umlaufzeit T läßt sich durch Gleichsetzen der Kraft der Erdanziehung und der bei der Winkelgeschwindigkeit $2\pi/T$ auftretenden Fliehkraft berechnen; man erhält:

$$T = 2\pi \sqrt{\frac{(h + R)^3}{GM}} \tag{2-1}$$

Dabei ist $G = 6{,}67 \cdot 10^{-11}$ Nm^2/kg^2 die Gravitationskonstante, $M = 5{,}95 \cdot 10^{24}$ kg die Erdmasse und $R = 6370$ km der Erdradius.

2.1.2 Wichtige Bahnkurven für Nachrichtensatelliten

Die meisten Nachrichtensatelliten benutzen heute die *geostationäre Bahn*, eine Kreisbahn in der Äquatorebene mit einer mittleren Höhe über Erdboden $h = 35\,730$ km. Die zugehörige Umlaufzeit ist dann $T = 23$ h 56 min. Da sich die Erde in dieser Zeit gerade einmal dreht, bleibt also der Satellit stets über dem gleichen Punkt des Erdäquators. (Praktisch spricht man in der Regel von der „24-Stunden-Bahn"; dafür wird die Höhe $h = 35\,800$ km oder rund $h = 36\,000$ km.)

Die ersten Satelliten benutzten subsynchrone Bahnen; letztere haben offensichtliche Nachteile: Nur zeitweise sichtbare Satelliten, notwendige Antennennachführung, Laufzeitänderung, Dopplereffekt usw. Nachdem hinreichend leistungsfähige Trägerraketen zur Verfügung standen, setzte sich für kommerzielle Nachrichtensatelliten der westlichen Welt die geostationäre Bahn allgemein durch. Sie vermeidet die Nachteile subsynchroner Satelliten und hat insbesondere für kleinere Erdefunkstellen den großen Vorteil, daß nur beschränkt nachführbare, u. U. sogar feste Antennen benutzt werden können. Der Nachteil der größeren Laufzeit wird in Kauf genommen.

Ein geostationärer Satellit „sieht" etwa ein Drittel der Erdoberfläche. Durch drei Satelliten (über dem Atlantik, Pazifik und Indischem Ozean) kann die Versorgung der ganzen Erde mit Ausnahme der Polgebiete annähernd sichergestellt werden, wie A. C. Clarke bereits 1945 vorgeschlagen hat [21-1].

Für die Sowjetunion ist eine Bahn von Interesse, die im Gegensatz zur geostationären Bahn auch die Ausleuchtung des Polgebiets gestattet. Die für die Molnija-Satelliten gewählte elliptische Bahn (Bild 2-1) ist gleichzeitig geeignet, die volle Län-

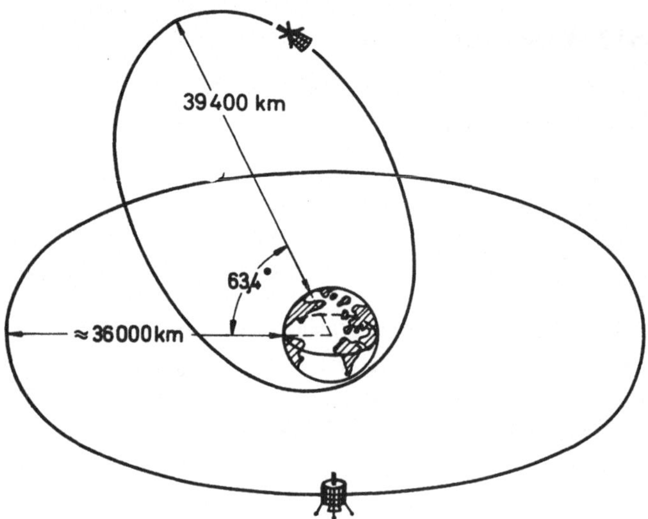

Bild 2-1. Geostationäre Bahn und „Molnija"-Bahn

genausdehnung der UdSSR (ca. 10 000 km) auszuleuchten. Durch die Triaxialität der Erde (vgl. 6.8.2) erleiden Ellipsenbahnen evtl. eine Drehung der Apogäumsrichtung um einige Grad pro Tag; bei 63,4° Inklination gegenüber der Äquatorebene tritt dieser Effekt nicht auf [21-2]. Bei der Molnija-Bahn ist die Nutzlast bei gegebener Trägerrakete doppelt so groß wie bei der geostationären Bahn. Man hat dafür die bekannten Nachteile nichtsynchroner Bahnen in Kauf genommen: Mehrere Satelliten, Nachführung der Boden- und der Bordantennen, usw.

Literatur zu Bahnkurven usw.: [21-...].

2.1.3 Einschuß in die geostationäre Bahn

Der Satellit muß nicht nur an einen bestimmten Ort im geostationären Orbit gebracht werden, er muß dort auch in der gewünschten Weise zur Erde hin orientiert und stabilisiert werden, vgl. 6.8. Beim Start eines Intelsat-V-Satelliten (vgl. 6.2) ergibt sich z. B. der in Bild 2-2 gezeigte Ablauf.

Die verschiedenen verfügbaren Trägerraketen sind in [22-1] zusammengestellt. Mit der Raumfähre „Space Shuttle" [22-2] steht inzwischen ein leistungsfähiger

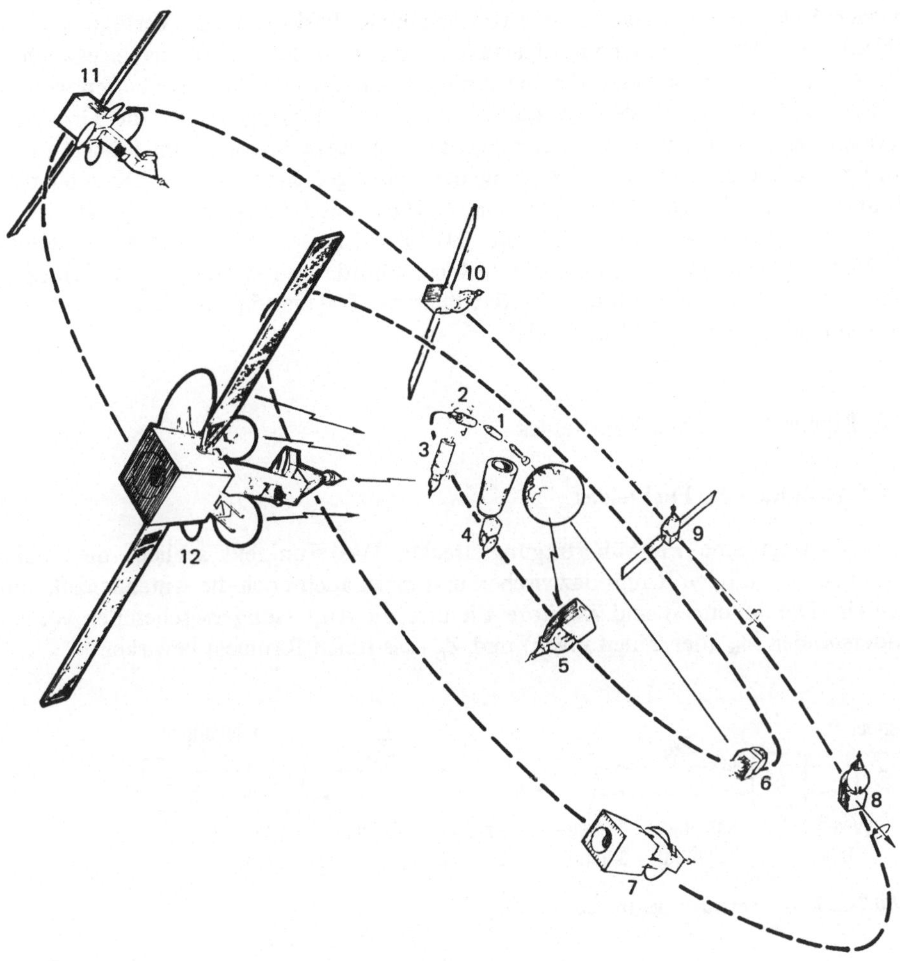

Bild 2-2. Bahneinschuß bei Intelsat V. 1 Raketenstart: Einschuß durch Atlas Centaur in kreisförmige Parkbahn. Startfenster ca. 2 h um Mitternacht GMT (T = 0). 2 Absprengen der Nutzlastverkleidung erfolgt während der ersten Brenndauer der Centaur-Stufe (T = 3,5 Min). 3 Einschuß in die Transferbahn. Durch das zweite Zünden der Centaur-Stufe wird der Satellit in die elliptische Transferbahn eingeschossen (T = 27 Min). 4 Abtrennen des Satelliten von der 2. Raketenstufe erfolgt nach einer Lageausrichtung. Der Satellit wird spinstabilisiert (T = 29 Min). 5 Verbindungsaufnahme mit CARNARVON, Australien, über die TTC-Funkverbindung (T = 43 Min). 6 Zünden des Apogäumsmotors bringt den Satelliten in eine quasi-Synchronbahn in 35 789 km Höhe (T = 37 h). 7 Bahnkorrektur: Geschwindigkeitserhöhung zum Erreichen der Kreisbahn (T = 57 h). 8 Ausrichten des Satelliten auf die Sonne. Nach erfolgter Entdrallung wird der Satellit in eine auf die Sonne orientierte Lage gebracht (T = 84 h). 9 Ausfahren der Solarzellenausleger. Damit ist volle Primärleistung verfügbar (T = 85 h). 10 Ausrichten des Satelliten auf die Erde. Der Satellit ist damit in allen 3 Achsen stabilisiert (T = 87 h). 11 Entfalten der Antenne ermöglicht erstmals Betrieb über die Nachrichtentransponder (T = 93 h). 12 Positionierung des Satelliten am endgültigen Platz der Synchronbahn. Mit einer Driftrate von 1° je Tag kann der Satellit während 1 ... 2 Monaten auf seine endgültige Position gebracht werden. Nach Erreichen dieser ist der Satellit betriebsbereit (T = 1 ... 2 Monate)

wiederverwendbarer Träger zum Erreichen einer Parkbahn zur Verfügung. Dem Shuttle ist in der europäischen Trägerrakete Ariane eine harte Konkurrenz erwachsen [22-3]. Bis 1986 soll mit der Version Ariane IV die Möglichkeit geschaffen werden, Massen bis 2000 kg in den geostationären Orbit zu bringen. Für die Geo-Plattformen der Zukunft wird es interessant, noch größere Massen „am Stück" zu befördern; die USA planen für Anfang der neunziger Jahre mit der Kombination Shuttle und OTV (Orbital Transfer Vehicle) Starts mit 3500 bis 7000 kg [22-4].

Während heute Starts mit z. B. Delta 3910-PAM 26 Mio. $ und mit Atlas-Centaur 40 Mio. $ kosten, erwartet man durch Space Shuttle und Ariane (und durch deren Konkurrenz!) in wenigen Jahren für Satelliten mit 700 bis 1500 kg Masse Startkosten von nur noch 11 bis 13 Mio. $ [22-5].

2.2 Eigenschaften des Funkfeldes

2.2.1 Definition des Funkfeldes

Bild 2-3 zeigt eine Funkübertragungsstrecke. Das Funkfeld schließt die beiden Antennen, den freien Raum dazwischen und meist auch noch die Antennenzuleitungen ein. Die Antennen sind Zweitore, die u. a. die Anpassung zwischen den Wellenwiderständen Z_W (der Zuleitungen) und Z_0 (des freien Raumes) bewirken.

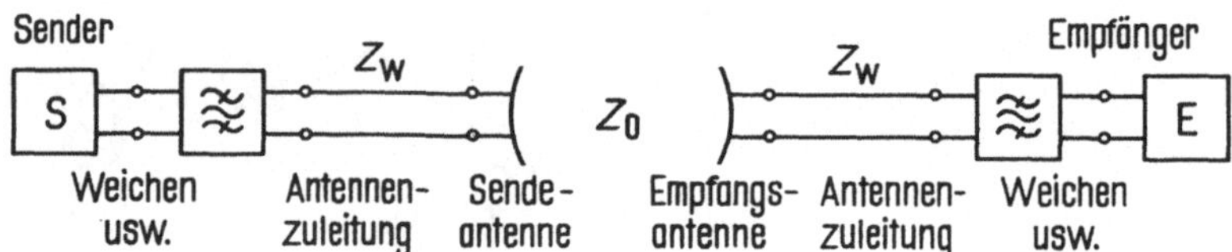

Bild 2-3. Funkübertragungsstrecke

2.2.2 Ausbreitung elektromagnetischer Wellen im freien Raum

Eine Raumwelle geht von einem Strahler (Antenne) aus. Damit eine Antenne gut abstrahlt, ist eine geeignete Formgebung und Größe erforderlich. Alle Eigenschaften elektromagnetischer Wellen lassen sich aus den Maxwellschen Gleichungen ableiten [16-1].

Anhand von Bild 2-4 betrachten wir das Einsetzen der Abstrahlung bei einer Dipolantenne. Zum Zeitpunkt $t = 0$ wurde in der Dipolmitte eine sinusförmige Erregung angeschaltet. Die Spannung im Dipol verursacht ein elektrisches, der Strom im Dipol ein magnetisches Feld. Beide stehen senkrecht aufeinander und wandern mit Lichtgeschwindigkeit vom Dipol weg. Im stationären Zustand ergibt sich im Raum eine zeitlich und räumlich periodische Änderung der elektrischen und der magnetischen Feldstärke. Der Abstand zweier in Ausbreitungsrichtung aufeinander folgender Wellenpunkte gleichen Phasenzustandes wird Wellenlänge λ genannt. Als Phasenfront, Wellenfläche oder -front bezeichnet man die Flächen, denen Punkte gleichen Phasenzustandes angehören.

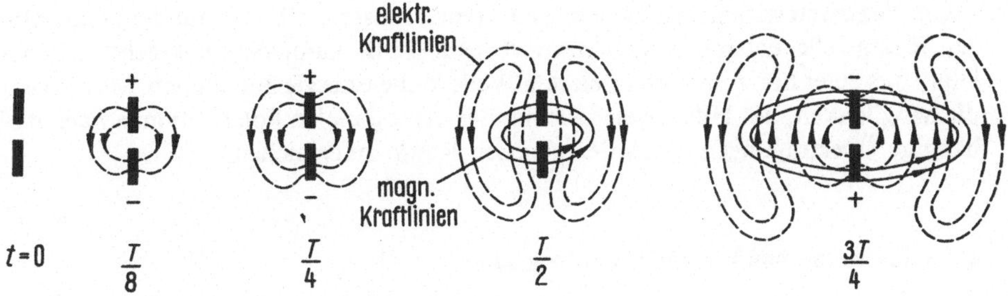

Bild 2-4. Einsetzen der Abstrahlung von einem Dipol

Der Dipol hat eine gewisse Richtwirkung: Seine Hauptstrahlrichtung ist senkrecht zu seiner Achse, dagegen strahlt er in Richtung der Achse überhaupt nicht. Demgegenüber strahlt ein Kugelstrahler (Isotropstrahler) in alle Richtungen gleich, so daß bei ihm die Wellenflächen im freien Raum Kugeln sind. In großer Entfernung kann ein genügend kleiner Ausschnitt aus einer Kugelwelle als ebene Welle betrachtet werden (Wellenebene, Phasenebene).

Bild 2-5 zeigt einen Ausschnitt aus dem Fernfeld. Der Vektor des elektrischen und der des magnetischen Feldes stehen senkrecht aufeinander. Die beiden Vektoren

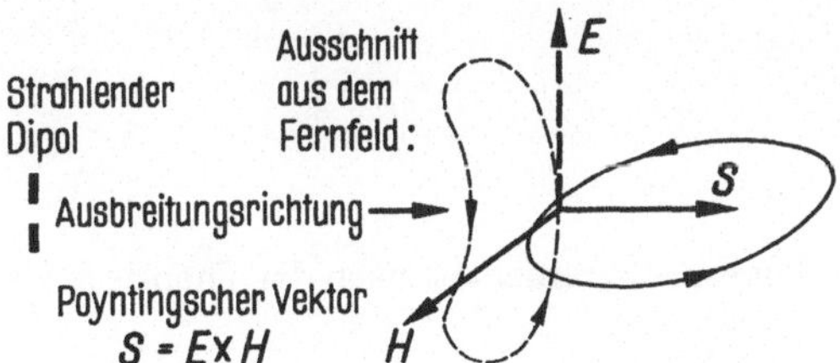

Bild 2-5. Verkettung im Fernfeld und Poyntingscher Vektor

definieren die Wellenebene. Ihr Vektorprodukt ist der Poyntingsche Vektor S (auch: Strahlungsdichte) in Ausbreitungsrichtung; sein Betrag ist die Leistungsflußdichte (power flux density) S, definiert als Quotient aus elektromagnetischer Leistung und einer Fläche, durch die diese Leistung senkrecht hindurchtritt. Elektrische und magnetische Feldstärke nehmen im Fernfeld linear mit der Entfernung d und der Wellenlänge λ ab. Die Leistungsflußdichte S ist damit umgekehrt proportional zu d^2 und λ^2.

Eine wichtige Eigenschaft ist die Schwingungsrichtung des elektrischen Feldvektors, die sogenannte Polarisation. Beispiel: Die elektrischen Feldlinien in der Hauptstrahlrichtung beim Dipol haben die gleiche Richtung wie die Dipolachse, also im Beispiel vertikal; die Spitze des elektrischen Feldvektors bewegt sich auf einer Geraden in vertikaler Richtung. Man sagt, die Welle ist linear vertikal polarisiert. Der allgemeine Fall ist die elliptische Polarisation: Die Welle besteht aus zwei Anteilen (Überlagerungsgesetz), deren elektrische Feldvektoren verschiedene Richtungen im Raum und eine zeitliche Phasenverschiebung besitzen. Als Sonderfall ergibt sich die zirkulare Polarisation.

Die elektrisch wirksamen Teile einer Antenne müssen in Bezug auf die Polarisation der Raumwelle entsprechend orientiert sein. Z. B. kann ein senkrecht stehender Dipol aus einer horizontal polarisierten Welle keine Energie aufnehmen. Man erkennt die Möglichkeit, mit Hilfe zweier zueinander orthogonalen Polarisationen zwei unabhängige Übertragungen durch den gleichen Raum zu erreichen.

2.2.3 Freiraum- und Funkfelddämpfungsmaß

Nach dem sogenannten Reziprozitätsgesetz hat eine passive Antenne im Sende- und Empfangsbetrieb die gleichen Eigenschaften (z. B. Gewinn). Die Antennenwirkfläche A_W verknüpft die Leistungsflußdichte S an der Antenne mit der aufgenommenen (bzw. zugeführten) Leistung P:

$$A_W = \frac{P}{S}.$$

$\hspace{1em}$ (2-2)

Die in Erdefunkstellen und Satelliten verwendeten Antennen gehören überwiegend zu den sogenannten Aperturstrahlern, d. h. es gibt eine Fläche A_{Ap}, durch welche der größte Teil der Strahlung durchtritt (z. B. die Öffnung eines Parabols). A_{Ap} hängt über die sog. „Flächenausnutzung" q mit der Antennenwirkfläche A_W zusammen:

$$q = \frac{A_W}{A_{Ap}}.$$

$\hspace{1em}$ (2-3)

Die Antennenwirkfläche A_{WK} eines idealen Kugelstrahlers ist nach der Theorie [16-1]:

$$A_{WK} = \frac{\lambda^2}{4\pi}.$$

$\hspace{1em}$ (2-4)

Bei einer Übertragung zwischen zwei Kugelstrahlern erhält der eine die Sendeleistung P_s zugeführt, der andere nimmt die Empfangsleistung P_e auf. Berücksichtigen wir die in 2.2.2 erwähnten Eigenschaften der Leistungsflußdichte S, so erhalten wir mit den Gl. (2-2) und (2-4) das Freiraumdämpfungsmaß

$$a_0 = 10 \lg \frac{P_s}{P_e} \, \mathrm{dB} = 20 \lg \frac{4\pi d}{\lambda} \, \mathrm{dB}.$$

$\hspace{1em}$ (2-5)

Aus dem Vergleich der von einer Antenne mit der Wirkfläche A_W in ihrer Hauptstrahlrichtung im Fernfeld erzeugten Leistungsflußdichte S_{max} mit der von einem idealen Kugelstrahler bei gleicher zugeführter Leistung erzeugten Flußdichte S_K ergibt sich der Antennengewinn

$$g = \frac{S_{max}}{S_K} = \frac{A_W}{A_{WK}}$$

$\hspace{1em}$ (2-6)

und mit Gl. (2-3) und Gl. (2-4) das Antennengewinnmaß, ggf. für eine Parabolantenne mit Durchmesser D

$$G = 10\,\lg\frac{S_{max}}{S_K}\,\mathrm{dB} = 10\,\lg\frac{4\pi A_W}{\lambda^2}\,\mathrm{dB} = 10\,\lg\frac{q\pi^2 D^2}{\lambda^2}\,. \tag{2-7}$$

Praktisch benutzt man stets die Angabe in dB, spricht aber einfach von „Gewinn" G.
Mit den Gewinnen G_S bzw. G_E der Sende- bzw. Empfangsantenne erhalten wir das
Funkfelddämpfungsmaß (alle Werte in dB)

$$a_F = a_0 - G_S - G_E \tag{2-8}$$

2.2.4 Gewinne von Satellitenantennen

Aus Gl. (2-5) erhalten wir für die geostationäre Bahn und für Frequenzen von mehreren GHz ein Freiraumdämpfungsmaß a_0 in der Größenordnung 200 dB. Um das
Funkfelddämpfungsmaß a_F möglichst klein zu machen, versucht man nicht nur in
der Erdefunkstelle, sondern auch im Satelliten Antennen mit möglichst hohem Gewinn zu verwenden. Für den Satelliten setzt dies eine Lagestabilisierung voraus.
In Bild 2-6 ist angenommen, daß der Satellit den ganzen von ihm aus sichtbaren
Teil der Erde ausleuchten soll. Spinstabilisierte Satelliten mit fest montierter Antenne
erlauben die Wahl der gezeichneten toroidförmigen Strahlungscharakteristik. Dreht
man die Antenne laufend mit der entsprechenden Geschwindigkeit der Spinbewe-

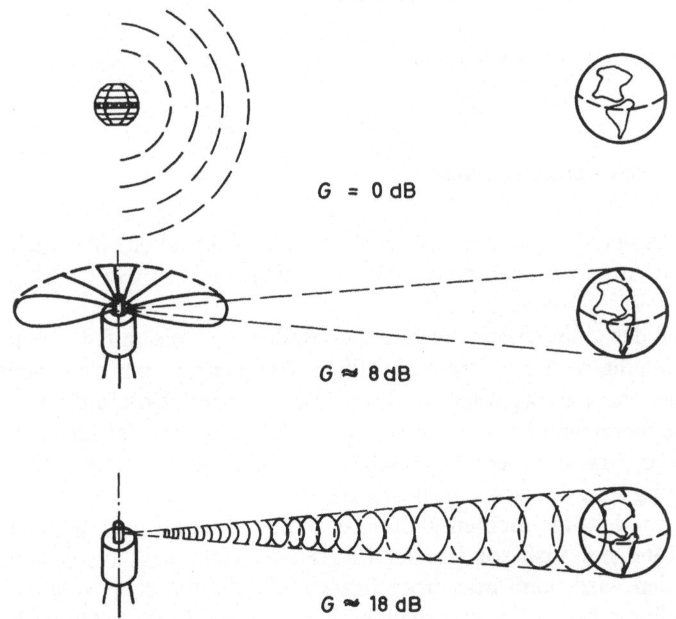

Bild 2-6. Antennengewinn und Lagestabilisierung

gung entgegen (entdrallte Antenne, z. B. Intelsat III), so gelingt es, die Strahlung auf die Erde zu konzentrieren.

Die weitere Entwicklung brachte scharfbündelnde Antennen, die nur ganz bestimmte Gebiete ausleuchten (spot beam). Beispiel: Ein geostationärer Satellit leuchtet. mit einer spot beam-Antenne ein kreisförmiges Gebiet mit Radius $r = 500$ km um den Subsatellitenpunkt auf dem Äquator aus. Wir denken uns um den Satelliten eine Kugelfläche mit dem Radius $h = 35730$ km, die also die Erde gerade tangiert, und erhalten den Gewinn durch Vergleich der Kugelfläche mit der von der Satellitensendeleistung tatsächlich durchsetzten Fläche

$$G = 10 \lg \frac{4\pi h^2}{\pi r^2} \, \text{dB} = 20 \lg \frac{2h}{r} \, \text{dB} \, . \tag{2-9}$$

Im Beispiel ergibt sich $G = 43$ dB. Aus Gl. (2-7) und Gl. (2-3) erhalten wir für angenommene Werte $\lambda = 5$ cm $(f = 6$ GHz$)$ und $q = 0{,}55$ eine notwendige Aperturfläche von etwas mehr als 7 m^2, d. h. die Satellitenantenne könnte als 3-m-Parabol realisiert werden.

Bei praktischen Berechnungen von Ausleuchtgebieten und Gewinnen muß u. a. folgendes beachtet werden:

— Die Ausleuchtung hat keine abrupte Grenze, wie im Beispiel angenommen. Normalerweise wird ein 3-dB-Rand definiert; man versteht darunter die Randkurve, welche den Abfall der Leistungsflußdichte um den Faktor 2 gegenüber dem Zentrum kennzeichnet.
— Die Ausleuchtgebiete sind in der Regel Ellipsen, wenn man von spezieller Formgebung der Strahlungskeule (beam shaping) absieht (vgl. 6.3).
— Positionierungs- und Lagefehler müssen berücksichtigt werden.

Literatur zur Berechnung von Ausleuchtgebieten: [24-...].

2.2.5 Frequenzbereiche und Orbitausnutzung

Wie Bild 2-7 zeigt, ergibt sich das günstigste Rauschtemperaturverhalten einer gegen den Himmel gerichteten Antenne für Frequenzen zwischen 1 und 10 GHz („Radiofenster").

Die Übertragung auf der Abwärtsstrecke Satellit—Boden und die auf der Aufwärtsstrecke Boden—Satellit benutzen unterschiedliche Frequenzen, um sich nicht gegenseitig zu beeinflussen. Die wichtigsten Systeme mit festen Erdefunkstellen arbeiten in den Frequenzbereichen bei 4/6, 7/8 und 11/14 GHz. Wegen der kleineren Dämpfung ist der niedere Frequenzbereich jeweils der Abwärtsstrecke zugeordnet, um Satellitensendeleistung und damit Aufwand zu sparen.

Das schnelle Wachstum der Nachrichtensatellitensysteme hat längst dazu geführt, daß die Bänder im Radiofenster, insbesondere der 4/6 GHz-Bereich, nicht ausreichen. Wie in 7.5 gezeigt werden wird, kam man trotz Einsatz aller technischer Möglichkeiten um die Erschließung neuer Frequenzbänder bei höheren Frequenzen nicht herum.

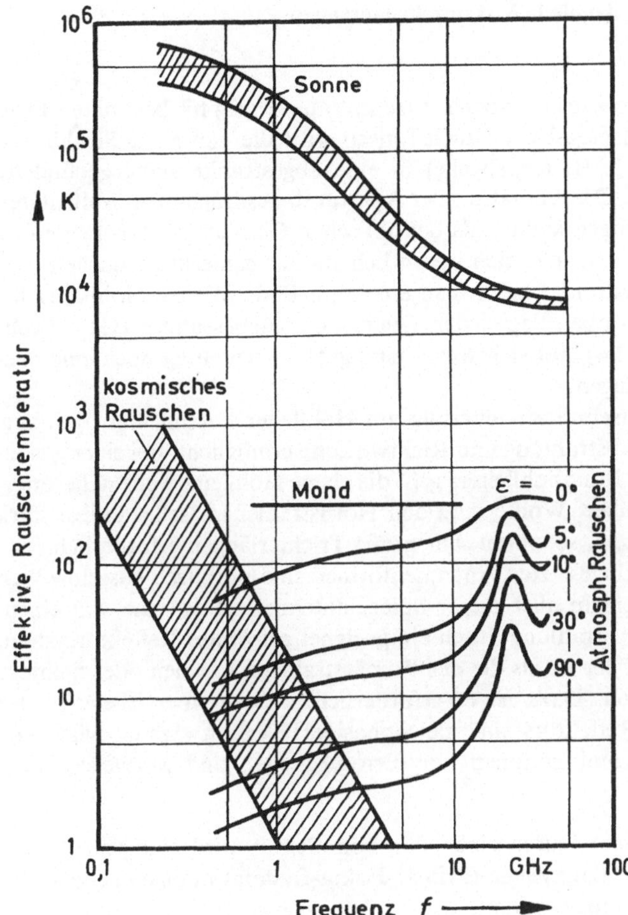

Bild 2-7. Scheinbare Himmelstemperatur bei verschiedener Antennenelevation

2.3 Grundbegriffe der Antennen

2.3.1 Einführung

Die Antennen des Satelliten und der Erdefunkstellen haben für die Leistungsfähigkeit der Satellitenübertragung eine wesentliche Bedeutung, vgl. 5.3 und 6.3.

Wie in 2.2 schon besprochen, sollen die Antennen die Umwandlung leitungsgebundener elektromagnetischer Wellen in Freiraumwellen (und umgekehrt) bewirken (Wellentyptransformator). Die Eigenschaften dieses Transformators werden durch verschiedene Begriffe beschrieben:

— Wellenumwandlung: Anpassung (bzw. Reflexionsfaktor), Widerstandstransformation, Wirkungsgrad, usw.;

— Besondere Eigenschaften der Freiraumwelle: Polarisation, Gewinn, Halbwertsbreite, usw.

Für die Übertragung kommt in erster Linie der Mikrowellenbereich in Betracht.

Literatur zu Antennen: [25 ...].

2.3.2 Prinzipien für stark bündelnde Mikrowellenantennen

Man arbeitet im Gigahertzbereich vorzugsweise mit aus der Optik bekannten Prinzipien. Durch große Hohlspiegel oder auch Linsen wird die von einer Strahlungsquelle ausgehende Welle (z. B. Kugelwelle) in eine abgestrahlte stark gebündelte ebene Welle umgewandelt. Das Verhältnis der Aperturabmessungen zur Wellenlänge ist um viele Größenordnungen kleiner als bei optischen Geräten, so daß Beugungserscheinungen am Spiegelrand u. ä. sich wesentlich stärker bemerkbar machen.

Als einfachsten Aperturstrahler kann man einen am Ende offenen Hohlleiter bezeichnen. Wegen der nach oben begrenzten Querschnittsabmessungen (Grundwelle soll erhalten bleiben, vgl. 2.4) läßt sich weder eine gute Abstrahlung noch eine nennenswerte Bündelung erzeugen.

Durch allmähliche Querschnittserweiterung am Hohlleiter kommt man zum sog. *Hornstrahler*, der bessere Abstrahlung und Richtwirkung ermöglicht. Bei einer gleichmäßigen Aufweitung eines Rundhohlleiters geht die ebene Hohlleiterwelle näherungsweise in eine Kugelwelle über. Wollte man den Hornstrahler als selbständige stark bündelnde Antenne einsetzen, so wären sehr große Trichterlängen erforderlich.

Die in Erdefunkstellen eingesetzten Antennenformen sind praktisch ausschließlich *Reflektorantennen*. Das Prinzip aller dieser Spiegelantennen ist es, eine von einem Primärstrahler ausgehende Strahlung durch ein geeignet geformtes Reflektorsystem, dessen Austrittsapertur größer ist als die des Primärstrahlers, in einen oder mehrere Winkelbereiche umzulenken. Dazu ist es erforderlich, daß in einer Ebene in der unmittelbaren Nähe des Reflektors eine gleichphasige Belegung erzeugt wird. Die bekanntesten einfachen Kombinationen von Erregerquellen und Spiegelsystemen sind folgende:

— *Klassische Parabolantenne*: Durch einen Parabolreflektor wird eine von seinem Brennpunkt ausgehende Kugelwelle (Primär-Fokus-System) in eine ebene Welle in der Reflektorapertur umgewandelt.
— *Doppel-Reflektorantennen*. Bei diesen Antennen ist vor einem meist parabolischen Hauptreflektor ein Hilfsreflektor angebracht, der von einem in der Nähe des Spiegelscheitels befindlichen Primärstrahler ausgeleuchtet wird. Die Form des Hilfsreflektors hängt von seiner Lage gegenüber dem Brennpunkt des Hauptparabols und von der Phasenfront der einfallenden Welle ab. Der Vorteil dieser Systeme ist die geringere Leitungslänge zum Primärstrahler und die damit verbundene kleinere Rauschtemperatur gegenüber dem Primär-Fokus-System.

  • *Cassegrain-Antenne*. Man unterscheidet die klassische Cassegrain-Antenne, bei der eine auf einen hyperbolischen Hilfsreflektor fallende Kugelwelle so umgelenkt wird, als ob sie vom Brennpunkt des Hauptparabols käme, und die Nahfeld-Cassegrain-Antenne, bei der im Idealfall eine ebene Welle auf den Hilfsreflektor trifft, der dann eine parabolisch konvexe Form haben muß.
  • *Gregory-Antenne*. Während bei der Cassegrain-Antenne der Hilfsreflektor zwischen dem Primärstrahler und dem Brennpunkt des Hauptreflektors liegt, erreicht die Gregory-Antenne die Umlenkung der Kugelwelle durch einen Hilfsreflektor, der vom Scheitel des Hauptreflektors gesehen, hinter dem Brennpunkt desselben angeordnet ist.

— *Systeme mit asymmetrischen Spiegelkalotten*. Dazu gehört vor allem die offene (offset) Cassegrain-Antenne, die offene Gregory-Antenne (vgl. Bild 5-8), ferner das Hornparabol, die Muschelantenne und die SAFE-Antenne [25-10].

Bild 2-8 zeigt typische Vertreter häufig verwendeter Reflektorantennen.

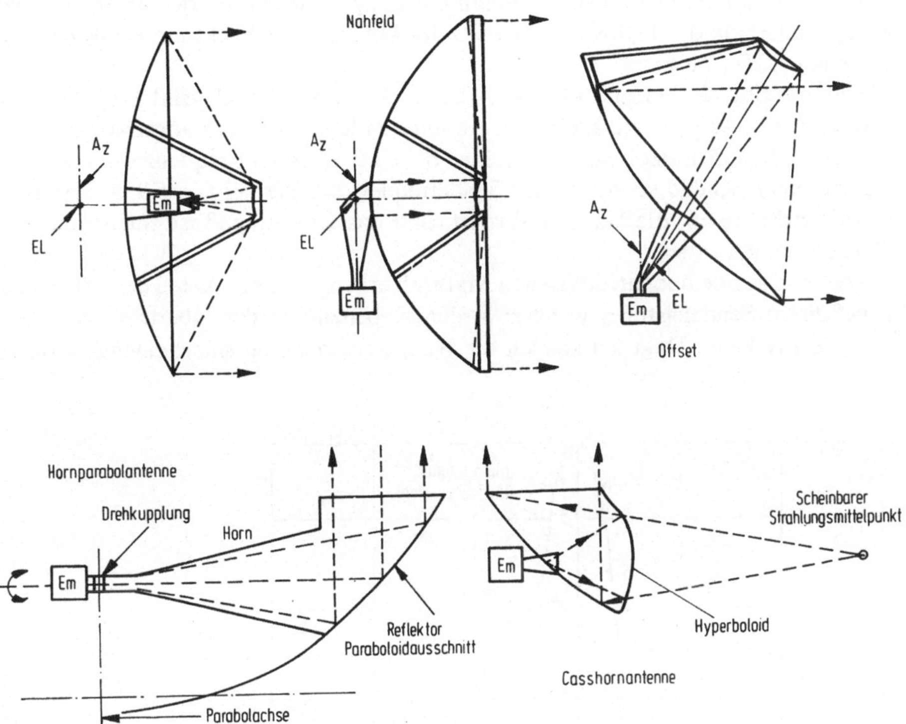

Bild 2-8. Verschiedene Reflektorantennen: Cassegrain (oben); Hornparabol; Casshorn

2.3.3 Richtcharakteristik stark bündelnder Antennen

Weicht man bei einer stark bündelnden Antenne nur um einen sehr kleinen Winkel von der Hauptstrahlrichtung ab, so ergibt sich ein starker Abfall der Strahldichte. Leider weist die Richtcharakteristik einer Antenne neben der eben beschriebenen „Hauptkeule" unvermeidliche kleine Nebenmaxima auf, wie in 5.3.3 näher erläutert werden wird. Eine räumliche Darstellung der Richtcharakteristik würde etwa wie ein eingerollter Igel aussehen, bei dem ein Stachel (*Hauptkeule, main lobe*) alle anderen an Länge weit übertrifft [20-7].

Schnitte durch die Richtcharakteristik liefern eine zweidimensionale Darstellung, das *Richtdiagramm*. Bei der Antenne in unserem Beispiel wurden solche Richtdiagramme in Azimut und Elevation mit Hilfe eines Peilsenders konstanter Leistung und entsprechender Antennenbewegungen gemessen. Ein Azimutdiagramm in Polarkoordinaten zeigt einen Schnitt durch den o.g. „Igel", wobei die „Stacheln" auf der dem Hauptstrahl abgewandten Seite, d. h. zwischen 90° und 270°, um mehr als 70 dB kleiner sind als der Hauptstrahl: sog. Rückdämpfung (Begriffsdefinitionen bei Antennen vgl. [25-11]).

Da speziell die nähere Umgebung der Hauptstrahlrichtung interessiert, arbeitet man in der Regel mit einem kleinen Ausschnitt in kartesischen Koordinaten in diesem Bereich (Bild 2-9). Das in dB ausgedrückte Verhältnis zwischen der Empfangsleistung in der Hauptrichtung und der Empfangsleistung in Richtung des größten Nebenzipfels außerhalb der Halbwertsbreite (3-dB-Abfall) bezeichnet man als *Nebenzipfeldämpfung* (*side lobe level*).

Bild 2-9 gibt als Beispiel für die Antenne Raisting II (vgl. Bild 5-6) die Richtdiagramme in Azimut und Elevation am unteren Ende des Empfangsfrequenzbandes ($f = 3{,}7$ GHz). Benutzt man die Antenne bei einer höheren Frequenz, so werden alle Keulen entsprechend schmaler. Im Sendefrequenzbereich bei $f = 5{,}925$ GHz ist die Halbwertsbreite auf die Hälfte reduziert, und das Gewinnmaß ist entsprechend Gl. (2-7) größer geworden.

Wie man aus dem logarithmischen Maßstab erkennt, ist der Anteil der der Antenne zugeführten Sendeleistung, welcher in den Nebenzipfeln der Übertragung verloren geht, relativ klein. Dagegen spielen die Nebenmaxima eine entscheidende Rolle bei

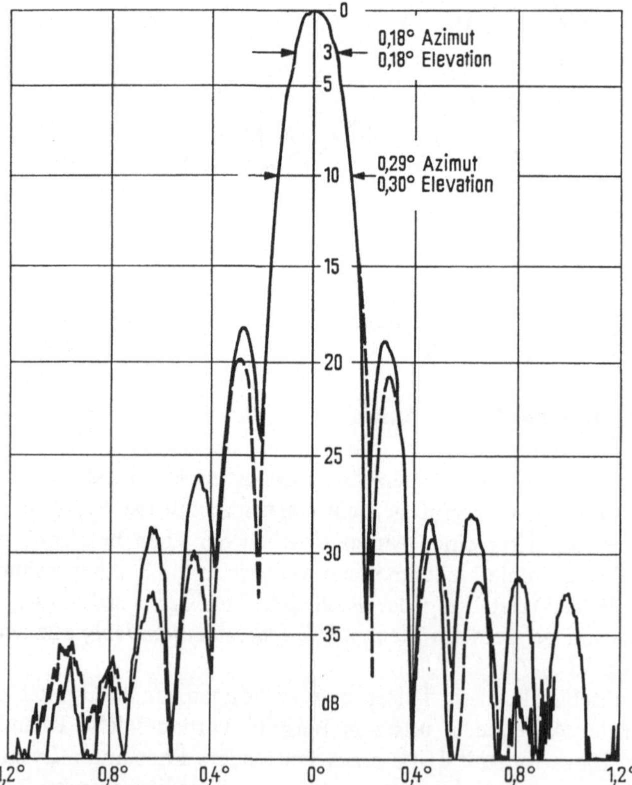

Bild 2-9. Richtdiagramm der Antenne Raisting II bei $f = 3{,}7$ GHz

der Entkopplung der Satellitenfunkstrecke von anderen Funkdiensten (vgl. 7.5.2) und
bei der Antennenrauschtemperatur.

2.3.4 Mehrstrahlenantennen

Insbesondere bei Satellitenantennen besteht der Wunsch, an Stelle des normalerweise
kreisförmigen Querschnitts der Hauptkeule des Richtdiagramms irgendeine andere
Form wählen zu können (Anpassung an gewünschtes Ausleuchtgebiet). Man erreicht
dies durch Überlagerung mehrerer Strahlungskeulen. Weisen letztere nur kleine
Nebenmaxima auf, so lassen sich damit auch getrennte Gebiete ausleuchten. Eine
Übersicht über mögliche Realisierungen gibt Bild 2-10. Bei den Reflektorantennen
interessieren dabei in der Praxis nur die „offset"-gespeisten Antennen, da bei den
fokusgespeisten Antennen die Erregerarrays eine zu große Abschattung bedingen.

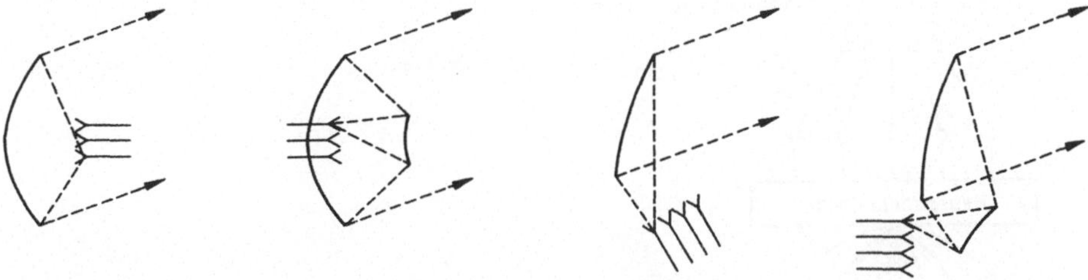

Bild 2-10. Erzeugung mehrerer einfacher Strahlungskeulen

Kombiniert man verschiedene Strahlungsdiagramme miteinander, so lassen sich
im Prinzip beliebige Strahlungsdiagramme erzeugen: Richtdiagrammsynthese. Dabei
ist es zweckmäßig, orthogonale Strahlungsdiagramme zu überlagern. Eine orthogonale Konfiguration ergibt sich, wenn das Maximum jedes einzelnen Strahlungs-
diagramms mit den Nullstellen der übrigen Diagramme zusammenfällt. Ein Beispiel
zeigt Bild 2-11. Jedes Strahlungsdiagramm hat die Form $(\sin Nu)/Nu$ mit

$$u = \frac{2\pi d}{\lambda}\sin\Theta \ . \tag{2-10}$$

Dabei ist d der Abstand zwischen zwei benachbarten Strahlern der Anordnung und
Θ der Winkel zwischen Beobachtungs- und Hauptstrahlrichtung senkrecht zur Ebene
der Strahleranordnung. N ist die Anzahl der Strahler. Die einzelnen Strahlungsdiagramme der Form $(\sin Nu)/Nu$ überschneiden sich jeweils bei einem Abfall von
etwa 3,9 dB.

Durch entsprechende Amplituden- und Phasenbewertung der einzelnen Strahler
lassen sich so beliebig vorgegebene Diagramme erzeugen. Bild 2-11 zeigt nur das
Prinzip, denn die tatsächlich verwendete Strahleranordnung ist natürlich zweidimen-
sional.

Die Bewertung der Amplitude (0 ... 1) und der Phase (0 ... 2π) geschieht im Mehr-
strahlspeisenetzwerk (Strahlformungsnetzwerk, Bild 2-12), das verschiedenartig
ausgeführt sein kann. Es können z. B. verschiedene sich überlappende Diagramme,
die durch Polarisation und Frequenz getrennt sind, erzeugt werden. Besteht die

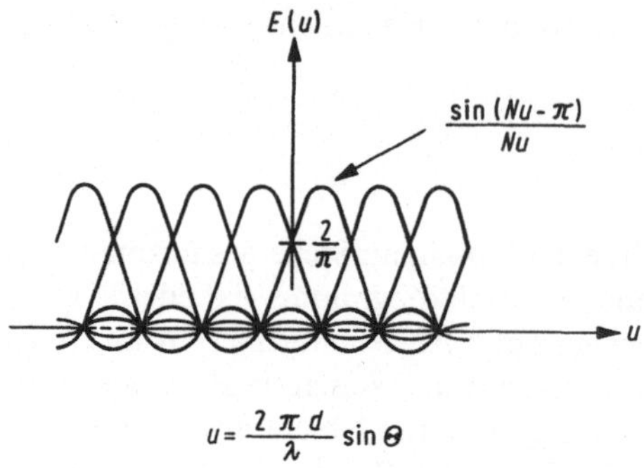

$$u = \frac{2\,\pi\,d}{\lambda}\,\sin\Theta$$

Bild 2-11. Orthogonale (sin Nu)/Nu-Keulen

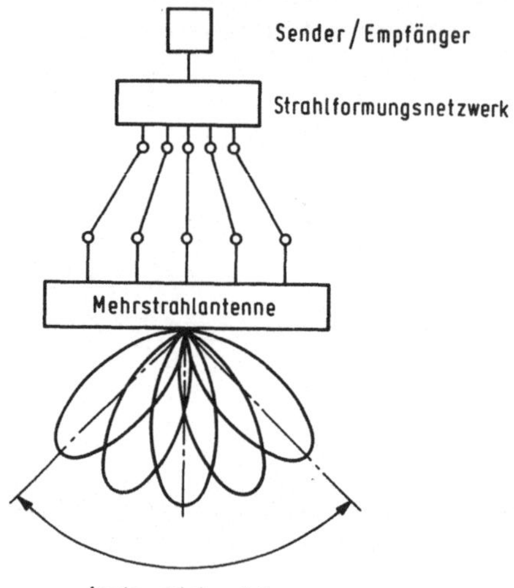

Bild 2-12. Prinzip Mehrstrahlantenne

Möglichkeit, die Bewertungsfaktoren (Amplitude und/oder Phase) des Speisenetzwerks während des Betriebs zu ändern, so kann dadurch eine Strahlschwenkung oder/und Diagrammverformung erreicht werden.

Literatur zu Mehrstrahlenantennen: [25-12].

2.3.5 Antennen mit Polarisations- und Frequenzmehrfachausnutzung

Bei modernen Systemen sind zwei Gesichtspunkte wichtig: Mehrfachausnutzung der Frequenz und Verwendung orthogonaler Polarisationen. Besonders hohe Anforderungen an die Polarisationsentkopplung ergeben sich, wenn mit Hilfe orthogonaler Polarisation die Doppelausnutzung der Frequenz (frequency re-use) im gleichen Ausleuchtgebiet erreicht werden soll. Antennen, die für Polarisationsdiversity verwendet werden sollen, müssen sehr genau ausgerichtet werden, da die unvermeidlichen Querkomponenten sich nur bei exakter Ausrichtung kompensieren. Sie dürfen nur sehr geringe Geometrieverzerrung, z. B. durch thermische Effekte, aufweisen, und sollten möglichst rotationssymmetrisch sein. Die letztgenannte Empfehlung kann bei Mehrstrahlantennen in der Regel nicht befolgt werden, da, wie in 2.3.4 erwähnt, dort fast immer Offsetspeisung angewandt werden muß.

2.3.6 Hinweise für die Weiterarbeit

Die oben angesprochenen Grundbegriffe der Antennen sind für 5.3 und 6.3 besonders wichtig. Natürlich können die kurzen Hinweise dem an Antennenfragen besonders interessierten Leser kein Lehrbuch ersetzen. Hier wird zunächst auf die allgemeine Fachliteratur der Höchstfrequenztechnik [16-...] und dann auf [25-...] verwiesen. Für den Entwurf moderner Reflektorantennen ist besonders [25-1] zu empfehlen. Weiterführende Literatur: [53-...], [63-...].

2.4 Bauelemente der Höchstfrequenztechnik

Für Satelliten und Erdefunkstellen werden verschiedenartige Bauelemente benötigt, auf welche sich die nachstehenden Hinweise beziehen. Diese Hinweise erscheinen recht inhomogen; Grund dafür ist, daß sie sich an zwei verschiedene Lesergruppen wenden:
— Fachleute, die an Literaturhinweisen betr. Details der Auslegung und Anwendung interessiert sind,
— Leser ohne höchstfrequenztechnische Vorkenntnisse, für die einige kurze Hinweise auf ungewohnte Bauelemente schon eine Hilfe darstellen.

2.4.1 Wellenleiter

Die elektromagnetische Welle kann durch geeignete Anordnungen in einer bestimmten Richtung geführt werden. Bei TEM-Wellen (Transversal elektromagnetisch) stehen elektrische Feldkomponente E und magnetische Feldkomponente H senkrecht auf der Fortschreitungsrichtung. Beispiele: symmetrische Doppelleitung und koaxiale Leitung.

Die (theoretisch verlustlose) Ausbreitung in *Hohlleitern* setzt oberhalb einer von den Abmessungen und vom Wellentyp abhängigen Grenzfrequenz ein. Hohlleiterwellen haben im Gegensatz zu TEM-Wellen auch Feldkomponenten in Ausbreitungsrichtung. Man unterscheidet:
— E-Wellen, auch TM-Wellen genannt (d. h.: E-Feld in Fortschreitungsrichtung, H-Feld („transversal magnetisch") senkrecht zur Fortschreitungsrichtung)
— H-Wellen, auch TE-Wellen genannt.
Zu diesen beiden Gruppen gehören unendlich viele Feldtypen, die nach [17-1a] durch zwei Indices klassifiziert werden, welche stets die Anzahl der E-Maxima wie folgt angeben:
— Rechteckhohlleiter: 1. Index Anzahl längs Breitseite, 2. Index längs Schmalseite. (Tritt keine Änderung des E-Feldes längs einer der beiden Richtungen ein, dann ist der betreffende Index Null.)
— Rundhohlleiter: 1. Index halbe Anzahl längs Umfang, 2. Index Anzahl in radialer Richtung (Maximum in der Achse wird mitgezählt).

Man spricht also beispielsweise von der E_{11}- oder von der H_{10}-Welle.

Als *Modenkonversion* bezeichnet man die Umwandlung einer Welle bestimmten Typs in andere unerwünschte Wellentypen. Man vermeidet dies, indem man einen für den gegebenen Hohlleiter „stabilen" Wellentyp benutzt: Die Betriebsfrequenz ist größer als die Grenzfrequenz des beabsichtigten Wellentyps, aber kleiner als die Grenzfrequenzen aller anderen möglichen Wellentypen. Beispielsweise ist bei Rechteckhohlleitern die H_{11}-Welle in einem weiten Abmessungsbereich die einzige ausbreitungsfähige Welle.

Die letzte große Gruppe von Wellenleitern sind die *Streifenleitungen*. Bei den meisten Arten, wie z. B. bei der wichtigen Microstrip-Leitung, verläuft das Feld teils in Luft und teils in einem Dielektrikum. Die theoretische Behandlung ist dann relativ kompliziert, es gibt aber für die praktische Auslegung einfache Bemessungsregeln.

Literatur zu Wellenleitern: [17-1], [17-2]; [16-...].

2.4.2 Einige passive Bauelemente

Zirkulatoren [17-3] sind passive Mehrtore (Bild 2-13). Die Energie wird in Pfeilrichtung von einem Tor zum nächsten übertragen. Zirkulatoren werden für verschiedenartige Entkopplungsaufgaben eingesetzt, z. B. Bild 2-14.

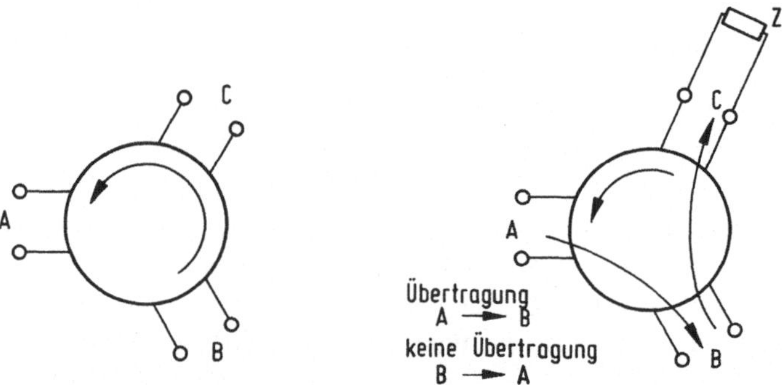

Bild 2-13. 3-Tor-Zirkulator   **Bild 2-14.** Einwegleitung

Richtkoppler [17-4] erlauben es, bei gegeneinander laufenden Wellen einen bestimmten Anteil der Welle jeder Richtung separat auszukoppeln. So wird z. B. beim Vorwärtswellenkoppler in Bild 2-15 eine bei 1 eintretende Welle in einem bestimmten

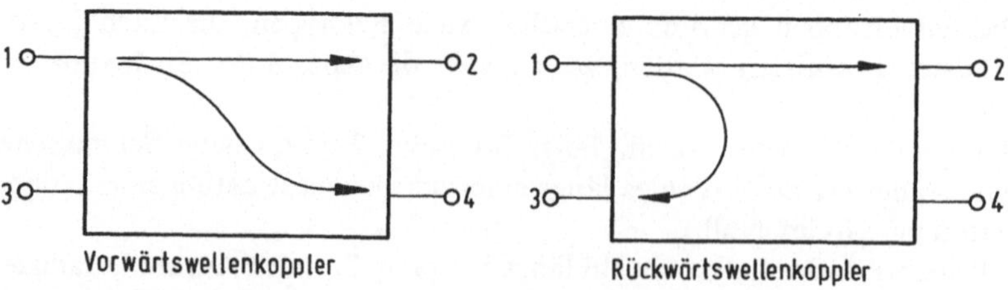

Bild 2-15. Richtkoppler

Verhältnis (z. B. 3-dB-Koppler, 20-dB-Koppler) auf 2 und 4 aufgeteilt. Eine bei 2 eintretende Welle in Gegenrichtung tritt entsprechend 1 und 3 aus.

Bei *Hohlleiterverzweigungen* [17-5] muß, ausgehend vom Feldbild der ankommenden Welle, untersucht werden, welche weiterlaufenden Wellen sich ergeben. Eine interessante kombinierte Verzweigung ist das sogenannte „Magische T", das sich mit der bekannten Gabelschaltung der NF-Technik vergleichen läßt.

Literatur über weitere passive Bauelemente, insbesondere Filter u. ä.: [17-6] ff.

2.4.3 Hinweise auf aktive und nichtlineare Bauelemente

Da die Elektronenlaufzeiten in Röhren nicht beliebig klein gemacht werden können, ist es ein wichtiges Prinzip bei Frequenzen über 1 GHz, die Laufzeit direkt in den Dienst der Verstärkung und Schwingungserzeugung zu stellen. Beispiele dafür sind das Klystron und die Wanderfeldröhre, auf die wir in 5.5 eingehen werden.

Bei den Mikrowellenhalbleitern schreitet die Entwicklung sehr schnell fort. Hierzu geben wir eine aktuelle Literaturübersicht [18-...].

2.5 Grundlagen der verwendeten Modulationsverfahren

2.5.1 Einführung

Die Grundlagen der Modulation sind dem Leser bekannt oder können in jedem Lehrbuch der Nachrichtentechnik nachgelesen werden, z. B. [11-2].

Bei der Satellitenübertragung werden die Verfahren FM und PSK praktisch überwiegend verwendet, da sie einen Störabstandsgewinn ergeben und gegen Nichtlinearitäten des Übertragungswegs relativ unempfindlich sind.

Das verwendete Modulationsverfahren bestimmt wesentlich die Eigenschaften des Satelliten-Übertragungskanals, vgl. 2.9.2.

2.5.2 Übertragung analoger Signale

Das bei klassischen Systemen dominierende Modulationsverfahren ist *Frequenzmodulation* (frequency modulation, FM). In der Literatur beschreibt man die Eigenschaften meist ausgehend von einem modulierenden Sinussignal der Frequenz f_M. Bei der Modulation entsteht ein Spektrum, dessen wesentliche Anteile in einer Bandbreite

$$B = 2f_M(\eta + 1) \tag{2-11}$$

liegen (Carsonsche Regel). Dabei bezeichnet man

$$\eta = \frac{\Delta F}{f_M} \tag{2-12}$$

als Modulationsindex. ΔF ist der Frequenzhub, d. h. der größte Unterschied zwischen der Augenblicksfrequenz des modulierten Signals und der Trägerfrequenz.

Die FM bringt für $\eta > 1$ einen Störabstandsgewinn, der durch die erhöhte Bandbreite erkauft wird. Wir bezeichnen mit

$$s_{\text{stör}} = \left(\frac{P_S}{P_N}\right)_{\text{NF}} \tag{2-13}$$

das Signal-Rausch-Leistungsverhältnis im Basisband nach der Demodulation. Oberhalb der sog. FM-Schwelle (siehe unten) besteht ein linearer Zusammenhang mit dem hochfrequenten Signal-Rausch-Leistungsverhältnis auf der Übertragungsstrecke.

Die FM hat — wie alle Modulationsverfahren, die Störabstandsgewinn erzielen — eine typische „Schwelle". Man versteht darunter einen kritischen Wert des Signal-Rausch-Verhältnisses am Eingang des Demodulators; wird er geringfügig unterschritten, so verschlechtert sich das Verhältnis am Ausgang erheblich. Die *FM-Schwelle* ist der niedrigste Wert des hochfrequenten Signal-Rausch-Abstandes, bei dem der Betrieb mit einem vorgegebenen Modulationsindex noch sinnvoll ist. Darunter kann derselbe Rauschabstand im Basisband mit kleinerem Modulationsindex (d. h. weniger Bandbreite) erreicht werden.

Die Schwelle eines Normaldemodulators (ND) liegt wesentlich höher als die theoretisch mögliche. Die sog. *Gegenkopplungsempfänger* bringen uns näher an die Theorie heran. Solche schwellwertverbessernde Demodulatoren (SD) sind z. B. der PLL [26-7] und der FMFB-Empfänger [26-6]. Bild 2-16 zeigt praktische Werte für ND und SD. Zur Wahl des Symbols s_G für den Geräuschabstand nach der Demodulation vgl. 2.5.3.

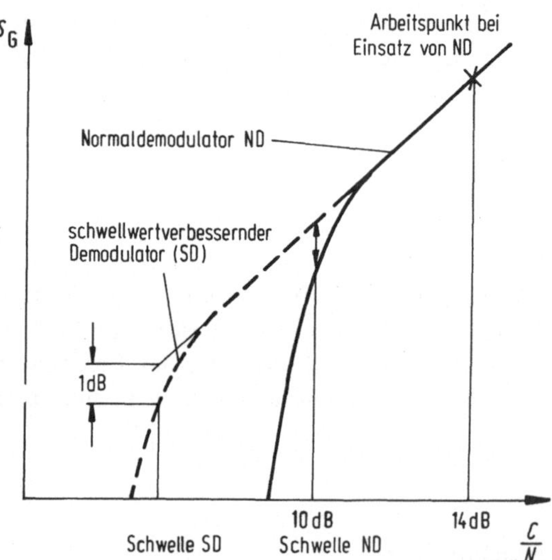

Bild 2-16. Verhalten der FM-Demodulatoren an der Schwelle

Wie aus Gl. (2-12) hervorgeht, wird der Modulationsindex und damit die Störabstandsverbesserung für niedere Basisbandfrequenzen größer. Durch die sog. Preemphase (d. h. Anheben der höheren Frequenzen durch ein geeignetes Netzwerk) erreicht man einen weitgehend konstanten Modulationsgewinn über das ganze Basisband. Auf der Empfangsseite wird die Anhebung wieder rückgängig gemacht: Deemphase. Das CCIR hat Netzwerke für Fernsprechübertragung [26-8] sowie für Fernsehübertragung [26-9] angegeben.

2.5.3 Kenngrößen analoger Vielkanalsysteme bei FM-Übertragung

Die Planung analoger Vielkanalsysteme, basierend auf der klassischen Arbeit von Holbrook/Dixon [12-1], ist in [12-2] allgemein und in [20-1], [20-2] speziell für Satellitenübertragung dargestellt. Für unsere Einführung genügt eine vereinfachte Darstellung, wie sie in [12-3] für die Richtfunktechnik gegeben wird.

Das Multiplexsignal (Basisband) aus vielen Kanälen wird mit größer werdender Kanalzahl N einem Rauschsignal immer ähnlicher; allerdings hat es eine andere Amplitudenverteilung als weißes Rauschen. Für die Bestimmung von Klirrgeräuschen durch Rechnung oder Messung ersetzt man die wirkliche Belastung durch weißes Rauschen, dessen Leistungspegel $n = f(N)$ vom CCITT als „konventionelle Belastung" definiert wurde. Weiterhin wurde die „äquivalente Spitzenleistung" $n_{\text{äqu}} = f(N)$ als die Leistung eines Sinussignals festgelegt, dessen Spitzenspannung gleich der Spitzenspannung des Multiplexsignals ist (Überschreitungswahrscheinlichkeit 10^{-5}).

Nun soll einem Frequenzmodulator, der bei der in Richtfunk- und Satellitentechnik üblichen Zwischenfrequenz $f_{\text{ZF}} = 70\,\text{MHz}$ arbeitet, das Vielkanalsignal als Eingangssignal u_1 zugeführt werden. Die Modulatorkennlinie $f = f(u_1)$ benötigt einen linearen Bereich von $(f - \Delta F_{\text{S}})$ bis $(f + \Delta F_{\text{S}})$, wobei ΔF_{S} der Spitzenfrequenzhub ist (s. u.). Es ist üblich, die Steigung der Modulationskennlinie durch die Angabe des Frequenzhubs ΔF_{eff} festzulegen, der durch ein sinusförmiges Eingangssignal der Leistung 0 dBm0 im neutralen Sprechkanal erzeugt wird. (Zur Erinnerung: 0 dBm0 ist eine Leistung von 1 mW am relativen Pegel Null. Der neutrale Kanal ist der, der von der Preemphase nicht verändert wird.)

Für ein Richtfunksystem mit 1800 Kanälen ist z. B. festgelegt: $\Delta F_{\text{eff}} = 140\,\text{kHz}$, $n_{\text{äqu}} = 30\,\text{dBm0}$. Letzteres bedeutet, daß die Spitzenamplituden um den Faktor $10^{3,0/2} = 31{,}8$ über der Amplitude des Sinussignals der Leistung von 0 dBm0 liegen. Dann wird der Spitzenfrequenzhub

$$\Delta F_{\text{S}} = 140\,\text{kHz} \cdot \sqrt{2} \cdot 31{,}8 = 6{,}25\,\text{MHz} \,. \tag{2-14}$$

Mit der höchsten Basisbandfrequenz f_{M} wird dann die radiofrequente Bandbreite entsprechend Gl. (2-11)

$$B_{\text{RF}} = 2(f_{\text{M}} + \Delta f_{\text{S}}) \,. \tag{2-15}$$

Es sei C die Trägerleistung und N die in der radiofrequenten Bandbreite B_{RF} auftretende Rauschleistung. Nach der Demodulation betrachten wir einen einzelnen Fernsprechkanal (Bandbreite $b = 3{,}1\,\text{kHz}$, Mittenfrequenz f) des Multiplexsignals. Für diesen Kanal ergibt sich als resultierender Störabstand im Basisband [12-3]:

$$s_{\text{stör}} = \frac{C}{N} \left(\frac{\Delta F_{\text{eff}}}{f} \right)^2 \frac{B_{\text{RF}}}{b} \,. \tag{2-16}$$

Als Störung ist hier weißes Rauschen angenommen. Die unterschiedliche Ohrempfindlichkeit bei verschiedenen Frequenzen wird durch die psophometrische Bewertung [12-5] berücksichtigt. Der Bewertungsfaktor ist für weißes Rauschen a_{PS} = 1,77 ($\hat{=} 2{,}5$ dB).

Die Systemrechnung wird für den obersten Fernsprechkanal des Basisbandes durchgeführt, dessen Mittenfrequenz f_m annähernd gleich der maximalen Basisbandfrequenz f_M ist. Man muß dann, da ΔF_{eff} im neutralen Kanal angegeben ist, die Verbesserung durch die Preemphase berücksichtigen:

a_{PE} = 2,5 ($\hat{=} 4$ dB) [12-5]. Damit wird schließlich der resultierende Geräuschabstand s_G (d. i. psophometrisch bewertet)

$$s_G = \frac{C}{N} \left(\frac{\Delta F_{eff}}{f_m}\right)^2 \frac{B_{RF}}{b} \cdot a_{PS} \cdot a_{PE} . \tag{2-17}$$

Wie in 2.7.2 gezeigt, geht man zweckmäßigerweise auch hier auf die logarithmische Darstellung (dB) über.

Die von uns nach dem Vorbild von [12-3] gewählten Symbole $s_{stör}$ und s_G sind in der Literatur über Satellitensystemplanung nicht üblich; man schreibt in der Regel S/N. Dabei muß einem aber unbedingt klar sein, daß das Symbol N in C/N und S/N für zwei durchaus verschiedene Rauschleistungen steht (siehe oben); man darf also nicht etwa mit N kürzen! Die Symbole nach [12-3] sind dagegen eindeutig.

2.5.4 Übertragung digitaler Signale

Wird ein Sinusträger durch ein digitales Signal, das also z. B. nur die Werte 0 und 1 kennt, moduliert, so gibt es drei grundlegende Möglichkeiten [11-2]: Amplitudentastung (amplitude shift keying, ASK), Frequenzumtastung (frequency shift keying, FSK) und Phasenumtastung (phase shift keying, PSK). Für digitale Satellitenübertragung wird fast ausschließlich PSK verwendet.

Eine Gruppe von m bit läßt sich mit einem Träger, der $n = 2^m$ Phasenzustände annehmen kann, innerhalb eines Schrittes gleichzeitig übertragen. Für $n = 4$ ergibt sich 4-PSK, das wichtigste Verfahren (in der englischsprachigen Literatur auch als QPSK bezeichnet).

Bei Digitalübertragung ist die Bitfehlerquote (bit error rate, BER) des empfangenen Signals das Maß für die Güte der Übertragung. Sie hängt vom Störabstand auf der Strecke ab, der in E/N_0 oder R angegeben wird. Dabei ist E die Signalenergie je bit, N_0 die Rauschleistungsdichte und R das Verhältnis Signalenergie je Schritt/Rauschleistungsdichte. Es gilt, da jeder Schritt ld n bit enthält

$$R = \frac{E}{N_0} \operatorname{ld} n , \tag{2-18}$$

$$f_b = f_{Schr} \operatorname{ld} n , \tag{2-19}$$

wobei f_b die Bitrate und f_{Schr} die Schrittgeschwindigkeit ist.

Bei der Wahl der Bandbreite auf der Strecke ist ein Kompromiß notwendig, vgl.
2.9.2. Man wählt z. B.

$$B = 1{,}3 f_{\text{Schr}} \ . \tag{2-20}$$

In Bild 2-17 ist die *BER* als Funktion des Störabstandes für 2- und 4-PSK dargestellt
[11-2]. Die verschiedenen Kurven zeigen den Einfluß der möglichen *Demodulations-
arten*, die wir kurz besprechen wollen.

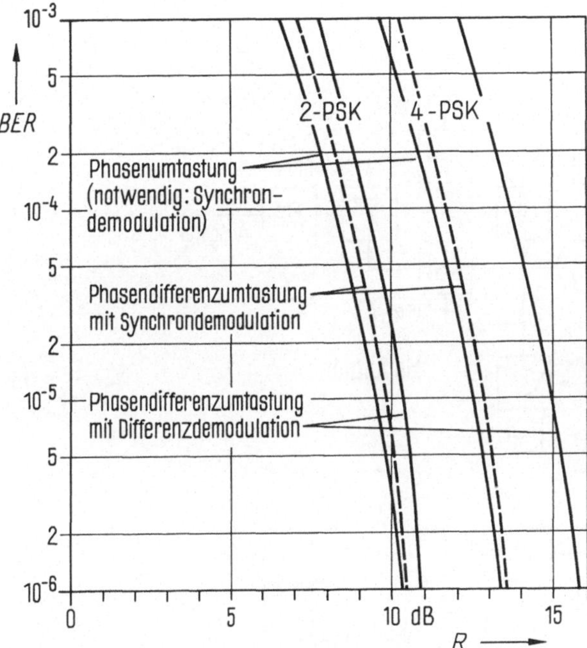

Bild 2-17. Bitfehlerwahr-
scheinlichkeit (Bit Error Rate)
bei PSK-Verfahren

Zunächst können wir die Zuordnung zwischen Phasenzuständen und zu über-
tragender Nachricht auf zwei Arten machen:
— Jeder Kombination der *m* bit entspricht eine festgelegte Phasenlage (*Phasen-
umtastung* im eigentlichen Sinne). Wir benötigen dann auf der Empfangsseite zur
Demodulation den Träger mit korrekter Nullphase (*Synchrondemodulation,
kohärente Demodulation*).
— Die Nachricht steckt in der Differenz der Phasenlagen aufeinanderfolgender
Schritte (*Phasendifferenzcodierung*).
Im letzteren Fall gibt es zwei wichtige Demodulationsverfahren:
— Demodulation durch Vergleich aufeinanderfolgender Schritte des Signals (*Dif-
ferenzdemodulation*). Da beide Schritte Störbeiträge enthalten, benötigt man einen
relativ großen Störabstand.
— *Synchrondemodulation mit Hilfe eines* aus dem Empfangssignal abgeleiteten *Refe-
renzträgers*. Bei statistischer Gleichverteilung der Phasenlagen enthält das Spek-

trum des (z. B.) 4-PSK-Signals keine Trägerlinie. Durch Frequenzvervierfachung ergibt sich aber eine Linie der vierfachen Frequenz, die z. B. mit einem steilen Filter separiert werden kann. Der schließlich durch Teilung erreichte Referenzträger hat, verglichen mit der korrekten Nullphase, eine um $n\pi/2$ ($n = 0 \dots 3$) verschobene Phase. Wegen der Phasendifferenzcodierung spielt diese Phasenunsicherheit für die Demodulation keine Rolle.

Bild 2-18 zeigt das Blockschaltbild des letztgenannten Verfahrens [11-2]. Nach der Differenzcodierung werden die Digitalsignale über Impulstiefpässe den Doppelgegentaktmodulatoren zugeführt. Die beiden Zweige X und Y arbeiten mit in Quadratur stehenden Trägern, so daß nach der Summenbildung vier verschiedene Phasenlagen möglich sind.

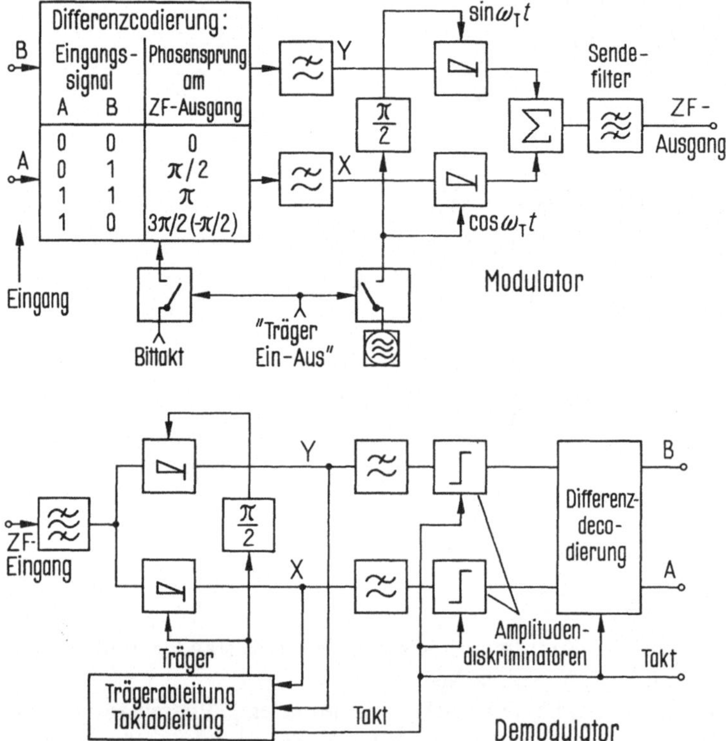

Bild 2-18. Blockschaltbild der 4-PSK mit Phasendifferenzcodierung und Synchrondemodulation

Bei der Demodulation muß der Schrittakt abgeleitet werden, damit die Diskriminatoren im richtigen Augenblick abgefragt werden können. Diese Technik sowie das Hauptproblem Trägerableitung werden in [26-10] ausführlich erläutert.

Wir schließen die kurze Einführung in die PSK-Verfahren mit der Bestimmung des auf der Übertragungsstrecke benötigten Träger-Rausch-Verhältnisses C/N. Nach Gl. (2-18) ist die Signalenergie je Schritt gleich RN_0. Damit wird die Trägerleistung

$$C = f_{\text{Schr}} RN_0 \,, \tag{2-21}$$

und mit $N = N_0 B$ erhalten wir

$$\frac{C}{N} = R \frac{f_{\text{Schr}}}{B} \ . \tag{2-22}$$

Wurde die Bandbreite nach Gl. (2-20) gewählt, so ergibt sich, wenn der Faktor 1/1,3 ebenso wie C/N und R in dB ausgedrückt werden:

$$\frac{C}{N} = R - 1{,}14 \, \text{dB} \ . \tag{2-23}$$

In 2.9.2 werden wir auf PSK und mit Rücksicht auf die Kanaleigenschaften modifizierte Verfahren zurückkommen.

2.6 Grundlagen wichtiger Codierungsverfahren

2.6.1 Übersicht

Bekanntlich kann der *Informationsgehalt* (Entropie) von Nachrichten nach zwei unabhängigen Kriterien unterteilt werden [11-2]:
— relevant (d. i. zur Sache gehörend)/irrelevant,
— redundant (bekannt)/nicht redundant.

Bei der *Quellencodierung* erreicht man eine Nachrichtenreduktion durch Entropiereduktion (Weglassen von Irrelevanz) und/oder Redundanzreduktion. In der Satellitenübertragungstechnik sind hierzu u. a. die Verfahren zur digitalen Fernsehübertragung mit reduzierter Bitrate und die Sprachinterpolationsverfahren (digital speech interpolation, DSI) zu rechnen.

Bei der *Kanalcodierung* wird die vom Quellencodierer gelieferte Nachricht dem Übertragungskanal optimal angepaßt. Durch geeignetes Zufügen von Redundanz erreicht man, daß der Empfänger durch Störungen auf der Strecke entstandene Fehler erkennen und korrigieren kann. Bei gleichbleibenden Qualitätsansprüchen (Bitfehlerquote) kann der benötigte Störabstand gegenüber der Übertragung ohne Kanalcodierung reduziert werden.

Literatur zu Codierung allgemein [27-...].

2.6.2 Digitalisierung analoger Signale

Auf der Basis des Abtasttheorems sind Verfahren zur Digitalisierung entstanden, die wir als bekannt voraussetzen dürfen, in erster Linie Pulscodemodulation (PCM) und Deltamodulation [26-1].

Zur PCM sei hier noch angemerkt, daß durch [CCITT Rec. G711] zwei Kompanderkennlinien angegeben wurden, von denen die sog. μ-Kennlinie z. B. in USA und Japan und die sog. A-Kennlinie z. B. in Europa verwendet werden. Das bedeutet, daß bei PCM-Übertragungen über den Atlantik entweder eine zusätzliche Decodierung und Codierung oder z. B. eine Umrechnung von Codes notwendig wird.

2.6.3 Digital Speech Interpolation (DSI)

Vom TASI-System der Transatlantikkabel ist die Methode schon seit längerem bekannt, durch Ausnutzen der Sprachpausen die Systemkapazität je nach Bündelstärke etwa um den Faktor 2 zu erhöhen. DSI bietet Vorteile gegenüber den analogen Verfahren, z. B. in der Spracherkennung und durch die Möglichkeit, den sog. „freeze out" ganz zu vermeiden.

Literatur zu DSI: [93-...].

2.6.4 Kanalcodierung

Auf der Basis der Arbeiten von Shannon (1948) waren bis zum Aufkommen der Satellitentechnik bereits viele geistreiche Kanalcodierungsverfahren entstanden, die für außergewöhnliche Übertragungsfälle (z. B. Übertragung von weit entfernten Raumsonden) ihre ersten Anwendungen fanden. Für eine breite Anwendung waren die Verfahren aber zu teuer. In den letzten Jahren haben die Fortschritte in hard ware (z. B. VLSI-Schaltungen) und soft ware nun dazu geführt, daß geeignete fertige Bausteine und Verfahren für eine breite Anwendung der Kanalcodierung zur Verfügung stehen.

Das Codierungsverfahren fügt in geeigneter Weise zu k Informationsbits r Redundanzbits hinzu, so daß sich insgesamt $(k + r) = n$ bit ergeben. Man bezeichnet als Coderate

$$R = \frac{k}{n} \tag{2-24}$$

Es ist heute selbstverständlich, daß man — falls notwendig — eine „Vorwärtsfehlerkorrektur" (forward error correction, FEC) mit z. B. „rate 7/8" oder „rate 1/2" einsetzt. Wir kommen in 2.9.2 darauf zurück.

Beispiel Kanalcodierung: convolutional coder/sequential decoder [27-2]

Für die Nachrichtenübertragung über Satelliten besonders geeignet sind die konvolutionellen Codes (convolutional codes). Prinzipiell besteht der Coder aus einem Schieberegister, v Modulo-2-Addierern und einem Multiplexer [11-2]. Die Addierer sind jeweils mit einigen Schieberegisterstellen nach einer bestimmten Vorschrift verbunden (Generatorpolynom). Für jedes dem Coder zugeführte Informationsbit ergeben sich an den Ausgängen der Addierer v bit („Symbole"), welche über einen Multiplexer nacheinander dem Ausgang zugeführt werden. Die konvolutionellen Codes sind transparent, d. h. jede beliebige Codefolge (vom Quellencodierer) kann übertragen werden.

Im allgemeinen Fall führt man dem konvolutionellen Coder nicht einzelne Informationsbits, sondern Kollektive mit jeweils k_0 bit zu. Nach der oben geschilderten Vorschrift entstehen redundante Bits, so daß dem Kollektiv der k_0 bit jetzt ein Block von n_0 bit entspricht. Durch die oben geschilderte Bildungsvorschrift wird der Block mit n_0 bit nicht nur von einem, sondern von m Kollektiven à k_0 bit beeinflußt. Man nennt m die „constraint length" (Beeinflussungslänge) [20-2].

Ein und derselbe Code liefert unterschiedliche Ergebnisse bezüglich Fehlererkennung und -korrigierung, je nachdem, welche Decodierung verwendet wird. Von verschiedenen möglichen Decodierern betrachten wir kurz den sequentiellen Decodierer (sequential decoder, Wozencraft, 1957). Er besteht im wesentlichen aus einem Pufferspeicher zur Speicherung der einlaufenden Symbole, einer Nachbildung des Coders und einer Recheneinheit für angenommene Symbolfolgen (Hypothesen). Auf Grund des verwendeten Generatorpolynoms sind nur bestimmte Folgen möglich; dies läßt sich als Codebaum darstellen. Bei jedem Verzweigungspunkt im Codebaum wird für die zunächst angenommene Hypothese ein Wahrscheinlichkeitsmaß (Metrik) für die Zuverlässigkeit der Entscheidung berechnet und mit einer mitlaufenden Schranke verglichen. Fällt die Metrik ab, so wird nach den Regeln des sog. *Fano-Algorithmus* (Fano, 1963) mit geänderten Hypothesen, ggf. wieder und wieder, gerechnet.

Vergleich verschiedener Decodierungen [27-3]

Die wirkungsvollste Decodierung ist die „*maximum-likelihood-Decodierung*". Sie erfordert aber einigen Aufwand und lange Decodierungszeit. Bei konvolutionellen Codes mit langer „constraint length" stellt die oben beschriebene sequentielle Decodierung eine gute Näherung dar. Für kurze „constraint length" eignet sich der von *Viterbi* angegebene Algorithmus, vgl. Bild 2-19.

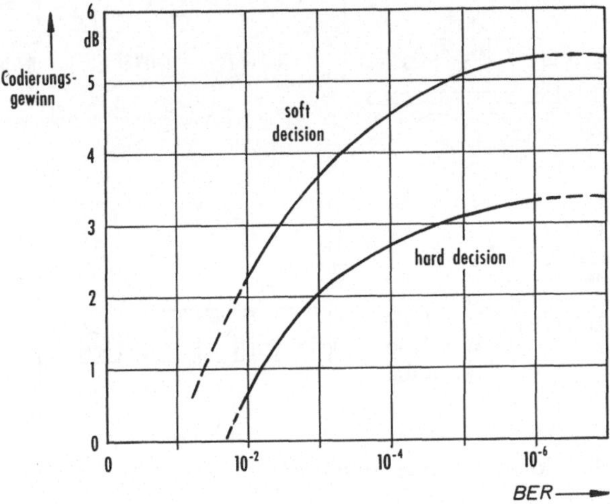

Bild 2-19.
Codierungsgewinn bei Viterbi-Decodierung eines konvolutionellen Codes (nach [20-2])

Literatur zu Kanalcodierung: Neben [27-...] sei vor allem auf die Lehrbücher [20-3], [20-4] verwiesen.

2.7 Die Satellitenübertragungsstrecke

2.7.1 Übersicht

Wie aus Bild 2-20 hervorgeht, wird eine Satellitenübertragungsstrecke über die gleiche Schnittstelle wie ein terrestrisches Richtfunksystem erreicht. Das angelieferte Basisbandsignal ist also z. B. ein TF-Multiplexsignal. Die Zwischenfrequenzbaugruppen (ZF) der links und rechts gezeichneten Erdefunkstellen sind im Prinzip dieselben wie in Richtfunkendstellen. Dagegen mußten bei den Radiofrequenzbaugruppen (RF) Leistungsendstufen einerseits und rauscharme Vorverstärker andererseits neu entwickelt werden. Kennzeichnend für die klassischen Erdefunkstellen sind besonders die großen, voll auf den Satelliten nachführbaren Antennen mit hohem Gewinn.

Die Erdefunkstellen benutzen für die Aufwärtsrichtung Radiofrequenzen in einem Band um RF_u. Im Satelliten werden diese Signale verstärkt und in einem Band um RF_d wieder abgestrahlt. Die Baugruppe im Satelliten, welche diese Aufgaben (Verstärkung, Frequenzumsetzung) übernimmt, wird Transponder genannt. Die von modernen Fernmeldesatelliten genutzte große Bandbreite wird in der Regel auf mehrere Transponder aufgeteilt.

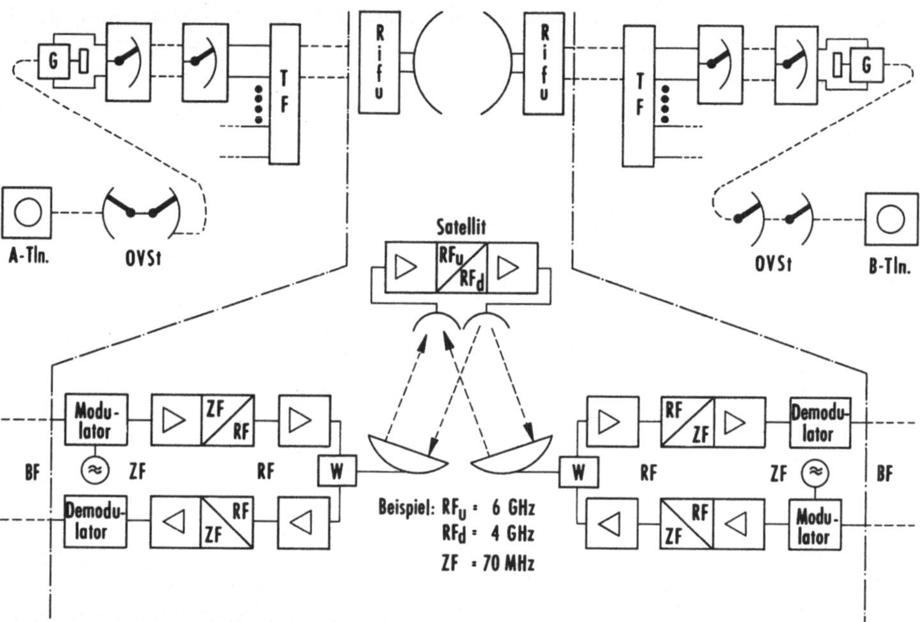

Bild 2-20. Fernsprechverbindung über Richtfunk oder Satelliten

2.7.2 Berechnung der Satellitenstrecke

In der einschlägigen Literatur werden die auftretenden Größen meist in dB ausgedrückt. Da auch alle CCITT- und INTELSAT-Vorschriften so vorgehen, müssen wir uns die zunächst ungewohnte Technik zu eigen machen, z. B. Bandbreiten oder Rauschtemperaturen im logarithmischen Maß anzugeben.

Der Leser kennt die Definition des relativen Pegels [11-2] für eine Stelle x (Leistung P_x) in einem System:

$$L_{rel} = 10 \lg \frac{P_x}{P_1} \, dB , \tag{2-25}$$

wobei P_1 die Leistung an einer zweckmäßig gewählten Bezugsstelle (z. B. Systemeingang) ist. Ersetzt man P_1 durch einen festen Normalwert P_0, z. B. $P_0 = 1$ mW, so ergibt sich der absolute Pegel

$$L_{abs} = 10 \lg \frac{P_x}{1\,\text{mW}}\, \text{dBm} \,. \tag{2-26}$$

Durch den Zusatzbuchstaben m kennzeichnet man die gewählte Bezugsgröße 1 mW. In der Satellitentechnik wird häufig auf 1 W bezogen, man erhält dann dBW. Es gilt: 0 dBW = 30 dBm.

Wie betrachten nun einen Empfängereingang mit der Bandbreite B, an dem bei einer Temperatur T die Störleistung

$$N = kTB \tag{2-27}$$

auftritt [11-2]. In dieser Gleichung ist

$$k = 1{,}38 \cdot 10^{-23}\, \frac{\text{Ws}}{\text{K}} \tag{2-28}$$

die Boltzmann-Konstante. Durch entsprechendes Durchdividieren erhält man aus Gl. (2-27) mit Hz = 1/s die zugeschnittene Größengleichung

$$\frac{N}{\text{W}} = \frac{k}{\text{W/HzK}}\, \frac{T}{\text{K}}\, \frac{B}{\text{Hz}} \,. \tag{2-29}$$

Man kann nun nach dem Vorbild von Gl. (2-26) auf die logarithmische Darstellung übergehen, wobei im Zusatz jeweils die Bezugsgröße vermerkt wird

$$\frac{N}{\text{dBW}} = \frac{k}{\text{dB(W/HzK)}} + \frac{T}{\text{dB(K)}} + \frac{B}{\text{dB(Hz)}} \,. \tag{2-30}$$

Damit haben wir diese Darstellungsart kennengelernt. Wir werden sie künftig viel verwenden. In der Literatur sieht man Gleichungen wie (2-30) häufig auch ohne weitere Erklärung in der Form

$$N = k + T + B \,, \tag{2-31}$$

wobei man dann allerdings sehr auf die richtigen Einheiten aufpassen muß!

Am Empfängereingang hat das Nutzsignal die Leistung $P_e = C$ (carrier, d. h. Trägerleistung bei Winkelmodulationsverfahren). Sie hängt mit der Sendeleistung P_s über das Funkfelddämpfungsmaß zusammen. Mit Gleichung (2-8) wird

$$\frac{C}{\text{dBW}} = \frac{P_s}{\text{dBW}} - \frac{a_0}{\text{dB}} + \frac{G_S}{\text{dB}} + \frac{G_E}{\text{dB}} \,. \tag{2-32}$$

An Stelle der Sendeantenne mit dem Gewinn G_S, welcher die Leistung P_s zugeführt wird, denkt man sich einen Kugelstrahler, dem die Leistung $EIRP$ (equivalent isotropically radiated power) zugeführt wird. Es ist also

$$\frac{EIRP}{\text{dBW}} = \frac{P_s}{\text{dBW}} + \frac{G_S}{\text{dB}} \,. \tag{2-33}$$

An Stelle von G_E schreiben wir G und erhalten mit den Gl. (2-30), (2-32), (2-33) den Träger-Rausch-Abstand

$$\frac{C/N}{\mathrm{dB}} = \frac{C}{\mathrm{dBW}} - \frac{N}{\mathrm{dBW}} =$$

$$= \frac{EIRP}{\mathrm{dBW}} + \frac{G}{\mathrm{dB}} - \frac{a_0}{\mathrm{dB}} - \frac{k}{\mathrm{dB(W/HzK)}} - \frac{T}{\mathrm{dB(K)}} - \frac{B}{\mathrm{dB(Hz)}} . \quad (2\text{-}34)$$

Die verwendete Empfangseinrichtung ist durch den Gewinn G ihrer Antenne und die Rauschtemperatur T ihres Empfängers gekennzeichnet: „Güte" G/T. Um eine allgemein verwendbare Beziehung zu bekommen, berücksichtigen wir noch, daß eventuell aus später erläuterten Gründen eine zusätzliche Dämpfung a_{Zus} auftreten kann und daß es zweckmäßig ist, eine Systemreserve (margin) M zu berücksichtigen. Für die Konstante k setzen wir den Zahlenwert ein, siehe Gl. (2-28). Damit wird

$$\frac{C/N}{\mathrm{dB}} = \frac{EIRP}{\mathrm{dBW}} + \frac{G/T}{\mathrm{dB(1/K)}} - \frac{a_0}{\mathrm{dB}} + 228,6 - \frac{B}{\mathrm{dB(Hz)}} - \frac{a_{Zus}}{\mathrm{dB}} - \frac{M}{\mathrm{dB}} . \quad (2\text{-}35)$$

Um von der Bandbreite unabhängig zu werden, kann man auf die Rauschleistungsdichte N_0 übergehen:

$$\frac{C/N_0}{\mathrm{dB(Hz)}} = \frac{C/N}{\mathrm{dB}} + \frac{B}{\mathrm{dB(Hz)}} . \quad (2\text{-}36)$$

Mit Gl. (2-35) können wir sowohl den Wert $(C/N)_d$ der Abwärtsstrecke („down") als auch den Wert $(C/N)_u$ der Aufwärtsstrecke („up") berechnen. Der jeweilige Sender ist mit seiner $EIRP$ und das jeweilige Empfangssystem (Antennengewinn, Rauschtemperatur) mit seiner „Güte" G/T einzusetzen.

Bei der Systemplanung müssen wir natürlich den ganzen Weg von Erdefunkstelle zu Erdefunkstelle über den Satelliten berücksichtigen. Am Empfängereingang einer Erdefunkstelle in Bild 2-22 ergibt sich der Störabstand C/N der Gesamtstrecke nach folgender Beziehung [41-1]:

$$\left(\frac{C}{N}\right)^{-1} = \left(\frac{C}{N}\right)_u^{-1} + \left(\frac{C}{N}\right)_i^{-1} + \left(\frac{C}{N}\right)_d^{-1} . \quad (2\text{-}37)$$

Hierbei berücksichtigt der mittlere Term (Index i) den eventuellen Beitrag von Intermodulationsgeräusch, der bei Mehrträgerübertragung entstehen kann. Wenn wir von diesem Term einmal absehen — beim Verfahren TDMA (vgl. 4.2) ist er von Hause aus Null — dann bleibt die Aufgabe, den zulässigen Rauschbeitrag sinnvoll auf die beiden Strecken zu verteilen: „Geräuschaufteilung". Die klassische Auslegung arbeitet auf der Aufwärtsstrecke mit so hoher $EIRP$ der Erdefunkstelle, daß

$$\left(\frac{C}{N}\right)_u \gg \left(\frac{C}{N}\right)_d \quad (2\text{-}38)$$

wird. Damit folgt aus Gl. (2-37)

$$\frac{C}{N} \approx \left(\frac{C}{N}\right)_d , \quad (2\text{-}39)$$

d. h. die Abwärtsstrecke darf den Löwenanteil an Geräusch liefern. Damit spart man Sendeleistung im Satelliten. Diese Auslegung wird bis heute überwiegend angewandt.

Aus den obigen Überlegungen können wir entnehmen, wie der Störabstand C/N am Eingang der empfangenden Erdefunkstelle mit den Eigenschaften ($EIRP$, G/T) der Erdefunkstellen und des Satelliten zusammenhängt. In 2.7.4 wollen wir das Vorgehen bei der Systemplanung an einem Beispiel besprechen.

2.7.3 Rauschbeiträge der Satellitenverbindung

Die Kenngrößen des Rauschens [12-4] (Rauschzahl, Rauschmaß, Rauschtemperatur) werden als bekannt vorausgesetzt.

Wir betrachten eine auf einen Satelliten gerichtete Antenne einer Erdefunkstelle im Empfangsbetrieb. Aus Bild 2-7 kennen wir bereits die bei verschiedenen Antennenelevationen auftretenden scheinbaren Himmelstemperaturen. Für Empfang bei 4 GHz kann man in der Regel mit $T = 20$ K rechnen.

Die Erdefunkstellenantenne, insbesondere bei kleinen Elevationen, muß hinreichend große Nebenzipfeldämpfung haben, da sie sonst nennenswerte Rauschbeiträge von der Erde (270 ... 300 K) empfängt.

Die Erdefunkstelle habe einen rauscharmen Vorverstärker der Rauschtemperatur T_e, und die Antenne liefere aus den o. g. Gründen eine Rauschtemperatur T_A. Die Antenne sei über eine Leitung mit dem Dämpfungsfaktor L und der Temperatur T_L mit dem Empfänger verbunden. Nach [20-1] ergibt sich dann die Systemrauschtemperatur

$$T = \frac{T_A}{L} + T_L\left(1 - \frac{1}{L}\right) + T_e\,. \tag{2-40}$$

Damit ein hochwertiger Empfänger (T_e klein) auch sinnvoll genutzt wird, muß die Verbindungsleitung ein kleines Dämpfungsmaß a_L haben: Eine Erhöhung von a_L um 0,1 dB (Dämpfungsfaktor $L = 1,023$) bedeutet nicht nur zusätzlichen Verlust, sondern vor allem bei $T_L = 300$ K auch eine Rauschtemperaturerhöhung um fast 7 K.

2.7.4 Systemplanungsbeispiel: Digitale Einkanalübertragung

Ein besonderer Fall der Übertragung findet sich bei einem älteren militärischen Satellitensystem mit kleinen Erdefunkstellen: Digitale (u. a. wegen der verwendeten Verschlüsselungseinrichtungen) Einkanal-Fernsprechübertragung. Für diesen Fall wollen wir die Systemplanung durchführen. Wir werden sehen, daß wir nach dem gleichen Schema auch das in Zukunft wichtige PCM-PSK-TDMA-System (vgl. 2.8.1) behandeln können. Auf die andersartigen Gegebenheiten bei der klassischen analogen Multiplexübertragung gehen wir in 7.1.2 noch ein.

Ein mittels PCM digitalisierter Fernsprechkanal hat üblicherweise (8-bit-Codierung) eine Bitrate $f_b = 64$ kbit/s. Beim Militär begnügt man sich mit geringerer Sprachqualität; man benutzt 6-bit-Codierung ($f_b = 48$ kbit/s) und läßt, verglichen mit kommerzieller Technik, gewisse hörbare Störungen durch Bitfehler zu (z. B.: $BER = 10^{-3}$).

Entsprechend konventioneller Geräuschaufteilung (vgl. 2.7.2) wird angenommen, daß der Beitrag der Aufwärtsstrecke (up) zur BER vernachlässigbar sei: $(BER)_u = 10^{-4}$; damit Abwärtsstrecke (down): $(BER)_d \approx BER = 10^{-3}$

Für (z. B.) 2-PSK als Modulationsverfahren könnte man nun aus Bild 2-17 die Werte R_d und R_u ablesen; daraus erhielte man dann mit den Gl. (2-18) bis (2-23) die Werte C/N für die beiden Strecken. Bei dem betrachteten System wird jedoch (wegen der einfacheren Gerätetechnik) 2-FSK verwendet. In [20-5] findet sich die Bild 2-17 entsprechende Kurve für FSK, aus der für die genannten Bitfehlerraten abgelesen werden kann: $R_d = 10$ dB, $R_u = 11$ dB. Als Bandbreite wird gewählt: $B = 1{,}6 f_{schr} = 1{,}6 f_b$. Der Faktor $1/1{,}6$ entspricht -2 dB, so daß entsprechend Gl. (2-22) und (2-23) die Träger-/Rauschverhältnisse an den jeweiligen Empfängern resultieren: $(C/N)_d = 8$ dB, $(C/N)_u = 9$ dB. Damit läßt sich mit Hilfe von Gl. (2-35) für die Abwärts- wie für die Aufwärtsstrecke die notwendige Sendeleistung berechnen, wenn die jeweiligen Frequenzbereiche, Güten G/T, Zusatzdämpfungen und

---

Angenommene Werte:
- $(C/N)_u = 9$ dB, $(C/N)_d = 8$ dB; vgl. Text
- Bandbreite $B = 1{,}6 f_{schr} = 1{,}6 \cdot 48$ kHz = 76,8 kHz
- Aufwärtsstrecke 8 GHz, Abwärtsstrecke 7,3 GHz,
- Satellit: Systemrauschtemperatur $T = 1000$ K, etwa globale Ausleuchtung $G = 20$ dB,
- EFuSt: Systemrauschtemperatur $T = 200$ K Antennendurchmesser 2 m, damit praktisch erreichte Gewinnmaße bei 8 GHz $G = 43$ dB, und bei 7,3 GHz $G = 42$ dB.

Berechnung Sendeleistung nach Gleichungen (2-35) und (2-33)		Aufwärtsstrecke	Abwärtsstrecke
Träger-/Rauschverhältnis	(C/N)/dB	9	8
− Gewinn Empfangsantenne	− G/dB	− 20	− 42
+ Systemrauschtemperatur	+ T/dB(1/K)	+ 30	+ 23
+ Freiraumdämpfung (Grenze Ausleuchtgebiet)	+ a_0/dB	+204,1	+203,3
+ Boltzmannkonstante	− 228,6	−228,6	−228,6
+ Bandbreite	+ B/dB(Hz)	+ 49	+ 49
+ Zusatzdämpfung	+ a_{zus}/dB	+ 4,1	+ 5,1
+ Margin	+ M/dB	+ 3,4	+ 4,5
	$EIRP$/dBW	51	22,3
− Gewinn Sendeantenne	− G/dB	43	20
Notwendige Sendeleistung	P/dBW	8	2,3
entspricht $P =$		6,3 W	1,7 W

Bild 2-21. Systemplanungsbeispiel

Systemreserven festliegen. Bild 2-21 zeigt in vereinfachter Form eine derartige Systemrechnung [20-5]. Unter a_{zus} sind alle durch die nichtidealen Eigenschaften von Sender, Empfänger und Strecke verursachten Dämpfungen zusammengefaßt, wie z. B. Beiträge aus der Mißweisung der Antennen, usw. Die Systemreserve M dient u. a. zum Auffangen von Alterung etc. Das Ergebnis ist in Bild 2-22 als Pegeldiagramm dargestellt.

Bei einem TDMA-System, wie wir es in 2.8.1 kennenlernen werden, wäre der Gang der Rechnung ganz entsprechend. Zu beachten ist lediglich, daß jetzt für f_b die Systembitrate (vgl. 2.8.1) eingesetzt werden muß und daß üblicherweise 4-PSK Verwendung finden wird.

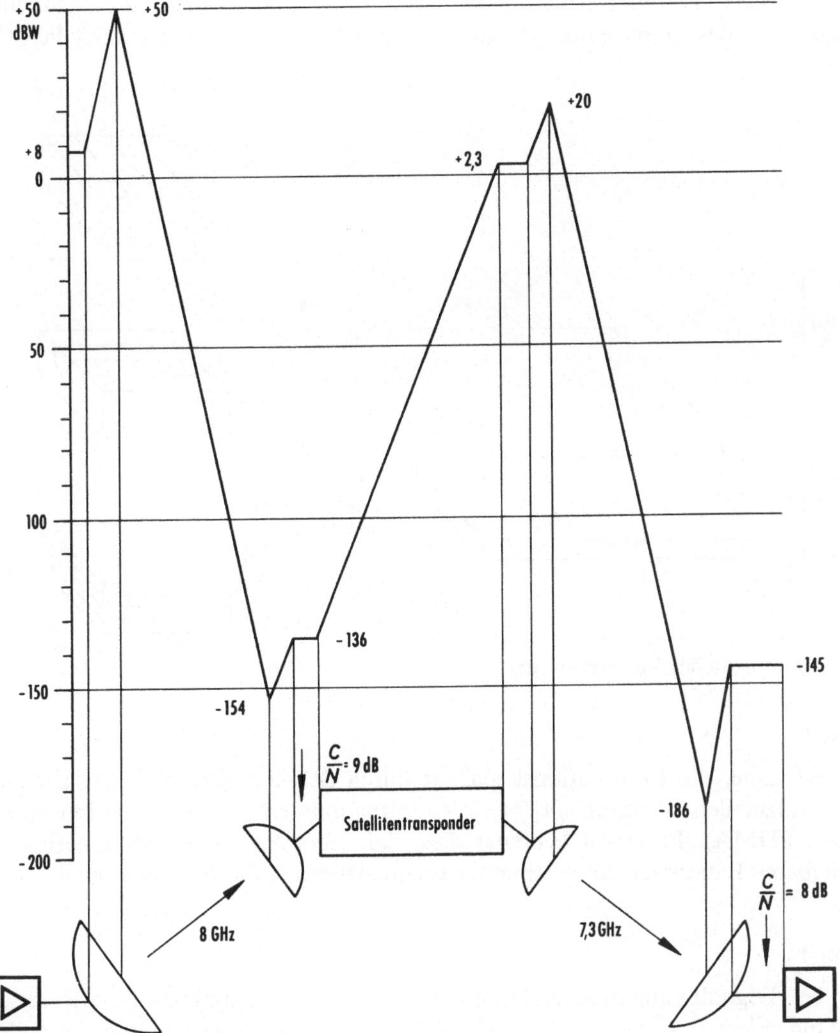

Bild 2-22. Pegeldiagramm

2.8 Grundlagen der Vielfachzugriffsverfahren

Ein Satellitentransponder hat in der Regel eine weit größere Übertragungskapazität, als zwischen zwei beliebigen Erdefunkstellen benötigt wird; deshalb teilen sich verschiedene Erdefunkstellen im sogenannten *Vielfachzugriff* (*multiple access*) in die Transponderkapazität. Durch den Vielfachzugriff ergeben sich aber auch neuartige Möglichkeiten für den Betrieb der Kanäle, siehe 2.8.2, und die Struktur der Fernmeldenetze siehe 3.3. Wir geben hier nur eine Übersicht; in 4 wird dann die Realisierung ausführlich besprochen.

2.8.1 Klassische Vielfachzugriffsverfahren

Nach *Shannon* kann man bekanntlich die Informationskapazität eines Nachrichtenkanals, z. B. des durch einen Transponder gegebenen, als Quader darstellen (Bild 2-23).

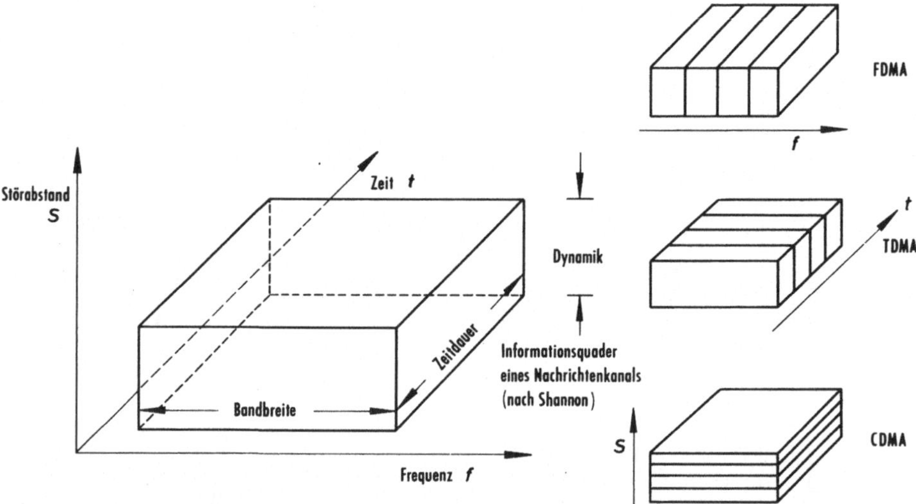

Bild 2-23. Prinzip des Vielfachzugriffs

FDMA

Es liegt nahe, die Informationskapazität durch Schnitte senkrecht zur Frequenzachse aufzuteilen: *Vielfachzugriff im Frequenzmultiplex* (frequency division multiple access, FDMA). Praktisch bedeutet dies, daß jeder Erdefunkstelle innerhalb der verfügbaren Bandbreite ein bestimmter Frequenzbereich für ihr Sendesignal zugeteilt wird.

TDMA

Die bei Digitalmodulationsverfahren gegebene Übertragungsart in periodischen Abständen legt es nahe, den *Vielfachzugriff im Zeitmultiplex* (time division multiple access, TDMA) zu benutzen. Jeder Erdefunkstelle wird innerhalb eines Zeitrahmens

ein Zeitabschnitt zugeteilt, in dem ihr Sendesignal allein die volle Transponderband-
breite nutzen darf. Das folgende idealisierte Zahlenbeispiel aus der Fernsprechübertragung mit Pulscodemodulation (PCM) soll das Verständnis des TDMA-Prinzips
erleichtern.

Entsprechend der Abtastfrequenz von 8 kHz entsteht bekanntlich von jedem
Sprechkanal ein Codewort (üblicherweise 8 bit) im Zeitabstand 125 µs (Rahmendauer des PCM-Systems). Eine Erdefunkstelle soll die Codeworte von z. B. 35 an
andere Erdefunkstellen gerichteten Sprechkanäle über einen Intelsat-IV-Transponder
der Bandbreite $B_{RF} = 36\,\text{MHz}$ übertragen. Als Modulationsverfahren auf der
Strecke wird 4-PSK verwendet, d. h. es wird entsprechend Gl. (2-19) in jedem Schritt
ein Symbol, gebildet aus zwei bit, übertragen. Aus den Gl. (2-19) und (2-20) ergibt
sich, daß eine Bitrate von 50 Mbit/s ohne weiteres möglich ist. Bei kontinuierlicher
Übertragung mit dieser Systembitrate würde ein Rahmen von 125 µs damit
$50 \cdot 10^6$ bit/s $\cdot$ 125 µs = 6250 bit (oder 3125 Synbole) enthalten. Sofern nur die o. g.
Erdefunkstelle ihr Impulsbündel (burst) von $35 \cdot 8$ bit = 280 bit überträgt, ist damit
nur ein Bruchteil des Rahmens genutzt. Wir erkennen die Möglichkeit, weitere Erdefunkstellen im Zeitvielfachzugriff über den gleichen Transponder arbeiten zu lassen.
Alle benutzen die gleiche Trägerfrequenz und nutzen die volle Transponderband-
breite.

CDMA

Die bis jetzt genannten Unterteilungsmethoden des Informationsquaders durch
Schnitte senkrecht zur Frequenz- bzw. Zeitachse sind uns leicht verständlich. Wie
Bild 2-23 zeigt, muß es aber noch eine dritte Methode geben, die wir mit „*Vielfach-
zugriff im Codemultiplex*" (code division multiple access, CDMA) bezeichnen wollen.
Tatsächlich gelingt es auf der Basis zueinander orthogonaler Codefolgen, die von-
einander unabhängige Übertragung der verschiedenen zugreifenden Signale zu er-
möglichen, wobei alle in jedem Augenblick die gesamte Bandbreite nutzen. Die
Realisierung wird in 4.3 erklärt.

2.8.2 Weitere Koordinaten für Vielfachzugriffsverfahren

Der Engpaß bei den verfügbaren Frequenzbereichen führt dazu, daß alle Anstrengungen unternommen werden, ein gegebenes Frequenzband mehrfach auszunutzen
(frequency re-use). Bei bestimmten praktischen Randbedingungen gelingt es z. B.,
eine hinreichende Entkopplung zweier Übertragungen über das gleiche Funkfeld
dadurch zu erreichen, daß zueinander orthogonale Polarisation verwendet werden.
Den Antennen in Erdefunkstelle und Satellit sind jeweils Polarisationsweichen nachgeschaltet, welche die beiden Übertragungswege trennen und z. B. im Satelliten zwei
verschiedenen Transpondern zuführen. Damit ergibt sich also ein zweiter unabhän-
giger Informationsquader bei gleichbleibendem Aufwand an Bandbreite.

Spot-beam-Antennen mit hinreichend starker Bündelung ermöglichen es eventuell,
das in Rede stehende Frequenzband in verschiedenen Gebieten immer wieder unabhängig auszunutzen: *Vielfachzugriff im Raummultiplex* (space division multiple
access, *SDMA*).

Man erkennt Möglichkeiten für die Kombination verschiedener Zugriffskoordinaten. Eine besondere Bedeutung hat SDMA/TDMA, das meist als SS-TDMA bezeichnet wird, vgl. 4.7.

2.8.3 Betriebsarten der Kanäle im Vielfachzugriffssystem

Wir wollen den Begriff (Sprech-)Kanal stets im Sinne einer einseitig gerichteten Sprachübertragung auffassen. Ein Sprechkreis zwischen zwei Erdefunkstellen A und B besteht dann aus zwei Kanälen, von denen der eine von A und der andere von B gesendet wird.

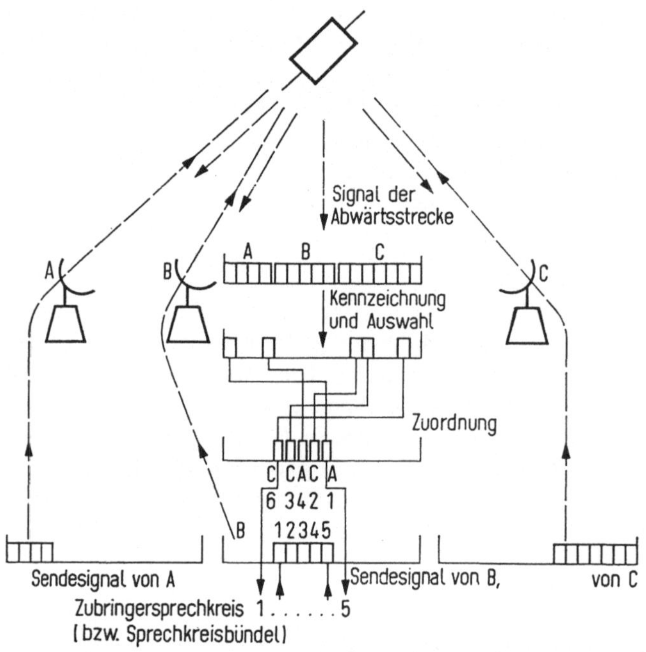

Bild 2-24. Sprechkreisbildung im Vielfachzugriffssystem

In Bild 2-24 ist ein vereinfachtes Modell eines Vielfachzugriffssystems dargestellt [80-3], an dem nur drei Erdefunkstellen A, B, C teilnehmen. Damit das Bild noch überschaubar bleibt, wurde angenommen, daß auch die Kanalzahlen der Erdefunkstellen sehr klein sind: A sendet 4, B sendet 5, und C sendet 7 Kanäle. Die Sendesignale müssen so am Transponder eintreffen, daß sie sich ohne gegenseitige Störung zum Signal der Abwärtsstrecke zusammenfügen; zu diesem Zweck sind sie, wie angedeutet, gegeneinander versetzt, z. B. durch verschiedene Frequenzlage innerhalb der verfügbaren Bandbreite oder durch verschiedene Zeitlage in einem Zeitrahmen, usw. (Welche Modulations- und Zugriffstechnik tatsächlich angewendet wird, spielt für unsere Betrachtung hier keine Rolle. Allerdings erfordert die Realisierung der unten diskutierten Betriebsarten je nach Zugriffstechnik sehr verschiedenen Aufwand, wie sich in 4. zeigen wird.)

Aus den $(4 + 5 + 7) = 16$ Kanälen lassen sich 8 Sprechkreise bilden. In Bild 2-24 sind die Sprechkreise (Kanalpaare) angegeben, an denen die Erdefunkstelle B beteiligt ist: B 1 — C 6, B 2 — C 3, B 3 — A 4, B 4 — C 2, B 5 — A 1.

Da jede Erdefunkstelle das gesamte Signal der Abwärtsstrecke — auch den eigenen Beitrag — empfängt, muß sie die interessierenden Kanäle kennen und entnehmen. Die Zuordnung zu den eigenen Sendekanälen kann verschieden organisiert sein:
— Verabredung der Kanalpaarung auf Dauer, d. h. festgeschaltete Kanäle bzw. Sprechkreise (preassigned circuits, preassignment).
— Verabredung nach Bedarf, z. B. für die Dauer eines Telefongesprächs, d. h. Betrieb mit „richtungsvariablen" Kanälen (variable direction). In diesem Fall kann bei Auftreten eines neuen Gesprächswunsches zwischen z. B. A und C ein Sprechkreis garantiert gebildet werden, sofern A und C jeweils noch irgendeinen ihrer Kanäle frei haben. Die kompliziertere Technik wird durch eine verkehrstheoretisch bessere Ausnutzung der Kanäle aufgewogen.

Eine zusätzliche Verbesserung der Ausnutzung und des Betriebsverhaltens der Zugriffssysteme erhält man, wenn die Zahl der jeder Erdefunkstelle zugeordneten Sendekanäle nach Bedarf variiert werden kann (variable Kapazität, variable capacity). Man kann so zu einer vollkommen freizügigen bedarfsweisen Zuordnung (demand assignment) auch der letzten Kanalbreite kommen.

Ein demand assignment-System kann evtl. zweckmäßiger organisiert werden, indem aus der gesamten Systemkapazität ein allen Erdefunkstellen zugänglicher pool von Kanalpaaren gebildet wird. Bei Bedarf nach einem Sprechkreis zwischen zwei Erdefunkstellen X und Y holen sich diese ein Kanalpaar, z. B. 17—17′, aus dem pool und programmieren ihre Zugriffseinrichtungen: X sendet 17 und empfängt 17′, Y entsprechend umgekehrt.

2.9 Einfluß der Satellitenstrecke auf die Übertragung

2.9.1 Probleme der Fernsprechübertragung

Da die heute verwendeten Fernmeldesatelliten fast ausschließlich den geostationären Orbit benutzen, ist die Laufzeit von Erdefunkstelle zu Erdefunkstelle (je nach geographischer Länge und Breite) ca. 270 ms. Die Antwortzeiten bei einem Gespräch, die die Laufzeit zweimal (einschließlich der Beiträge terrestrischer Strecken) enthalten, sind ca. 0,6 s. Die Erfahrung hat gezeigt, daß die Teilnehmer dadurch kaum gestört werden. Man versucht — z. B. durch Einführen spezieller Zeichen in den Zeichengabeverfahren der Vermittlungstechnik — ein Hintereinanderschalten zweier Synchronsatellitenverbindungen (double hop) zu verhindern. Der große Anteil der Satellitenwege am interkontinentalen Verkehr, verbunden mit dem Aufkommen von Regionalsystemen, hat notgedrungen auch die Standpunkte betr. double hop aufgeweicht.

An den Übergangsstellen 2 Dr/4 Dr (Gabeln in Bild 2-20) ergeben sich Reflexionen und damit Echos, die wegen der großen Laufzeit sehr stören. Es ist deshalb zwingend notwendig, in allen Satellitenverbindungen die Echos in geeigneter Weise zu unterdrücken [94-...]. Einfache *Echosperren* vergleichen die Pegel der beiden Richtungen im Vierdrahtweg. Es wird angenommen, daß das schwächere Signal das Echo sei;

es wird unterdrückt. Bei großem Raumgeräusch beim Hörenden kann so der Sprecher unterdrückt werden. Deshalb verwendet man heute zunehmend echte *Echokompensatoren*; moderne Technologien erlauben es heute, diese recht komplizierten Schaltungen wirtschaftlich zu realisieren. Bei Digitalübertragung lassen sich im digitalen Vierdrahtweg *Echounterdrücker* einsetzen, die im Zeitmultiplex viele Kanäle bedienen [94-5].

Bei nichtstationären Satelliten wie z. B. Molnija ergibt sich ein beachtlicher *Dopplereffekt*. Der entstehende Frequenzversatz muß durch eine geeignete Dopplerkompensation rückgängig gemacht werden, da sonst die Anforderungen der TF-Übertragung nicht eingehalten werden.

2.9.2 Eigenschaften des Satelliten-Übertragungskanals

Für digitale Satellitenübertragung, wie sie bei modernen Systemen im Vordergrund steht, gibt es heute umfangreiche Lehrbücher [20-3], [20-4]. Wir können uns deshalb mit einigen Hinweisen auf grundlegende Zusammenhänge und auf neuere Literaturstellen begnügen.

Bei den Modulationsverfahren für digitale Satellitenübertragung haben wir in 2.5.4 die klassische *n*-PSK besprochen. Schon bei dieser ist die Wahl der Systemparameter stark von den Eigenschaften des Übertragungskanals abhängig. Ein Beispiel dafür ist die Wahl der Bandbreite nach Gleichung (2-20). Es ist ein Kompromiß notwendig:

— Zu große Bandbreite: Ansteigen der *BER* durch zu große Rauschleistung und Nachbarkanalstörer,

— zu kleine Bandbreite: Ansteigen der *BER* durch Nachbarimpulsbeeinflussung (gegenseitige Beeinflussung aufeinanderfolgender Impulse).

Die optimale Bandbreite ist von der Charakteristik der Bandbegrenzung (z. B. Tschebyscheff, Butterworth usw.) abhängig.

Bei normaler 4-PSK (englisch: QPSK) ändert sich während des Umtastens der Amplitudenwert stark. Bei nichtlinearen Kanälen (z. B. Kennlinie von Wanderfeldröhren) tritt AM/PM-Konversion auf; die Amplitudenänderung und damit die verursachte Degradation wird kleiner bei Verfahren, bei denen beim Umtasten die Amplitude nicht durch Null geht. Dazu gehört z. B. OQPSK (O = offset); es entsteht aus QPSK (Bild 2-18), indem die Bitströme X und Y um eine halbe Bitbreite gegeneinander versetzt werden.

Für die Anpassung eines Übertragungssystems an die Kanaleigenschaften ergeben sich wichtige Freiheitsgrade dadurch, daß man neben geeigneter Modulation auch geeignete Codierung verwendet. Wir beginnen damit, daß wir Modulation und Codierung als unabhängige Verfahren voraussetzen.

Zunächst betrachten wir einen Satelliten-Übertragungskanal mit gegebener Bandbreite B_K und Trägerleistung C am Empfängereingang. Bei einem bestimmten Modulationsverfahren, z. B. 4-PSK, hängt die Bitrate f_b nach Gl. (2-19) mit der Schrittgeschwindigkeit f_{Schr} zusammen. Außerdem ist zur Übertragung mit der Schrittgeschwindigkeit f_{Schr} eine bestimmte Bandbreite B erforderlich. Bei gegebener Modulation und Codierung wird demnach die Obergrenze für die mögliche Bitrate f_b durch einen der beiden folgenden Fälle gegeben sein:

— Bandbreitebegrenzter Kanal. Die gegebene Kanalbandbreite B_K verhindert eine weitere Erhöhung von f_b (da $B > B_K$ unmöglich ist), obwohl C und C/N — Gl. (2-35) — hinreichend groß sind.

— Leistungsbegrenzter Kanal. Eine Erhöhung von f_b und damit B ergäbe nach Gl. (2-27) eine entsprechend erhöhte Rauschleistung N, wodurch nach Gl. (2-35) der notwendige Träger-/Rauschabstand C/N nicht mehr erreicht wird; dabei ist aber noch gegeben $B < B_K$.

Kanalcodierung, die ja eine Erhöhung der Gesamtbitrate und damit der benötigten Bandbreite voraussetzt (vgl. 2.6.4), läßt sich also nur bei leistungsbegrenzten Kanälen anwenden, solange Modulation und Codierung als unabhängig voneinander vorausgesetzt werden.

In einem bestimmten Anwendungsfall möge für 4-PSK Bandbreitebegrenzung gegeben sein, während bei 8-PSK (B wird kleiner!) Leistungsbegrenzung auftritt. Durch die Möglichkeit, im zweiten Fall Kanalcodierung anzuwenden, kann sich theoretisch ein Vorteil gegenüber der einfachen 4-PSK ergeben [20-2]. Durch fallweise eingesetzte Kanalcodierung läßt sich z. B. erreichen, daß Erdefunkstellen unterschiedlicher Größe an demselben Zugriffssystem teilnehmen können. Der Nachteil einer kleineren Güte G/T wird ggf. durch den Codierungsgewinn ausgeglichen. In [20-2] wird über verschiedene Anwendungen bei SCPC- und TDMA-Systemen berichtet.

In letzter Zeit hat die bandbreiten-effiziente Codierung und Modulation (BECM) starke Beachtung gefunden. Bei BECM wird Codierung und Modulation als Einheit betrachtet. Durch geeignete Verfahren sind auch ohne Bandbreitenerweiterung Codierungs- und Modulationsgewinne möglich. Die benötigten komplizierten Empfängerkonzepte (u. a. Maximum-Likelihood Sequenz-Detektion, MLSD) lassen sich durch die Fortschritte der Technologie und soft ware zunehmend besser realisieren. Eine gute Übersicht über BECM gibt [26-12]; vgl. [26-10e].

Unsere Beispiele dürften genügt haben, um zu zeigen, welche vielfältigen Probleme die Optimierung von Kanälen mit Verzerrungen einschließlich Nichtlinearitäten, Störungen, verschiedenen Modulations- und Codierungsverfahren usw. bringt. [95-...] bringt eine detaillierte Literaturübersicht.

3 Nachrichtensatelliten und weltweites Netz

3.1 Die Anfänge der Nachrichtensatellitentechnik

Die terrestrische Richtfunktechnik stellt leistungsfähige Übertragungswege im GHz-Bereich zwischen Endpunkten mit Sichtverbindung zur Verfügung. Wollte man eine solche Richtfunkverbindung z. B. zwischen USA und Europa einrichten, so wären wegen der Erdkrümmung etwa 100 Relaisstellen auf schwimmenden Plattformen (ca. 60 m hohe Türme) oder eine Relaisstelle in der Mitte des Atlantik auf der Spitze eines 1000 km hohen Turmes notwendig. Schon 1945 hat Clarke vorgeschlagen, an Stelle solcher utopischer Türme hochfliegende Satelliten als Relaisstellen einzusetzen [21-1].

Nach dem Start des ersten künstlichen Satelliten Sputnik 1 (1957) setzte eine stürmische Entwicklung ein, die z. B. in [20-6] geschildert wird. Mit den Satelliten Telstar 1 und bald darauf Relay 1 gelangen 1962 die ersten direkten Transatlantik-Fernsehübertragungen. Aus den Erfolgen mit den geostationären Versuchssatelliten Syncom schöpfte man den Mut, bereits ab 1965 eine derartige Relaisstelle im Weltraum kommerziell zu nutzen und zu einem festen Bestandteil des öffentlichen Nachrichtennetzes zu machen: Early Bird (Intelsat I).

3.2 Das INTELSAT-Netz

Die International Telecommunication Satellite Organization (INTELSAT) wurde durch ein vorläufiges Abkommen zwischen elf Staaten der westlichen Welt am 20. 8. 1964 gegründet.

INTELSAT plant und betreibt das Netz und erläßt in diesem Zusammenhang z. B. bindende Spezifikationen für die teilnehmenden Erdefunkstellen, die Eigentum der betr. Länder sind. Das Raumsegment (die Satelliten) ist gemeinsames Eigentum aller Signatarstaaten.

Bereits fünf Jahre nach Gründung von INTELSAT wurden die ersten Satelliten Intelsat III gestartet. Mit dieser Generation wurde erstmals durch Satelliten über dem Atlantik, Pazifik und Indischem Ozean das Netz weltweit eingerichtet.

Im Jahr 1982 hatte INTELSAT ca. 110 Mitgliedsländer mit insgesamt ca. 200 Erdefunkstellen. Die Sprechkreiskosten pro Jahr betrugen 1965 32000 $; heute wird weniger als ein Siebtel dieses Wertes berechnet. Die Gesamtkapazität des Netzes liegt 1982 bei über 50000 (Einweg-)Kanälen, davon etwa zwei Drittel über dem Atlantik. (Ein Sprechkreis wird aus zwei Kanälen gebildet.)

Intelsat		I	II	III	IV	IV A	V
Erster Start		1965	1967	1968	1971	1975	1980
Durchmesser	m	0,72	1,42	1,42	2,38	2,38	2,0
Höhe	m	0,60	0,67	1,04	5,28	5,90	15,7
Masse im Orbit	kg	38	67,3	152	700	790	967
Start mit:		Thor-Delta			Atlas-Centaur od. Shuttle		
Primärleistung	W	40	75	120	400	500	1 200
Gesamte nutzbare Bandbreite	MHz	50	130	500	500	800	2 300
Typ. Anzahl der Sprechkreise		240	240	1200	4000	6000	12 500
Erwartete Betriebsdauer [Jahre]		1,5	3	5	7	7	7

Bild 3-1. Übersicht über die bis jetzt in Betrieb gegangenen Intelsat-Generationen

Bis heute sind die in Bild 3-1 gezeigten Generationen von INTELSAT-Satelliten in Betrieb gegangen. Der interkontinentale Verkehr hat nach wie vor hohe Zuwachsraten; hinzu kommt, daß INTELSAT seit 1974 auch Transponder für Regionalsysteme vermietet (1980: 19 Transponder an 16 Länder). Zu den derzeit verwendeten Satelliten Intelsat V (vgl. 6.2) kommen ab 1983 solche der Generation V-A hinzu; Ende 1981 waren insgesamt 15 Satelliten V bzw. V-A geordert oder bereits geliefert [31-5]. V-A hat gegenüber V erhöhte Kapazität (für global beam drei und für zone coverages zwei weitere Transponder) und als Verbesserung für regionale Anwendungen eine Anzahl steuerbarer spot beams (4 GHz).

Der erste Satellit der Nachfolgegeneration Intelsat VI (vgl. 6.2) wird 1986 gestartet werden. Er nutzt mit insgesamt 46 Transpondern eine gesamte Bandbreite von 3,36 GHz. Um eine so hohe Bandbreite verfügbar zu machen, wird Mehrfachausnutzung verschiedener Art kombiniert: Orthogonale Polarisation (vgl. 2.3.5) und räumliche Mehrfachausnutzung unter Einsatz SS/TDMA (vgl. 4.7). Durch insgesamt sechsfache Wiederbenutzung im Bereich 6/4 GHz wird allein dort eine Gesamtbandbreite von 2,4 GHz erreicht; doppelte Ausnutzung des Bandes bei 14/11 GHz bringt die restlichen 960 MHz. Bei der Vielfalt der Einsatzmöglichkeiten sind Angaben über die Systemkapazität problematisch, da z. B. der Grad des Einsatzes von DSI (vgl. 2.6.3) stark eingeht. Ohne weiteres möglich sind z. B. 33 000 Sprechkreise und zusätzlich vier Fernsehkanäle.

Auch bei Intelsat VI plant man die spätere Einführung einer verbesserten Version (VI-A, evtl. ab 1988), bei der eventuell auch schon Verbindungen zwischen Satelliten (vgl. 9.4) zum Einsatz kommen werden [31-6].

Die Generation der neunziger Jahre, Intelsat VII [31-7], wird nach den derzeitigen Planungen geostationäre Plattformen (vgl. 9.2) verwenden.

3.3 Einfluß der Satelliten auf die Struktur der Fernmeldenetze

Vor der Einführung der Fernmeldesatelliten war das weltweite Fernsprechnetz aus wirtschaftlichen Gründen notwendigerweise in mehreren Hierarchieebenen jeweils sternförmig aufgebaut.

Heute gehören zu allen wichtigen Knoten des weltweiten Netzes Erdefunkstellen, die auf den für die betreffende Region zuständigen Satelliten zugreifen. Innerhalb des von dem Satelliten ausgeleuchteten Gebiets kann man, solange der Satellit noch Kapazität frei hat, kurzfristig Sprechkreisbündel zwischen beliebigen Erdefunkstellen einrichten. Dabei sind die Sprechkreiskosten von der geographischen Distanz und von dem überbrückten Terrain (Urwald, Meer usw.) vollkommen unabhängig. Dadurch sind Direktverbindungen zwischen Knoten des Netzes möglich geworden, wo eine terrestrische Direktverbindung nie hätte wirtschaftlich realisiert werden können. Die Bedeutung der Hierarchiestufen wurde dadurch stark abgebaut. Neue Netzstrukturen bieten sich an, vgl. [80-1].

Heute sind es die fast überall in Einführung oder wenigstens in Planung befindlichen Regionalsysteme (vgl. 3.5), die den Ausbau der Fernsprech- und Datennetze maßgeblich beeinflussen. Durch die Satelliten werden neue Dienste ermöglicht, wie der folgende Abschnitt zeigt.

3.4 Aufgaben für Nachrichtensatellitensysteme

Globale Satellitsysteme stellen heute leistungsfähige Fernmelde- und Fernsehverbindungen zwischen allen Teilen der Erde zur Verfügung. Noch größere Zuwachsraten als die globalen Systeme weisen die regionalen auf, vgl. 3.5.2. Welche Aufgaben haben diese Nachrichtensatellitensysteme kurz- und langfristig?

Wir haben bis jetzt den Fernsprechverkehr — durchaus seiner Bedeutung entsprechend — in den Vordergrund gestellt. Im Zusammenhang mit zukünftigen Telekommunikationsdiensten erwachsen den Satellitsystemen, insbesondere den regionalen, vielfältige neue Aufgaben, wie z. B. in [80-4], [80-5] überzeugend dargestellt wird. Neue Dienste wie z. B. Telekonferenz und Rechnerverbund erfordern Übertragungswege für hohe Bitraten. Selbst in hochentwickelten Industrieländern wird es noch Jahrzehnte dauern, bis ein diensteintegriertes Netz (ISDN) auf der Basis von Lichtwellenleitern (LWL) flächendeckend vorhanden sein wird. Ein Satellitsystem mit vielen kleinen „benutzernah" aufgestellten Erdefunkstellen kann dagegen kurzfristig eingerichtet werden und ist von Anfang an flächendeckend. Bei fortschreitendem Ausbau des terrestrischen Netzes mit LWL übernimmt das Satellitsystem vor allem die Dienste, für die es von Natur aus durch seinen „broadcast"-Charakter prädestiniert ist, z. B. die Konferenzdienste.

Die jeweiligen Aufgaben und Systemdaten aller bestehenden und geplanten Nachrichtensatellitensysteme im Detail zu schildern, würde den Umfang dieses Buches sprengen; eine aus heutiger Sicht aktuelle Darstellung veraltet auch sehr schnell. Andererseits wird insbesondere in 4, 5 und 6 mehrfach auf bestimmte Systeme Bezug genommen. Deshalb werden in der Folge Ansätze mit unterschiedlichem Tiefgang gemacht, um Nachrichtensatellitensysteme und ihre Aufgaben zu beschreiben:

— In 3 wird lediglich eine Übersicht über globale und regionale Systeme gegeben. Durch Tabellen im Anhang und geeignete Literaturhinweise ist sichergestellt, daß der z. B. an einem bestimmten Regionalsystem interessierte Leser ggf. schnell an nähere Informationen herankommen kann. Beim vorgegebenen Umfang kann auf die interessanten Details von Seefunksatellitensystemen und militärischen

Systemen nicht eingegangen werden, deshalb werden diese Systeme mit der Übersicht abschließend behandelt.

— In 8 werden als ausgewählte Beispiele behandelt: Das kanadische Regionalsystem, Systeme für Fernseh- und Rundfunkdirektempfang und das Tracking and Data Relay Satellite System.

— In 9 werden schließlich noch Entwicklungen angesprochen, die in absehbarer Zeit realisiert werden, u. a. Systeme für Mobilfunk.

3.5 Übersicht über einige bestehende und geplante Systeme

3.5.1 Globale und regionale Systeme der UdSSR

Die Daten verschiedener Satellitensysteme der UdSSR — soweit in der Literatur bekannt — sind in Tabelle 2 im Anhang zusammengestellt [30-1], [30-9], [32-...], [36-1]. Die Molnija-Satelliten in der in Bild 2-1 gezeigten stark elliptischen 12-h-Bahn sind äußerlich gleich aufgebaut (Bild 3-2), haben jedoch unterschiedliche Nutzlast (Typ 1 bis 3).

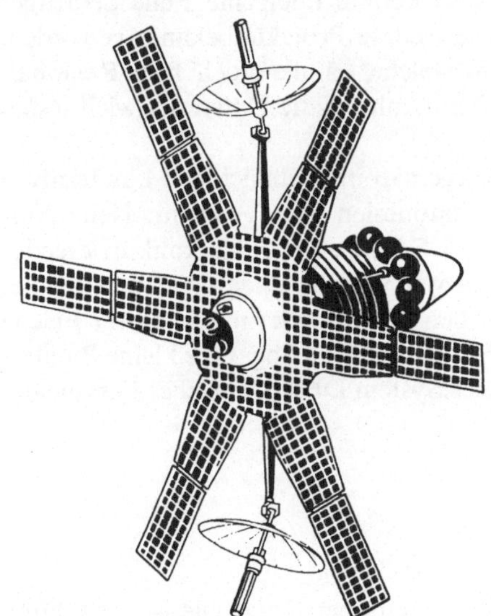

Bild 3-2. Nachrichtensatellit Molnija 1

Etwas später als die westliche Welt begann die UdSSR auch die Entwicklung geostationärer Fernmeldesatelliten [36-1]. Der erste derartige Satellit war wohl Molnija 1S (Juli 1974). Die meisten der späteren geostationären Satelliten der Sowjetunion werden unter der Bezeichnung Statsionar geführt. Einer davon — Statsionar T, auch mit Ekran (Bildschirm) bezeichnet — dient weitgehend direkten Fernsehübertragungen.

Ein vorwiegend zivil genutzter Satellitentyp heißt Gorizont (Horizont); er zeichnet sich durch eine ungewöhnliche Umlaufbahn mit 11 Grad Neigung gegen den Äquator aus. Solche Satelliten beschreiben an ihrem quasi-geostationären Standort eine 24-h-Pendelbewegung senkrecht zum Äquator in Form einer Acht, vgl. auch 6.8.4. Damit läßt sich die Überdeckung hoher geographischer Breiten verbessern, was für die Sowjetunion von besonderer Bedeutung ist; diese Aufgabenstellung war ja auch der Hauptgrund für die Wahl der Molnija-Bahn. Ein System im 11/14-GHz-Bereich heißt Loutch (Strahl); es dürfte etwa Intelsat V vergleichbar sein [36-1].

Die UdSSR hat durch ein Abkommen am 15. Nov. 1971, dem zunächst die Ostblockstaaten und Kuba beitraten, das globale INTERSPUTNIK-System als Konkurrenz zu INTELSAT definiert [32-2].

Durch die schwer zugänglichen Informationen ist es bei vielen sowjetischen Satellitenprojekten nicht ohne weiteres ersichtlich, ob sie zivilen oder militärischen Zwecken dienen. In manchen Fällen gibt die Wahl der Frequenzbereiche einen Hinweis. So weisen die Satelliten Raduga (Regenbogen) sowohl Bänder 3/6 GHz (wahrscheinlich zivil) als auch 7/8 GHz (militärisch) auf. Sowjetische Satellitensysteme, von denen als sicher angenommen wird, daß sie militärischen Zwecken dienen, werden wir in 3.5.4 noch ansprechen.

3.5.2 Regionalsatellitensysteme

Bereits bei der 1. Auflage dieses Buches (1979) konnte über eine Fülle derartiger Systeme berichtet werden. Seither sind so viele weitere Projekte bekannt geworden, daß es fast einfacher erscheint, zu berichten, welche Länder noch kein Regionalsystem betreiben. Wir haben in der Tabelle 3 im Anhang die Daten der wichtigsten Regionalsysteme zusammengestellt.

Der Anfang regionaler Systeme wurde naturgemäß in großflächigen Ländern wie Kanada (vgl. 8.1), Sowjetunion (vgl. 3.5.1), Indonesien usw. gemacht. Neue Aufgaben (vgl. 3.4) führten dann vor allem in den USA zu einer Fülle konkurrierender Systeme (vgl. Tabelle 3 im Anhang). Um dem wachsenden Bedarf auf dem Gebiet neuer Dienste gerecht zu werden, sind inzwischen auch Länder mit kleinerer Fläche aktiv geworden, so z. B. Frankreich mit TELECOM 1 [33-5]. Sogar die kleine Bundesrepublik Deutschland plant seit 1982 ein eigenes System DFS (Deutscher Fernmeldesatellit) [33-6], vgl. Tabelle 5 im Anhang.

3.5.3 Seefunksatellitensysteme

Einführung

Der bisherige Seefunkweitverkehr — im wesentlichen über Kurzwelle — wird durch die nichtkonstanten Ausbreitungsbedingungen stark beeinträchtigt. Durch geeignete Satellitensysteme konnten in den letzten Jahren zuverlässige Fernmeldeverbindungen zu und von Schiffen geschaffen werden.

Schon 1971 wurden besondere Frequenzbereiche für den Seefunkdienst über Satelliten festgelegt. Nach der Revision auf der WARC 1979 (vgl. 7.2) stehen zur Verfügung:

Satellit — Schiff: 1530   ... 1545   MHz

Schiff — Satellit: 1626,5 ... 1646,5 MHz

Die folgenden Abschnitte befassen sich mit den internationalen Vereinbarungen, den beteiligten Satelliten und den Bedingungen für die Schiffsstationen.

Der Weg zum IMMARSAT-Abkommen [35-1]

Ein Expertenausschuß der IMCO (Intergovernment Maritime Consultative Organization) bereitete von 1972 bis 1974 den Boden für eine Internationale Regierungskonferenz, die 1975 und 1976 die staatsrechtlichen Grundlagen für die IMMARSAT (International Maritime Satellite Organization) verabschiedete.

Während dieser Bemühungen um die Rechtsgrundlage einer weltweiten Organisation wurde durch ein Firmenkonsortium unter Führung der COMSAT das MARISAT-System realisiert. Seit 1976 steht damit ein globales Seefunksatellitensystem mit drei geostationären Satelliten Marisat zur Verfügung. Über drei Küstenerdefunkstellen (Southbury und Santa Paula, USA, und Yamaguchi, Japan) wird im 4/6-GHz-Bereich die Verbindung zu den öffentlichen Netzen auf dem Festland hergestellt. Mitte 1981 waren etwa 650 Schiffe zur Teilnahme am MARISAT-System zugelassen.

Das Satellitensystem IMMARSAT [35-2]

Damit auf die Dauer für jeden Bedeckungsbereich neben dem Betriebssatelliten ein Ersatzsatellit im Orbit bereitsteht und der Betrieb ab 1982 aufgenommen werden konnte, hat IMMARSAT für die erste Satellitengeneration Mietverträge mit 3 Anbietern geschlossen:
— COMSAT General: 3 vorhandene Marisat-Satelliten,
— ESA: Marecs A (Atlantik) und Marecs B (Pazifik), Starts mit Ariane 1981 bzw. 1982,
— INTELSAT: Maritime Nutzlasten auf zwei oder drei 1982 oder 1983 zu startenden Intelsat-V-Satelliten.
Die Kapazität der einzelnen Satelliten bzw. maritimen Nutzlastteile beträgt bei Fernsprechbandbreite: Marisat je 7, Marecs je ca. 40 (s. u.) und Intelsat V je 30 Sprechkreise.

Der Satellit MARECS [35-4]

Die ESA wollte ursprünglich für Seefunkzwecke die maritime Version des OTS-Satelliten, MAROTS, einsetzen. Da aber bei OTS für die Verbindungen Satellit—Erdefunkstelle der 11/14-GHz-Bereich verwendet wird, wäre MAROTS nicht mit MARISAT kompatibel gewesen. Deshalb entschlossen sich die ESA-Mitglieder, mit MARECS eine mit MARISAT kompatible Version des ECS-Satelliten zu entwickeln. MARECS kann vom Land über den Satelliten zu den Schiffen 35 Sprachkanäle übertragen, in der Gegenrichtung 50.

Schiffsstationen [35-5]

Für einen nennenswerten Antennengewinn ist ein geeigneter Ausgleich der dauernden Schiffsbewegungen notwendig. Man setzt die Antenne mit den direkt angeschlossenen Geräten auf eine stabilisierte Plattform. Die Stabilisierung kann rein passiv (z. B. kardanische Aufhängung und Stabilisierungskreisel) oder besser aktiv sein. Im letzteren Fall wird eine geeignete Referenz benötigt, z. B. mit Kreiseln und Beschleunigungsmessern oder mit einem nordsuchenden Kreiselkompaß und einem Lotkreisel.

Im IMMARSAT-System sollen 4 Typen von Schiffsstationen unterschieden werden [35-2]:

Standard A: Auf Belange der Mehrheit der Benutzer zugeschnittene Anlage, entspricht im wesentlichen der MARISAT-Anlage.

Standard B: Anlage mit einfacherer Antennenausführung, die beispielsweise auf Ölbohrplattformen eingesetzt werden kann. Für eine Nachfolge-Satellitengeneration, in der mehr Aufwand in den Satelliten gesteckt wird, könnte sie als kostengünstigere Station Standard A ablösen.

Standard C: Keine nachführbare Antenne, nur für Telex-Verkehr.

Standard D: Anlage für höchste Qualitätsansprüche (große Güte), die geeignet ist, Verkehr auf mehreren Kanälen abzuwickeln.

3.5.4 Militärische Systeme

Die großen militärischen Machtblöcke verwenden für ihren militärischen und diplomatischen Fernmeldeverkehr in großem Umfang Satelliten. Literatur [36-...].

Militärische Fernmeldesatelliten der USA

Für den Betrieb der meisten militärischen Satelliten-Fernmeldesysteme ist die Space Division des US Air Force Systems Command verantwortlich; sie führt auch Programme durch, die außerhalb des Themas dieses Buches liegen, wie z. B. das Defense Meteorological System, das Navstar Global Positioning System (GPS) [39-2] und eine Reihe von Überwachungssatelliten für Aufklärungszwecke sowie für die Ortung von Lenkwaffenabschüssen und Nuklearexplosionen. Allein für Fernmeldesatelliten und Bodenstationen will die USAF im Zeitraum 1977 bis 1983 etwa 4,2 Mrd. Dollar ausgeben. Sie ist auch guter Kunde des „Shuttle" und finanziert z. B. auch die Inertial Upper Stage (IUS), die größte der verschiedenen Zusatzraketenstufen, die zur Beförderung von „Shuttle"-Nutzlasten auf hohe Umlaufbahnen vorgesehen sind.

Das US-Verteidigungsministerium unterscheidet drei große Kategorien militärischer Fernmeldesatelliten (Tabelle 4 im Anhang):

— Breitenbandverkehr. Dieser Bereich wird vom Defense Satellite Communications System (DSCS) abgedeckt.

— Mobile taktische Verbindungen. Fernmeldeverkehr mit Schiffen, Flugzeugen oder Panzern wird in erster Linie über das Fleet Satellite Communications System (FLTSATCOM) der US Navy abgewickelt.

— Betriebsfähigkeit bei Einwirkung von Nuklearstrahlung. Manche Benutzer benötigen Verbindungen mit zwar kleinen Datenraten (z. B. 75 bit/s), die aber nicht nur jamming-resistent sein müssen, sondern wenn möglich auch bei starker Einwirkung nuklearer Strahlung betriebsfähig bleiben sollen. Letztere Aufgabe wird z. Zt., soweit möglich, von einzelnen Transpondern der bereits erwähnten Satelliten wahrgenommen. Für Mitte der achtziger Jahre ist ein Strategic Satellite System (SSS) geplant, dessen Bahnhöhe etwa 176000 km sein soll (!) und das zahlreiche störungs- und strahlungsfeste Einzelkanaltransponder aufweist.

NATO-Satellitensysteme [36-9]

Derzeit arbeiten drei geostationäre drallstabilisierte NATO-III-Satelliten (385 kg Masse) über dem Atlantik. Das System kann mit dem DSCS-System der USA zusammenarbeiten. Für künftige Fernmeldebedürfnisse der NATO bietet Hughes sein LEASAT-System an.

Sowjetische Systeme

Wie schon in 3.5.1 gesagt, ist über die militärischen Systeme der UdSSR vergleichsweise wenig bekannt. Man kann annehmen, daß auch die in 3.5.1 erwähnten Systeme soweit möglich darauf eingerichtet sind, im Verteidigungsfall militärischen Zwecken zu dienen.

Ein wahrscheinlich aus 4 Satelliten im Bereich 7/8 GHz bestehendes militärisches System nennt sich *Gals* (Stift). Das System *Wolna* (Welle) dürfte aus sieben Satelliten bestehen und ist als Gegenstück zu den westlichen Programmen für See- und Luftfahrtfernmeldeverbindungen ausgelegt. Schließlich gibt es auch Informationen über ein taktisches militärisches Fernmeldenetz, das aus mehreren Dutzend kleinerer Satelliten auf nahezu kreisförmigen Zufallsbahnen (Höhe ca. 1450 km) besteht. Die Satelliten haben relativ kurze Lebensdauer; sie werden normalerweise in Gruppen von 8 Stück abgeschossen. Sie arbeiten mit Erdefunkstellen kleiner Leistung zusammen. Vgl. Tabelle 2 im Anhang

Unter den über 1000 Raumfahrzeugen, die die Sowjetunion unter dem Sammelnamen Kosmos abgeschossen hat, sind sicher eine ganze Reihe mit militärischen und davon wieder einige mit fernmeldetechnischen Aufgaben betraut, die mit denen der oben bei den USA erwähnten vergleichbar sind.

4 Die Vielfachzugriffsverfahren

4.1 Vielfachzugriff im Frequenzmultiplex (FDMA)

4.1.1 Mehrkanalträger

Die zu übertragenden Fernsprechkanäle werden heute noch überwiegend als TF-Bündel (Frequenzmultiplex; frequency division multiplex, FDM) in der Erdefunkstelle angeliefert, vgl. Bild 2-20. Ein Träger wird durch das TF-Signal in seiner Frequenz moduliert (frequency modulation, FM). Mehrere Erdefunkstellen senden jeweils einen oder mehrere derartige Träger verschiedener Frequenz, um einen Satellitentransponder im FDMA (vgl. 2.8) auszunutzen.

Für Vielfachzugriffsverfahren hat sich eine Kurzbezeichnungsweise eingebürgert, die nacheinander die Art der Basisbandaufbereitung, die Modulationsart auf der Satellitenstrecke und den Vielfachzugriff bezeichnet. Das oben beschriebene FDM-FM-FDMA ist bis heute das meistverwendete Zugriffsverfahren. Deshalb werden die benötigten Baugruppen in 5 besprochen.

Im INTELSAT-Netz (vgl. 3.2) ist eine große Zahl von frequenzmodulierten Trägern mit unterschiedlicher Kanalzahl des zur Modulation verwendeten Trägerfrequenzsignals genormt. Jede Trägerart kann einer Erdefunkstelle auf beliebiger Frequenz innerhalb der Sende- und Empfangsfrequenzbereiche zugeteilt werden. Dem Betriebspersonal der Erdefunkstelle muß es möglich sein, durch Umstellen der Übertragungsparameter eines Trägers in den betroffenen Sende- und Empfangseinrichtungen eine Anpassung an einen geänderten Bedarf zu erreichen. Zu diesem Zweck ist ein Austausch einiger kanalzahlabhängiger Baugruppen (Pre- und Deemphase, ZF-Filter, Quarzgenerator, schwellwertverbessernder Demodulator) vorgesehen. Außerdem können Sendeleistung und Kanalhub verändert werden. Näheres siehe [41-1].

Das besprochene System kann nicht allen Wünschen der Anwender nachkommen. Gründe dafür sind u. a.:

— Je kleiner das Verkehrsaufkommen einer Erdefunkstelle ist, um so mehr wäre aus verkehrstheoretischen Gründen ein Betrieb mit richtungsvariablen Kanälen sinnvoll (vgl. 2.8.3). Beim vorliegenden System bedeutet das, daß alle Vielkanalträger, die Antwortkanäle enthalten, demoduliert werden müssen und daß die Vierdrahtbildung nach Abbau des TF-Multiplex in NF-Ebene stattfinden muß.

— Eine kurzfristige laufende Bedarfsanpassung im Sinne variabler Kapazität ist praktisch kaum möglich, da das Personal Baugruppen auswechseln und Einmeßarbeiten durchführen muß.

— Je mehr Träger über einen Transponder gehen, um so größer wird das von ihnen verursachte Intermodulationsgeräusch. Man ist gezwungen, die Sendeleistungen zu reduzieren („back-off") und verliert dadurch Systemkapazität.

Diese Gründe legen alternative Zugriffssysteme nahe: SCPC/FDMA (s. 4.1.2) und TDMA (s. 4.2).

4.1.2 Einzelkanalträger

Bei dieser FDMA-Technik überträgt jeder RF-Träger einen Sprechkanal (single channel per carrier, SCPC). Literatur [44-...].

Anfangs der siebziger Jahre wurde im INTELSAT-Netz als Ergänzung zu dem oben beschriebenen klassischen FDMA-System ein PCM-PSK-SCPC/FDMA-System eingeführt, dem der Name SPADE gegeben wurde (single channel per carrier PCM multiple access demand assignment equipment) [44-1]. In der Bandbreite eines Intelsat-IV-Transponders (36 MHz) sind 400 Paare von Trägern vorgesehen. Ein solches Trägerpaar wird nach Bedarf zugeteilt, um einen Sprechkreis zwischen zwei beliebigen teilnehmenden Erdefunkstellen zu bilden. Die PCM-codierte Sprache wird mittels PSK dem jeweiligen Träger aufmoduliert.

Für die Zeichengabe zwischen den Erdefunkstellen ist ein gemeinsamer Zeichen-kanal vorgesehen, an dem alle Erdefunkstellen in einem kleinen TDMA-System (vgl. 4.2) teilnehmen. Die SPADE-Rechner in den Erdefunkstellen müssen praktisch Aufgaben internationaler Durchgangsvermittlungsstellen (centre de transit, CT) mit übernehmen, insbesondere die Anpassung an verschiedene Zeichengabeverfahren usw.

Vor 10 Jahren war der Aufwand zum Erreichen der gewünschten Systemeigen-schaften erheblich, da ja PCM-Codec, PSK-Modem, Trägerfrequenzsynthesizer usw. pro Sprechkreis in der Erdefunkstelle benötigt werden.

Das heute bei INTELSAT genormte SCPC-System ist in [44-2] beschrieben. Bild 4-1 zeigt den Frequenzplan, der sich kaum von dem bei SPADE unterscheidet, und Bild 4-2 das Blockschaltbild.

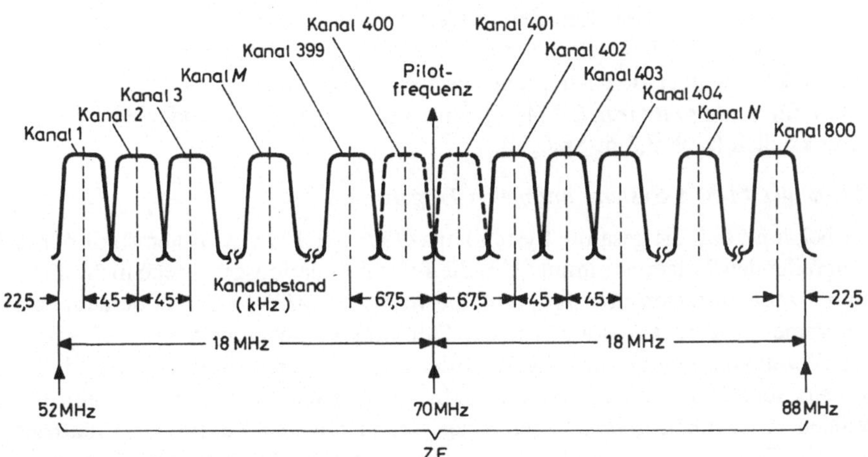

Bild 4-1. SCPC-Kanalzuordnung

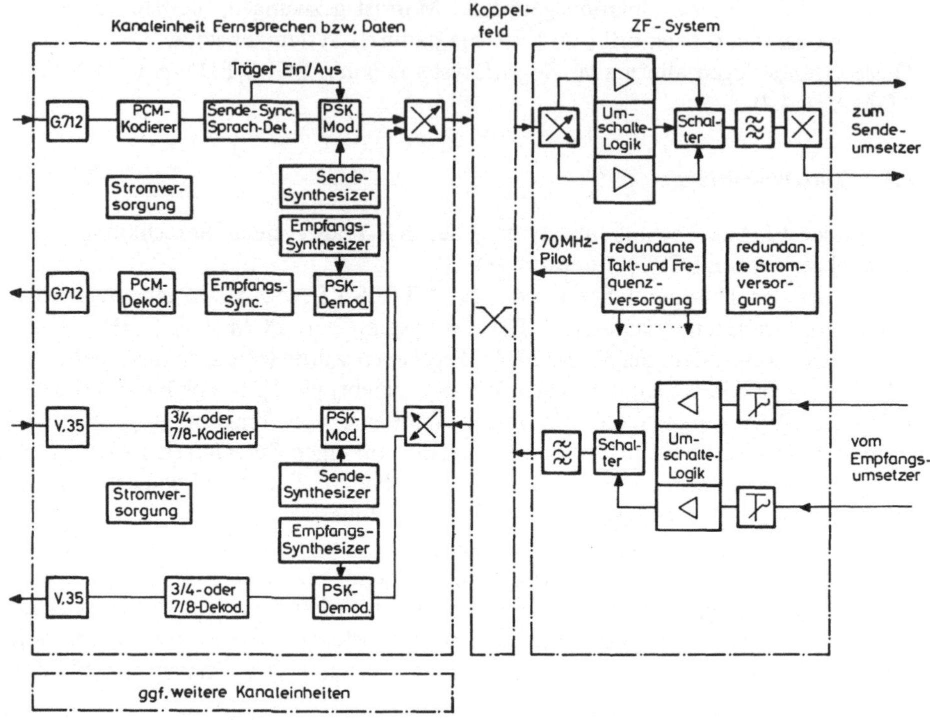

Bild 4-2. Blockschaltbild SCPC-System

Eine Reihe moderner SCPC-Systeme sind in Regionalsystemen im Einsatz. Dabei treten neben die in SPADE verwendete PCM-PSK-Technik die analoge Winkelmodulation (oft verbunden mit Silbenkompandierung) [44-3] und die Deltamodulation mit nachfolgender PSK [44-4]. Bei digitaler Übertragung lassen sich die in 2.6.4 erwähnten Codierungsverfahren einsetzen [44-5]; vgl. auch Bild 4-2.

Manche Systeme sind für Länder mit kleinen, weit verstreuten Siedlungen gedacht, wo sich eine sternförmige Netzstruktur anbietet: Die einzelnen peripheren Erdefunkstellen verkehren über den Satelliten jeweils nur mit einer Zentralstelle. Diese Betriebsart für „*thin route traffic*" [44-6] führt auf sehr einfache und kleine periphere Erdefunkstellen (z. B. 3,3-m-Spiegel).

Probleme des FDMA-Systems mit vielen Trägern

Es ist bekannt, daß die gesamte Systemkapazität eines FDMA-Systems mit der Zahl der zugreifenden Träger abnimmt: Um die Intermodulationsgeräusche nicht über ein erlaubtes Maß ansteigen zu lassen, muß die Wanderfeldröhre insbesondere im Satelliten in immer größerem Abstand von der Sättigung betrieben werden (back off).

Bei Einzelkanalträgern wird die Zahl der zugreifenden Träger so groß, daß eine besonders sorgfältige Auslegung notwendig ist. Zunächst läßt sich die Zahl der im jeweiligen Augenblick übertragenen Träger etwa um den Faktor zwei reduzieren, indem ein Träger nicht gesendet wird, solange sein Sprechkanal eine Sprachpause aufweist. Dazu ist eine kanalindividuelle Spracherkennungsschaltung notwendig (wie bei DSI-Systemen, 2.6.3). Die Möglichkeit der Sprachaustastung (voice-operated carrier transmission, VOX) wird bei den meisten SCPC-Systemen genutzt.

Die Intermodulationsgeräusche hängen stark von der Lage der verschiedenen Träger im Transponderband ab. Die kleinsten Intermodulationsgeräusche ergeben sich bei der mit „Babcock spacing" bezeichneten nichtlinearen Verteilung, wie sie z. B. beim MARISAT-System (3.5.3) verwendet wird. Für die Organisation des SCPC-Systems sind aber äquidistante Träger einfacher zu handhaben; sie werden in der Regel verwendet.

4.2 Vielfachzugriff im Zeitmultiplex (TDMA)

4.2.1 Aufbau eines TDMA-Systems

Die n teilnehmenden Erdefunkstellen müssen ihre Impulsbündel so absenden, daß sie sich unter Berücksichtigung der Laufzeit im Transponder entsprechend Bild 4-3 zusammenfügen, ohne sich zu stören. Da selbst ein Synchronsatellit an seinem „Standort" nicht völlig still steht, ergeben sich Laufzeitänderungen, die eine Regelung des Sendezeitpunktes für die Impulsbündel notwendig machen („Burstphasenregelung"). Eine der Erdefunkstellen wird als Referenzstation, das heißt als Bezugspunkt für die Regelung, bestimmt. Weil Laufzeitänderungen und Frequenzversatz jedes Impulsbündel und seine Trägerfrequenz verschieden beeinflussen (abhängig von geographischer Lage, Oszillatorkonstanz, usw.), muß sich der Empfänger auf jedes eintreffende Impulsbündel neu synchronisieren.

Der Pulsrahmen in Bild 4-3 gliedert sich je nach Anzahl und Verkehrsaufkommen der zugreifenden Erdefunkstellen in unterschiedlich lange Impulsbündel, die durch Schutzabstände („guard times") getrennt sind. Jedes Impulsbündel enthält nicht nur

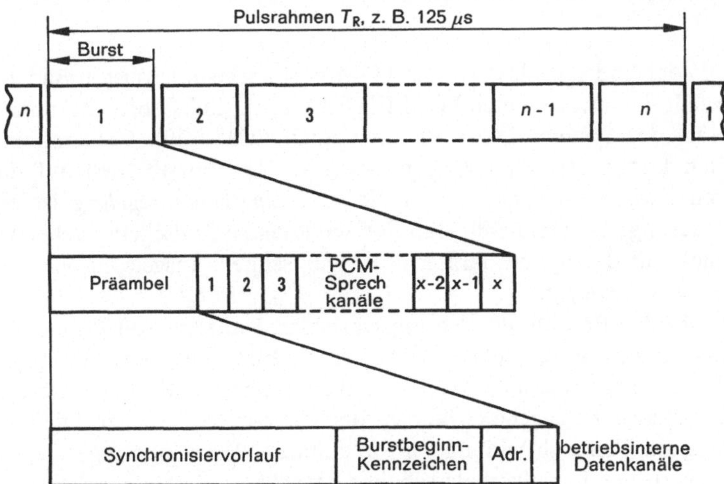

Bild 4-3. Rahmenaufbau eines TDMA-Systems

die zu übertragenden Codeworte der Sprechkanäle, sondern davor noch die sogenannte Präambel. Letztere enthält folgende Teile:

— Synchronisierungsvorlauf: Festliegende Codefolge, mit der die schnelle Träger- und Taktsynchronisation im PSK-Empfänger ermöglicht wird, siehe 2.5.4;

— Burstbeginn-Kennzeichen: Da es unbekannt bleibt, an welcher Stelle des Vorlaufs der Empfänger synchronisiert hat, muß durch diesen Code mit speziellen Autokorrelationseigenschaften (ähnlich Barkercode) eine Stelle im Bitstrom genau markiert werden können;

— Absenderadresse (sendende Erdefunkstelle);

— evtl. notwendige systeminterne Datenkanäle.

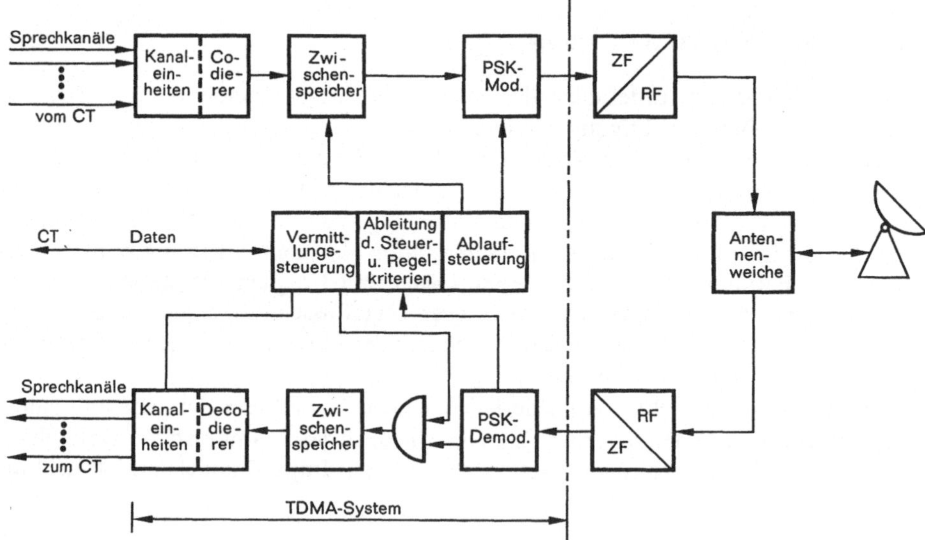

Bild 4-4. Blockschaltbild der TDMA-S1-Endstelle

Das Blockschaltbild der Endstelle des Systems TDMA-S1 (siehe unten) ist in Bild 4-4 vereinfacht dargestellt. Die verwendeten PCM-Einrichtungen (links oben und unten) sind Multiplexgeräte des Systems PCM 30 (oder auch PCM 120). Codierer und Decodierer arbeiten kontinuierlich; die Anpassung an den Burstbetrieb auf der Strecke wird durch Zwischenspeicher hergestellt. Die *Burstphasenregelung* ist ein Teil der Ablaufsteuerung; sie veranlaßt, daß der sendeseitige Zwischenspeicher im richtigen Augenblick mit der Systembitrate, d. h. sehr schnell, ausgelesen wird, so daß der Burst auf die Strecke geht.

Das System erlaubt den Betrieb mit richtungsvariablen Kanälen. Auf Grund der über Zeichenkanäle in den Präambeln ausgetauschten Informationen nimmt der empfangsseitige Zwischenspeicher nur die Partnerkanäle eigener Sendekanäle auf (vgl. Bild 2-26). Er hat also die gleiche Größe wie der sendeseitige Speicher. Die notwendige Vermittlung zur Vierdrahtbildung wird in einfacher Weise durch geeignetes azyklinisches Ansteuern der Kanalverteilerschalter erreicht.

Die Rahmenaufteilung kann während des Betriebs mit Hilfe einer speziellen Zeichengabe laufend geändert werden, d. h. die Betriebsart „variable Kapazität", die in 2.8.3 beschrieben wurde, ist vorgesehen.

Wenn eine Erdefunkstelle nach einer Betriebspause neu auf ihren Platz im Rahmen zugreifen will (Erstzugriff), wird mit Hilfe einer unterlagerten pn-Folge (vgl. 4.3), welche die anderen Stationen nicht stört, die richtige Sendephase bestimmt.

Wir haben unsere Einführung in den Systemaufbau bewußt an das deutsche Versuchssystem TDMA-S1 angelehnt, weil die Probleme und Lösungswege der einzelnen Systemeinheiten — die hier zum Teil gar nicht erwähnt werden konnten — in [42-1] in ausführlicher und für den Leser leicht zugänglicher Weise dokumentiert wurden. TDMA-S1 wurde von AEG-Telefunken, Siemens AG und Standard Elektrik Lorenz AG (SEL) unter Federführung von SEL im Auftrag des Bundesministerium für Bildung und Wissenschaft entwickelt und 1971 erfolgreich getestet [42-2]. Einen Vergleich mit den amerikanischen (seit 1966) und japanischen Versuchssystemen dieser Forschungsphase („1. Generation") findet man in [42-3].

4.2.2 Weiterentwicklung

Basierend auf den Erkenntnissen mit den oben erwähnten Versuchssystemen sind in den Folgejahren eine ganze Reihe von Prototypen und betriebsfähigen Systemen entstanden. Im kanadischen Regionalsystem ist TDMA bereits seit 1976 im Einsatz [42-4].

Die drastische Verbilligung der Halbleiterspeicher legte es nahe, als Rahmendauer T_R nicht die von der PCM her bekannten 125 µs zu verwenden, sondern $n \cdot 125$ µs ($n > 1$, ganz). Es werden also n Codeworte von jedem Sprechkanal im Zwischenspeicher gesammelt und im gleichen Burst abgeschickt. Dadurch wird die Ausnutzung des Rahmens verbessert, da die nicht für Sprachübertragung nutzbaren Zeiten (guard time, Präambel) relativ weniger ins Gewicht fallen. Es fällt dann leichter, dem Synchronisiervorlauf in der Präambel einige bit mehr zu gönnen, was u. a. der Auslegung des PSK-Modems zugute kommt.

So einfach das TDMA-Prinzip aussieht, so kompliziert sind manche Detailprobleme, z. B. die Auswirkungen des Burstbetriebs auf die Kanaleigenschaften. Inzwischen gibt es allerdings leicht zugängliche Lehrbücher [20-3], [20-4], die in erster Linie die TDMA-Probleme behandeln. Wir begnügen uns daher mit einer Literaturübersicht über (vor allem) neuere Arbeiten [42-...].

TDMA ist für zukünftige kommerzielle Systeme mit Abstand das wichtigste Verfahren, da es sich in die Konzeption des digitalen ISDN [84-...] am besten einfügt. Wir besprechen deshalb noch zwei Systembeispiele; bei beiden steht der Wunsch nach einem für viele kleine unbemannte Erdefunkstellen geeigneten System im Vordergrund, wobei die Lösungen durchaus verschieden sind (4.2.3 und 4.2.4).

Auf lange Sicht liegt ein Hauptvorteil von TDMA darin, daß es sich am besten für die Kombination mit SDMA und Vermittlung im Satelliten eignet. Wir kommen in 4.7 und 4.8 darauf zurück.

4.2.3 Beispiel eines zentral gesteuerten Systems: TDMA für TELECOM 1

Das für TELECOM 1 (vgl. 8.3) konzipierte TDMA-System [42-5] ist ein zentral gesteuertes System, bei dem alle wesentlichen Funktionen wie Burstsynchronisation,

Burstpositionierung, Verbindungsaufbau und Auslösung von der rechnergesteuerten Referenzstation wahrgenommen werden. Dies führt zu relativ einfachen TDMA-Einrichtungen in den teilnehmerseitigen Erdefunkstellen. Alle für die Steuerung des Ablaufs in den Erdefunkstellen erforderlichen Daten werden diesen von der Referenzstation im systemeigenen Datenkanal zur Verfügung gestellt.

Der Rahmenaufbau

Jede Station überträgt periodisch einen oder mehrere Datenbursts (Rahmendauer 20 ms). Die Bursts der einzelnen Erdefunkstellen sind jeweils durch einen Schutzabstand (nominal 32 Symbole) voneinander getrennt. Burstlänge und Position sind vom jeweiligen Bedarf abhängig; beide Werte werden von der Referenzstation vorgegeben.

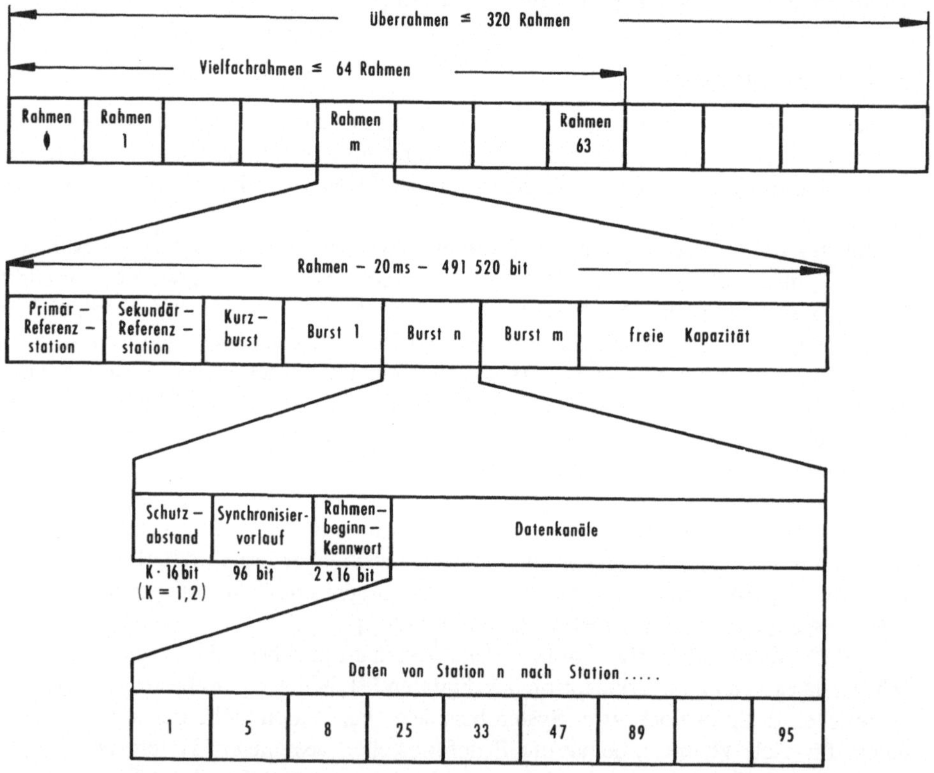

Bild 4-5. TELECOM-1-Rahmenstruktur

Bild 4-5 zeigt den Rahmenaufbau des Systems. Vier verschiedene Arten von Bursts sind zu unterscheiden: Burst der primären Referenzstation, Burst der sekundären Referenzstation, Datenbursts und Kurzburst. Jeder Burst beginnt mit einer Präambel, die 9o Symbole zur Bittaktsynchronisation und das Burstbeginnkennzeichen (2 verschachtelte 16-bit-Kombinationen) umfaßt. Die Burstbeginnkennzeichen der Teilnehmer- und der Referenzstation unterscheiden sich nur durch Invertierung des

Burstbeginnkennzeichens. Die einzelnen Bursts enthalten Synchronisier-, Signalisier- und Betriebsinformationen sowie Datensignale.

Der Burstaufbau

Beim Burst der primären Referenzstation folgt auf die Präambel der zentrale TDMA-Signalisierungskanal. Wesentliche Bestandteile sind:
— Informationen zur Rahmenorganisation (z. B. Aufbau, Abbau und Verschiebung von Bursts, Subbursts, Sende- und Empfangsadressen, Burstposition und Länge, Schlüsselangaben),
— Information, wieviele Symbollängen der von der Teilnehmerstation auszusendende Burst gegenüber der Referenzstation verzögert ist (je Rahmen für 1 Station),
— Antwortkanal der Referenzstation, ein 64 kbit/s-Kanal mit 4/5 Vorwärtsfehlerkorrektur. In einem aus dem CCITT-System Nr. 7 [86-2] entwickelten Zeichengabeverfahren werden hier Informationen zum Verbindungsauf- und abbau sowie Fernwirksignale von der Referenzstation an die Zugriffseinheiten der Teilnehmerstationen übertragen.

Der Burst der sekundären Referenzstation enthält das gleiche Burstbeginnzeichen wie die Teilnehmerstationen und keinen Antwortkanal.

Die Datenbursts der Teilnehmerstation bestehen aus der Präambel und einem oder mehreren Subbursts, die jeweils einen Übertragungskanal darstellen. Die einzelnen Übertragungskanäle können verwendet werden für die Datenübertragung (Subburstlänge abhängig von der Datenrate 2,4 kbit/s ergibt z. B. 64 bit/Rahmen; 2,048 Mbit/s ergibt 40 960 bit/Rahmen), für die Anforderung zusätzlicher Übertragungskapazität oder zur Steuerung des regulären Ablaufs im Konferenzbetrieb. Innerhalb eines Mehrfachrahmens überträgt jede Station einmal in einem Kurzburst Fernwirkinformation zur Referenzstation; in jedem Rahmen ist Platz für einen Kurzburst. Der Kurzburst wird auch für den Erstzugriff verwendet.

Um die Trägerenergieverwischung sicherzustellen und die Taktableitung zu vereinfachen, werden im System grundsätzlich Scrambler verwendet. Auf Subburstbasis läßt sich bei Bedarf Vorwärtsfehlerkorrektur und Verschlüsselung [87-...] anwenden.

Synchronisation

Alle Teilnehmerstationen sind empfangsseitig auf die Referenzstation (mit Atomfrequenznormal ausgerüstet) synchronisiert, einschließlich der lokalen Takterzeugung. Die Zeitverzögerung Δ_n zwischen dem empfangsseitigen Rahmenbeginn und dem Absendezeitpunkt der Bursts der Teilnehmerstation wird von der Referenzstation aus der Satellitenposition berechnet und jeder einzelnen Station einmal im Überrahmen im Signalisierungskanal der Referenzstation übermittelt. Beim Erstzugriff einer Teilnehmerstation sendet diese entsprechend der übermittelten Zeitverzögerung Δ_n ihren Kurzburst. Die Referenzstation empfängt diesen in einem 100 µs breiten Zeitfenster. Aus den Abweichungen zwischen Soll- und Istposition wird die neue Zeitverzögerung ermittelt.

Rahmenorganisation für bedarfsweise Kanalzuteilung

Die volle Erreichbarkeit aller Stationen wird dadurch gelöst, daß jede Teilnehmerstation nur in einem RF-Kanal senden, aber in 5 RF-Kanälen empfangen kann.

Dabei sind die Referenzbursts in den 5 RF-Kanälen synchron. Der Rahmen wird in 5 Zeitschlitze aufgeteilt (vgl. Bild 4-6). In einem gegebenen Zeitschlitz empfängt eine bestimmte Station aus einem bestimmten Teilnetz und sendet in ein bestimmtes Teilnetz. Die zentralisierte Struktur des Systems erlaubt eine sehr schnelle Änderung der Rahmenaufteilung. Die Änderung erfolgt synchron bei allen Teilnehmerstationen auf Grund der im zentralen TDMA-Signalisierungskanal übertragenen Daten.

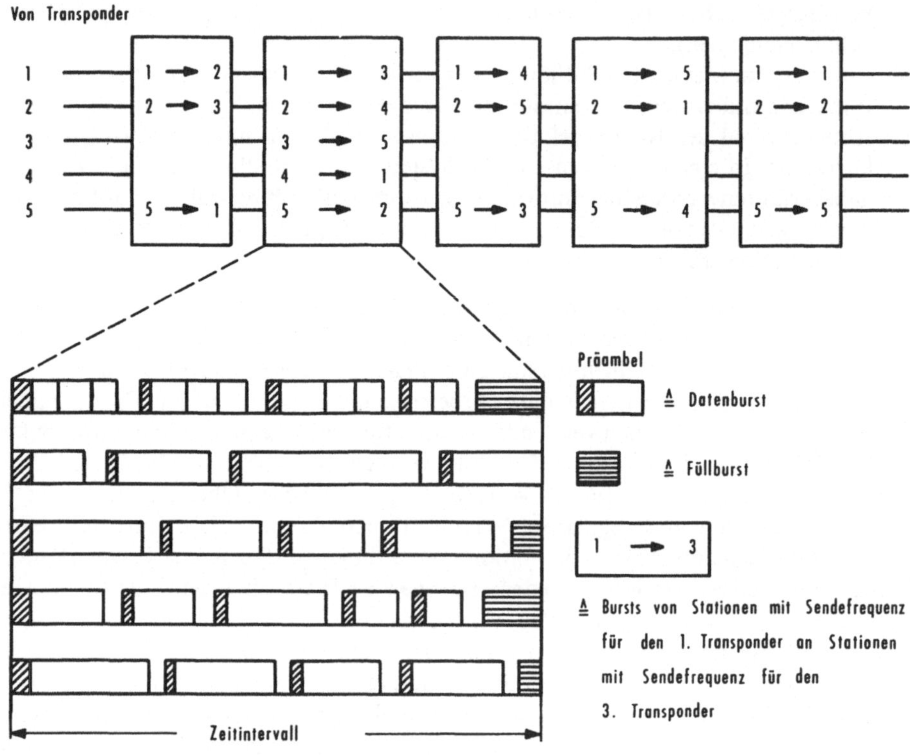

Bild 4-6. Multitransponderbetrieb bei TELECOM 1

Empfangsseitig werden 5 70 MHz-ZF-Signale entsprechend den 5 Transpondern der TDMA-Einrichtung zugeführt. In einer ZF-Schaltmatrix werden, gesteuert durch den Rahmenorganisationsprozessor, nur die für die Station bestimmten Zeitschlitze zum Demodulator und Descrambler durchgeschaltet. Mit Hilfe des Rahmenbeginnkennwortes werden im Demultiplexer die einzelnen Subbursts getrennt. Je nach Bedarf werden die einzelnen Datenströme einer Fehlerkorrektur und/oder Entschlüsselung unterworfen, ehe sie über das Schnittstellenmodul als 2,048-Mbit/s-Datenstrom an die Zugriffseinheit übergeben werden. Aus den empfangenen Basisbanddaten entnehmen der Rahmenorganisationsprozessor und der Signalisierungsprozessor die für sie bestimmten Daten.

Der Rahmenorganisationsprozessor steuert über den zugehörigen Bus alle Funktionseinheiten, die vom Rahmenaufbau betroffen sind. Der Signalisierungsprozessor setzt die ankommenden Signalisierungsinformationen zur Übergabe an die Zugriffseinheit um und umgekehrt. Bild 4-7 zeigt ein Blockschaltbild der TDMA-Einrichtung.

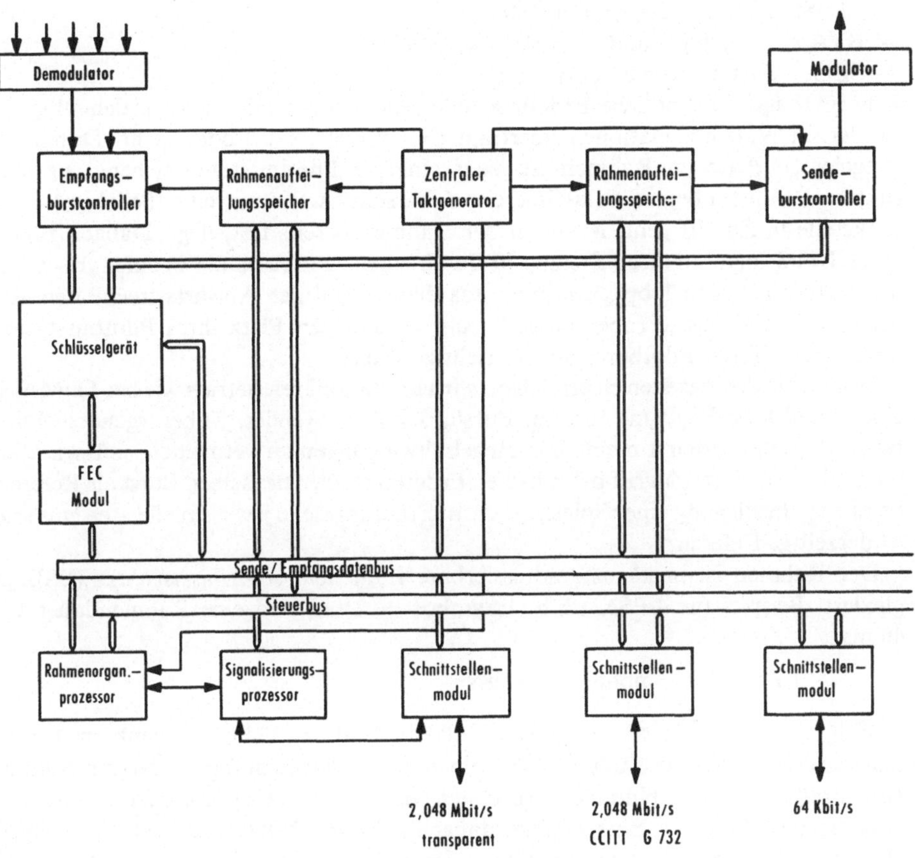

Bild 4-7. Blockschaltbild TDMA-Einrichtung TELECOM 1

4.2.4 Beispiel eines dezentral gesteuertem Systems: TDMA-S3

Für ein System mit vielen (z. B. 100 bis 200) kleinen unbemannten Erdefunkstellen und Betrieb mit „demand assignment" (vgl. 2.8.3) ist die Steuerung durch eine Zentralstation — entgegen dem ersten Anschein — nicht die einzige erfolgversprechende Konzeption. Dies zeigt das 1982 von SEL vorgeschlagene Systemkonzept TDMA-S3, das im folgenden kurz beschrieben werden soll [42-6].

Damit die vielen kleinen Erdefunkstellen, die am TDMA-System nach vereinbarten Spielregeln teilnehmen sollen, im Normalbetrieb ohne systemzentrale Funktionen auskommen können, mußten geeignete Lösungen für die Synchronisation und die Kanalzuteilung gefunden werden.

Rahmenorganisation

Jede Erdefunkstelle hat einen festen, allen anderen bekannten Platz im Rahmen für ihren sog. Pilotburst. Der Pilotburst enthält (nach der Präambel) ausschließlich Daten zur Systemorganisation, nämlich

— EFuSt: Nummer der Erdefunkstelle,
— BVA: Belegungs- und Vorbelegungsanzeige,
— SZG: Systeminterne Zeichengabe.

Jede im Zugriff befindliche Erdefunkstelle sendet ihren Pilotburst, gleichgültig, ob sie derzeit Nutzinformationen überträgt (Nutzbursts, s. u.) oder nicht. Durch den festgelegten Platz im Rahmen ist jeder einzelne Pilotburst hinreichend, um den (fiktiven) Rahmenbeginn zu definieren; d. h., selbst wenn nur eine (beliebige) Erdefunkstelle in Zugriff geht, ist damit der Rahmen bereits festgelegt. Danach zugreifende EFuSt machen ihren Erstzugriff durch einen „Probeschuß" in einen freien Teil des Rahmens (open loop), ermitteln aus dem Signal der Abwärtsstrecke den zeitlichen Abstand des „Probeschusses" zum reservierten Platz ihres Pilotbursts und setzen dann ihren Pilotburst an die richtige Stelle.

Um kleine Schutzzeiten zu erreichen, wird im stationären Betrieb wie bei TDMA-S1 eine closed-loop-Regelung für den Burstabschuß verwendet, wobei irgendein Pilotburst als Referenzburst dient. Um Regelschwingungen zu vermeiden, müssen allerdings alle derzeit im Zugriff befindlichen Erdefunkstellen denselben Burst als Referenz benutzen: Festlegung einer Spielregel, z. B. Erdefunkstelle jeweils niederster Nummer ist derzeitige Referenz.

Der Rahmen ist in kleinste adressierbare Einheiten, sog. *Burstschlitze* (BS), gegliedert. Beispiel für 4-PSK (d. h. 1 Symbol = 2 bit) und eine Rahmendauer von 40 ms:

$$1 \text{ BS} = 40 \text{ Symbole} \triangleq 2 \text{ kbit/s} .$$

Will eine Erdefunkstelle neu einen Nutzkanal mit $q \cdot 2$ kbit/s (q ganz, im Prinzip beliebig) einrichten, so wählt sie dafür einen entsprechenden freien Platz im Rahmen (Beschreibung durch Nummer des ersten BS, gerechnet ab Rahmenbeginn, plus Angabe der Zahl der Burstschlitze danach). Jeder „Nutzburst" hat seine eigene Präambel (Breite 12 BS) und benötigt damit einen Platz der Breite $(12 + q)$ BS. Bild 4-8 zeigt die Rahmenorganisation einschließlich der Lösung für Betrieb mit 4 Transpondern (Pilotrahmen hat hier vierfache Länge).

Vergabe der Systemkapazität

Entscheidend für die einwandfreie Funktion der dezentralen Kapazitätsvergabe sind die Kanäle BVA und SZG im Pilotburst. In BVA nennt jede Erdefunkstelle zyklisch alle von ihr belegten Plätze im Rahmen. In SZG wird u. a. mitgeteilt, welcher Platz des Rahmens für eine neu einzurichtende Verbindung benutzt wird; bei Duplexverbindungen antwortet die betr. Erdefunkstelle in ihrem SZG, indem sie einen entsprechenden Platz für die Gegenrichtung nennt. Sinngemäß entsprechend vollzieht sich das Auslösen.

Jede Erdefunkstelle entnimmt die Information über derzeit freie Teile des Rahmens ihrem Rahmenbelegungsspeicher, der laufend durch die Informationen aus den empfangenen SZG und BVA auf den neuesten Stand gebracht wird. (Wären stets alle Erdefunkstellen wenigstens auf Empfang geschaltet, so wäre BVA überflüssig; BVA ist jedoch notwendig, damit sich eine vorher völlig abgeschaltete Erdefunkstelle auf den Zugriff vorbereiten kann.)

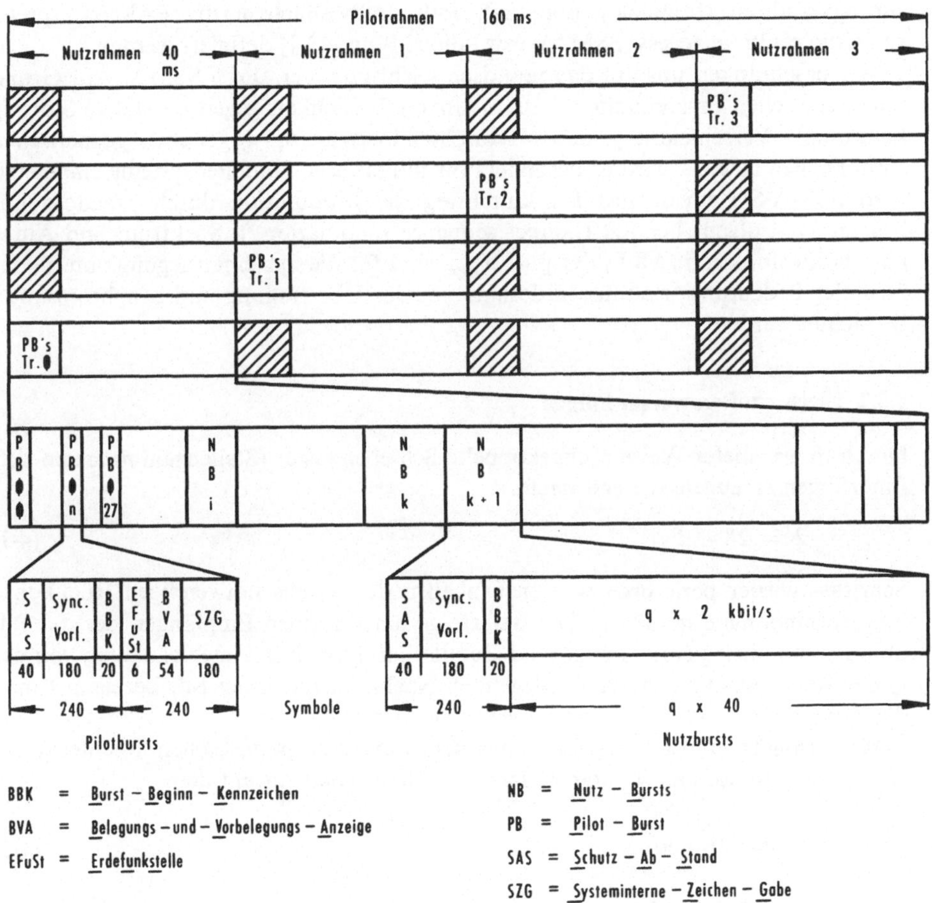

Bild 4-8. Rahmen- und Burstformat TDMA-S3

Belegen zwei Erdefunkstellen gleichzeitig denselben Teil des Rahmens, so wird dies nach der Laufzeit von 270 ms von ihnen (wie auch von allen anderen) bemerkt. Nach festliegenden Spielregeln behält die eine Erdefunkstelle den Platz; die andere startet an einer anderen freien Stelle einen neuen Versuch.

Verkehrstheoretische Berechnungen zeigen, daß die gelegentlichen Wiederholungen (Wartesystem!) weniger ins Gewicht fallen als die bei einem zentral gesteuerten System grundsätzlich gegebene verzögerte Kapazitätsvergabe (Anmeldung Kapazitätswunsch von EFuSt und Zuteilung durch Zentralstation jeweils mit Laufzeit).

4.3 Vielfachzugriff im Codemultiplex (CDMA)

4.3.1 Einführung

Unter den Oberbegriff CDMA fallen eine Vielzahl von Möglichkeiten: Frequenz-sprungverfahren (frequency hopping), Pulsadreßvielfachzugriff (PAMA), spread spectrum multiple access (SSMA), usw., die z. B. in [43-1] definiert werden.

Wir beschränken uns auf das praktisch wichtigste Verfahren SSMA. Auf Grund seiner speziellen Eigenschaften — u. a. Unempfindlichkeit gegen böswillige Störung (jamming), Verschleierung der Nachrichtenübertragung gegenüber gegnerischen Abhörstellen usw. — wird es besonders für militärische Satellitensysteme eingesetzt.

In SSMA-Systemen wird fast durchweg die Modulation durch pseudo-noise-Folgen (pn-Folgen) benutzt („direct sequence modulation"). Spektrum und Auto-korrelationsfunktion (AKF) der pn-Folgen sind für die Systemauslegung von funda-mentaler Bedeutung; sie müssen deshalb vor der Übertragung und Synchronisation betrachtet werden.

4.3.2 Eigenschaften von pn-Folgen

Durch in geeigneter Weise rückgekoppelte Schieberegister (Stellenzahl n) lassen sich Binärfolgen erzeugen, die erst nach

$$L = 2^n - 1 \tag{4-1}$$

Schritten wieder periodisch werden (Tabellen der jeweils notwendigen Rückkopp-lungsverbindungen in [43-2]). Die Binärfolge hat für einen Empfänger, der das Bil-dungsgesetz nicht kennt, weitgehend Zufallscharakter. Zur Unterscheidung von der in der Regel ebenfalls digital vorliegenden Nachricht mit ihren Bits bezeichnet man die Elemente der pn-Folge üblicherweise als „Chips".

Wir erinnern uns an das Leistungsspektrum einer periodischen Rechteckfolge [11-2] mit Impulsdauer T_c und Periode T: Linienspektrum mit dem

$$\text{Linienabstand } \frac{1}{T} \tag{4-2}$$

wobei die Größe der Linien durch die

$$\text{Einhüllende } \left(\frac{\sin (\pi f T_c)}{\pi f T_c}\right)^2 \tag{4-3}$$

bestimmt wird. Die erste Nullstelle der Einhüllenden liegt bei der Frequenz

$$f_c = \frac{1}{T_c}. \tag{4-4}$$

Wir betrachten nun eine pn-Folge mit der Chipdauer T_c und der Länge L, siehe Gl. (2-7). Ihre Periode ist

$$T = LT_c. \tag{4-5}$$

Mit einem rückgekoppelten Schieberegister mit $n = 20$ Stellen werde eine pn-Folge maximaler Länge erzeugt. Die Taktfrequenz sei $f_c = 1$ MHz, damit $T_c = 1$ μs. Nach obigen Gleichungen ergeben sich die Länge $L = 1\,048\,575 \approx 10^6$, die Periode $T \approx 1$ s und der Linienabstand $1/T = 1$ Hz.

Im Leistungsspektrum dieser pn-Folge im Bereich von Null bis einige MHz kann man die dicht beieinander liegenden Linien nicht mehr auseinanderhalten. Auf Grund der quasistatistischen Eigenschaften der pn-Folge sind die einzelnen Linien teils höher und teils weniger hoch als die für die einfache Rechteckimpulsfolge gültige Einhüllende nach Gleichung (4-3). Als Resultat sieht man ein rauschähnliches Signal, in welchem nur noch sehr verwaschen der $(\sin x/x)^2$-Charakter zu erkennen ist [43-3].

Bei der Berechnung der Autokorrelationsfunktion (AKF) wird bekanntlich das Produkt aus der Zeitfunktion $s(t)$ und der um die Zeit τ verschobene Zeitfunktion $s(t + \tau)$ gebildet. In idealisierter Form hat die AKF den in Bild 4-9 gezeigten Verlauf.

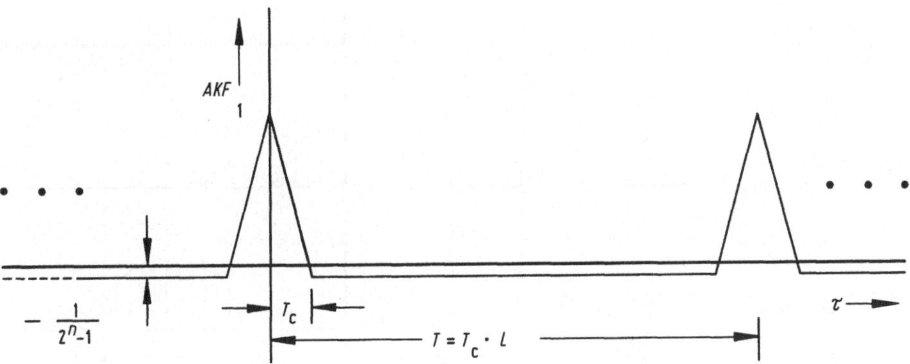

Bild 4-9. Normierte AKF einer pn-Folge

4.3.3 Übertragung mit pn-modulierten Trägern im SSMA-System

Durch die pn-Modulation (siehe unten) wird ein zu übertragendes Nachrichtensignal (Bandbreite b, Mittenfrequenz f_0) auf die wesentlich größere Übertragungsbandbreite B gespreizt. Bei typischen praktischen Anwendungen ist beispielsweise

$$B = (10^3 \ldots 10^4)\, b \,. \tag{4-6}$$

In Bild 4-10 ist das Prinzip einer Verbindung dargestellt. Das zu übertragende Nachrichtensignal liege z. B. als 2-PSK-Signal vor. Nach der in Gl. (4-6) gegebenen Bandbreitenrelation entfallen auf ein Bit der Nachrichtenfolge auf jeden Fall mehr als tausend Chips. Damit stellt sich das Nachrichtensignal in dem in Bild 4-10 dargestellten kurzen Zeitausschnitt in der Regel als reiner Sinus dar. In der spektralen Darstellung im linearen Maßstab sehen wir an Stelle des bei der Frequenz f_0 zentrierten Bandes b nur noch eine Linie bei f_0.

Auf der Sendeseite wird das Nachrichtensignal durch das Ausgangssignal des pn-Generators moduliert. Angenommen wurde 2-PSK (z. B. 0 der pn-Folge $\hat{=}$ kein

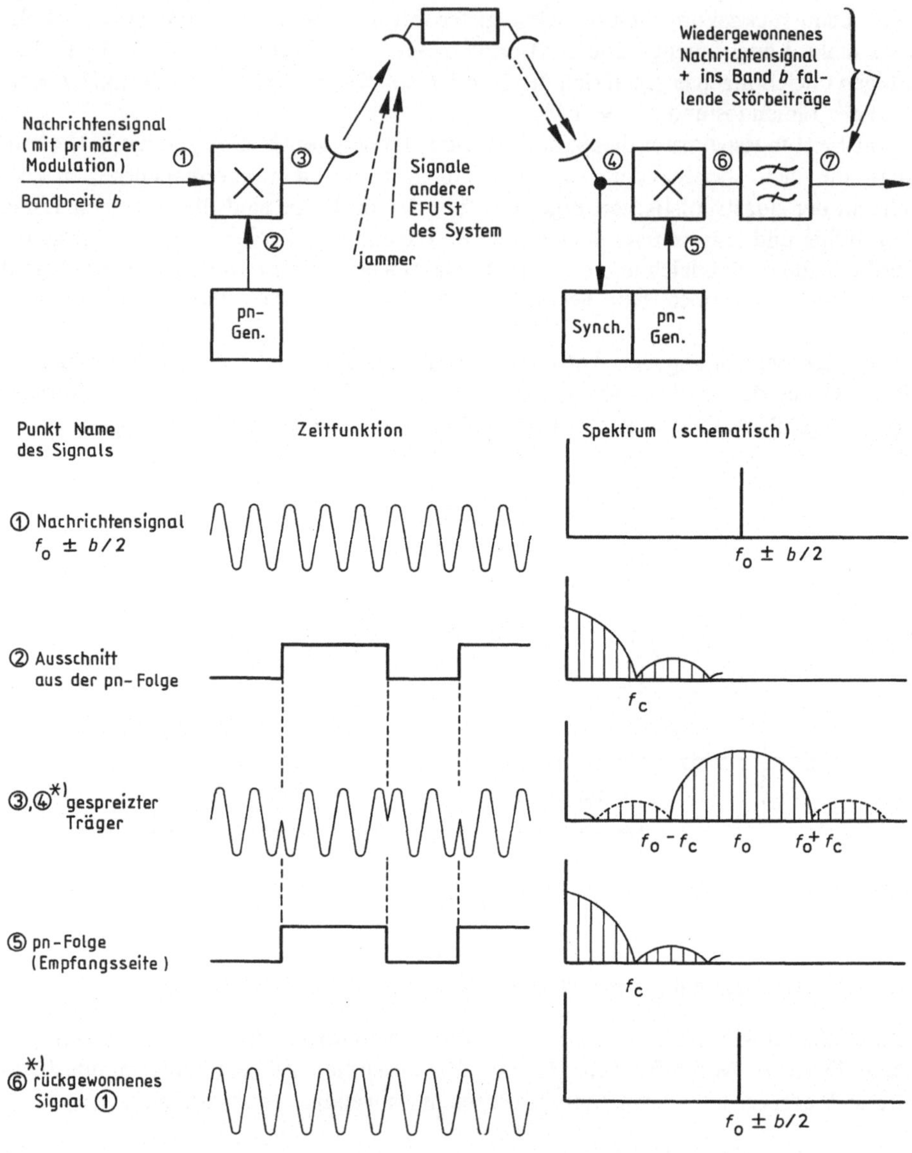

Bild 4-10. Prinzip der Übertragung im SSMA-System

Phasensprung, 1 der pn-Folge $\triangleq$ 180°-Sprung). Das entstehende symmetrische Ausgangsspektrum des Modulators hat eine „Hauptkeule" der Breite $2f_c$, in der fast 90 % der Leistung stecken. Deshalb wählt man üblicherweise die

$$\text{Übertragungsbandbreite } B = 2f_c \,. \tag{4-7}$$

Auf der Empfangsseite erzeugt ein ۱m-Generator dieselbe pn-Folge wie auf der Sendeseite. Bei Synchronisation (vgl. 4.3.4) wird jede auf der Sendeseite bewirkte 180°-Umtastung durch die erneute Umtastung wieder rückgängig gemacht. Die bei der Übertragung auf die Bandbreite B verteilte Leistung wird wieder auf die ursprünglich gegebene Bandbreite b konzentriert.

Der Empfänger erhält außer dem gewünschten Signal die mit anderen pn-Codes modulierten Signale der anderen Teilnehmer am Vielfachzugriffssystem, dazu Rauschen. Vorausgesetzt, daß die verwendeten pn-Codes untereinander hinreichend kleine Kreuzkorrelationsfunktionen haben. bleiben diese unerwünschten Signale gespreizt bzw. werden noch weiter gespreizt. Nur die kleinen Anteile, die in die Bandbreite fallen, liefern Störbeiträge.

Ein böswilliger Störer kennt die verwendeten pn-Codes nicht, kann also nicht „intelligent" stören. Er sendet aber z. B. leistungsstarke Sinusträger der Frequenz f_0 zum Satelliten. Durch die empfangsseitige pn-Modulation wird ein solcher Sinus gespreizt, so daß sein Störbeitrag hinter dem Bandpaß näherungsweise um den

$$\text{„processing gain"} = \frac{B}{b} \tag{4-8}$$

vermindert wird (Störabstandsgewinn praktisch z. B. 30 bis 40 dB).

4.3.4 Prinzip der Synchronisation im SSMA-System

In einem in Betrieb befindlichen SSMA-System soll eine neue Verbindung aufgebaut werden. Der Empfänger kennt den benutzten pn-Code und die Taktfrequenz, aber nicht die Phasenlage der empfangenen Folge. Man benötigt eine Schaltung zur Erstsynchronisation und eine Regelschleife (Delay Lock Loop, DLL) zur Aufrechterhaltung der einmal erreichten Synchronisation.

Bild 4-11 zeigt eine häufig verwendete Schaltung [43-4]. Sie nutzt die aus Bild 4-9 bekannte AKF der pn-Folge aus. Der Codegenerator erzeugt die pn-Folge in drei jeweils um $T_c/2$ gegeneinander verschobenen Versionen, wobei das mittlere Codewort $C(t)$ den aus Bild 4-10 bekannten Referenzcode für die pn-Demodulation darstellt. Jede Version der pn-Folge moduliert den von einem Oszillator gelieferten Referenzträger f_0', der von dem sendeseitig verwendeten Träger f_0 um maximal $\pm b/2$ abweichen darf. Zur Kreuzkorrelation mit dem Empfangssignal wird jeweils ein multiplikativer Mischer, ein Tiefpaß der Bandbreite $b/2$ und ein Gleichrichter verwendet. Letzterer ist erforderlich, um die Modulation durch die Nachricht und durch die Differenzfrequenz $f_0' - f_0$ zu eliminieren.

Der Takt für den Codegenerator wird von einem VCO geliefert. Für die Erstsynchronisation wird durch den sog. „Suchratengenerator" eine Taktfrequenz gewählt, die von der auf der Sendeseite verwendeten etwas abweicht, so daß sich die im Empfänger erzeugte pn-Folge laufend gegenüber der im Empfangssignal enthaltenen verschiebt. Wenn die beiden Folgen gerade in Phase sind, ergibt sich eine Korrelationsspitze, die durch einen Schwellenwertdetektor festgestellt wird. Der Regelkreis im Delay Lock Loop wird jetzt geschlossen.

Aus der Differenzbildung der mit den „äußeren" Codeworten gebildeten Korrelationssignale ergibt sich der in Bild 4-11 eingezeichnete lineare Regelbereich für $|\tau| < T_c/2$. Dabei ist τ die Verschiebung zwischen Referenz- und Empfangscodewort.

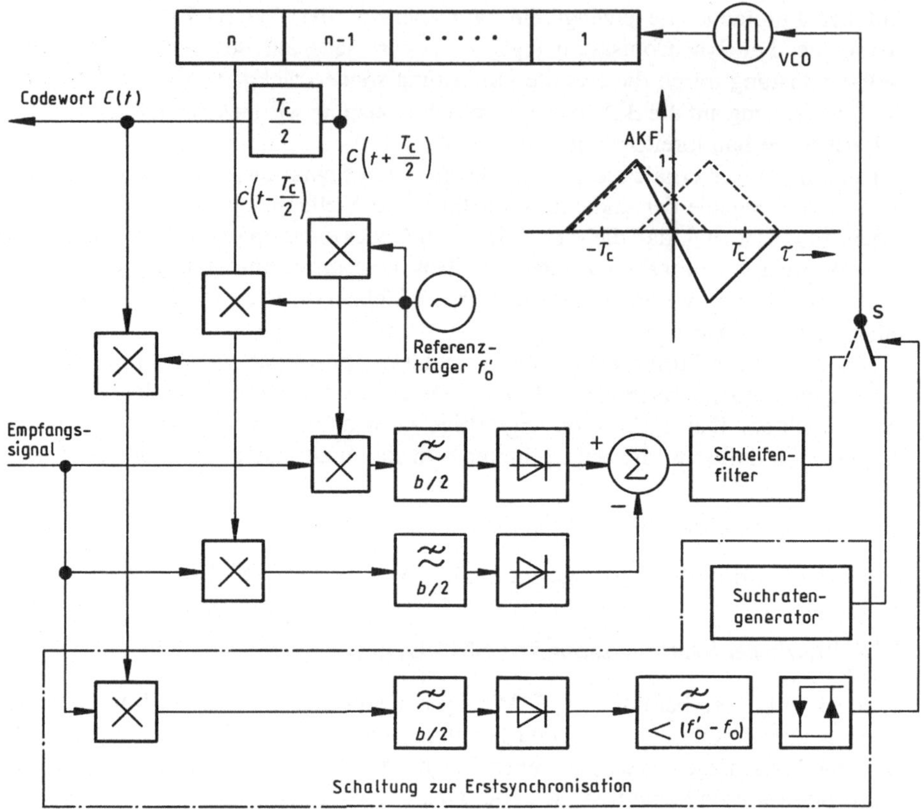

Bild 4-11. Delay-Lock-Loop und Erstsynchronisation

Die Bandbreite des Schleifenfilters im Regelkreis wird klein gegenüber der möglichen Differenzfrequenz $f_0' - f_0$ gewählt. Man erhält dadurch ein von der Phase des Referenzträgers unabhängiges Regelsignal. Das gezeigte Grundprinzip des DLL kann variiert werden; ein Beispiel dafür ist das „split-phase"-Verfahren [43-5]. Eine ausführliche neuere Darstellung der DLL-Probleme findet sich in [43-6].

4.3.5 Einige Probleme und Lösungswege bei der praktischen Realisierung von SSMA-Systemen

Die Theorie und Praxis der SSMA-Systeme hat viele interessante Aspekte, die wir in der vorliegenden Einführung noch nicht einmal erwähnen konnten. Der Leser, der sich eingehender mit diesen Fragen beschäftigen will, sei auf die Literatur verwiesen [43-...].

Wenn wir zum Abschluß einige Punkte herausgreifen und kurz ansprechen, so deshalb, weil dadurch die oben beschriebenen Grundlagen der etwas ungewohnten Codemultiplextechnik noch etwas besser verständlich werden.

Die Codeauswahl für SSMA-Systeme hat als Hauptforderung, daß genügend viele Codes gebildet werden können unter der Bedingung, daß bei beliebiger Phasenlage aller Codes untereinander die Kreuzkorrelationsfunktion (KKF) in jedem Fall hinreichend klein bleibt. Eine von Null verschiedene KKF vermindert den Störabstand und führt evtl. sogar zu Falschsynchronisation. Bei vorgegebener Länge L lassen sich relativ wenige pn-Codeworte finden. Man verzichtet deshalb häufig auf verschiedene Zufallseigenschaften (u. a. die günstige zweiwertige AKF der pn-Codes, Bild 4-10) und bildet nach einer Konstruktionsvorschrift von Gold [43-7] hinreichend umfangreiche Codekollektive. Dabei lassen sich Obergrenzen für die auftretenden Nebenzipfel von AKF und KKF angeben.

Mit der Codeauswahl eng verknüpft ist die Frage der Synchronisationszeit. Aus verschiedenen Gründen benötigt man Codes mit großer Länge L. Da die Empfangs- und Referenzfolge in Bild 4-11 zu Beginn des Erstsynchronisationsvorgangs um bis zu $\pm L/2$ auseinander liegen können, dauert der in 4.3.4 beschriebene Suchvorgang evtl. sehr lang, auch wenn man voraussetzt, daß der Suchratengenerator stets die beim jeweils vorliegenden Störabstand maximal mögliche Suchrate (Verschiebungsgeschwindigkeit) einstellt. Man benutzt deshalb häufig für den Erstzugriff kurze Folgen und schaltet nach Erreichen des Synchronismus auf lange Folgen um [43-8]. Durch irgendeine gemeinsame Zeitbasis der verschiedenen Systemteilnehmer (Beispiele: Taktgeber im Satelliten mit Übertragung z. B. über die Bakenfrequenz; Mitbenutzung eines Zeitrahmens z. B. eines TDMA-Systems bei Hybridsystemen, vgl. 4.5; genaue Uhren in allen Erdefunkstellen; usw.) lassen sich kurze Synchronisationszeiten erreichen, da nur mit kleinen Verschiebungen gegenüber dem Synchronfall gerechnet werden muß. Unter letzterer Voraussetzung sind wiederum neuartige Codekollektive mit vorgebbarer KKF möglich [43-9].

SSMA-Systeme arbeiten in der Regel — insbesondere wenn mit böswilliger Störung (jamming) gerechnet werden muß — über Satellitentransponder mit harter Begrenzung (hard limiter). Dabei ergeben sich folgende Eigenschaften [43-10]:

— Die Leistungsendstufe des Transponders arbeitet stets im optimalen Arbeitspunkt. Wenn überhaupt kein Aufwärtssignal von Erdefunkstellen ankommt, wird die Endstufe allein durch das Rauschen der Eingangsstufe voll ausgesteuert.

— In erster Näherung wird die Sendeleistung in dem Verhältnis aufgeteilt, das die zugehörigen Eingangssignale zueinander haben. Zusätzlich ergeben sich Unterdrückungseffekte, d. h. Benachteiligung der schwächeren Signale. Deshalb ist in der Aufwärtsstrecke eine Sendeleistungsregelung sinnvoll.

— Wegen der Begrenzung kommen nur Winkelmodulationsverfahren (PSK, FM, usw.) in Betracht.

Um bei jamming durch starke Störer den nach Gl. (4-8) zu erwartenden Störabstandsgewinn tatsächlich realisieren zu können, ist eine sorgfältige Systemauslegung mit vielen technischen Feinheiten notwendig. Beispiele:

— Der Doppelgegentaktmodulator auf der Empfangsseite in Bild 4-11 müßte eine praktisch kaum erreichbare Symmetrie und Trägerunterdrückung haben, damit ein starker Sinusträger mit f_0 am Ausgang hinreichend unterdrückt wird. Praktisch umgeht man dieses Problem dadurch, daß zunächst in einem weiteren Doppelgegentaktmodulator aus pn-Code und aus einem Sinusträger der Frequenz $(f_0 + f_{ZF})$ ein modifiziertes Referenzsignal erzeugt wird. Dadurch ergibt sich am Punkt 6 ein bei f_{ZF} zentriertes Signal, und ein mit f_0 durchschlagender Störer kann durch den Bandpaß ausgeschaltet werden („*heterodyne correlator*" zum Unterschied von dem in Bild 4-11 gezeigten „*in line correlator*" [43-3]).

— Ein Sinusstörer wird durch die pn-Folge der Periode T in ein Linienspektrum mit dem Linienabstand $1/T$ umgewandelt, vgl. 4.3.2. Damit z. B. eine Trägerableitung bei der Demodulation der Nachrichtenfolge nicht fälschlicherweise auf eine solche Störlinie synchronisiert, muß man die Periode T und damit die Länge L der pn-Folge so groß wählen, daß hinreichend viele Linien in die Bandbreite B_L des PLL der Trägerableitung fallen (Störung entspricht Schmalbandrausch-signal):

$$L \gg \frac{1}{T_c B_L}. \tag{4-9}$$

Bei z. B. $B_L = 10\ \text{Hz}$ und $f_c = 10\ \text{MHz}$ ergibt sich $L \gg 10^6$, d. h. ein pn-Code-generator müßte nach Gl. (4-1) wenigstens $n = 23$ Stellen haben.

Wir sind nicht näher auf die primäre Modulation des sendeseitig angelieferten Nach-richtensignals eingegangen. Dazu noch zwei Bemerkungen:

— Sind Digitalsignale zu übertragen, so können diese entweder, wie bis jetzt ange-nommen, an Punkt 1 in Bild 4-11 z. B. als PSK-Signale mit der Mittenfrequenz f_0 angeliefert werden. Statt dessen kann aber auch eine digitale Nachrichtenfolge mit der pn-Folge logisch verknüpft und dann an Punkt 2 angelegt werden; bei Punkt 1 bleibt dann ein reiner Sinusträger mit f_0.

— Die Demodulation des wiedergewonnenen Nachrichtensignals (nach Punkt 7 in Bild 4-1) kann in üblicher Weise erfolgen, beispielsweise bei Primärmodulation PSK durch Trägerableitung, Synchrondemodulation und anschließende Integra-tion über die Dauer eines Nachrichtenzeichens (*integrate and dump*) [20-3].

4.4 Gründe und Möglichkeiten für die Weiterentwicklung der Vielfachzugriffsverfahren

Die wesentlichen Gründe dafür, daß heute neben den oben beschriebenen Grund-verfahren einige kompliziertere Verfahren verwendet werden, lassen sich wie folgt zusammenfassen:

— Komplexe Anforderungen, die sich mit einem Grundverfahren allein nicht erfüllen lassen, sondern kombinierte Verfahren erfordern.

— Neue Anforderungen, wie sie in 3.4 beschrieben wurden.

— Neue Möglichkeiten durch zusätzliche Baugruppen im Satelliten, z. B. zur Ver-mittlung.

— Neue Dimensionen für den Vielfachzugriff.

In 4.5 bis 4.8 wollen wir hierzu jeweils aktuelle Beispiele vorstellen.

4.5 Kombinierte Verfahren

Beispiele kombinierter Zugriffsverfahren finden wir vor allem im militärischen Be-reich. Häufig ist nur für eine relativ kleine Zahl lebenswichtiger Verbindungen jamming-Sicherheit gefordert. Andererseits ist im ungestörten Normalbetrieb eine große Systemkapazität wünschenswert. Hier bietet sich der kombinierte Einsatz von SSMA und TDMA oder FDMA an. Solche „Hybridsysteme" können in verschiedener Weise organisiert sein, z. B.:

— SSMA-Kanäle dem TDMA bzw. FDMA unterlagert,
— Alternativbetrieb mit Umschalten im Störfall,
— (gegenseitige) Mitbenutzung von Teilen des jeweils anderen Verfahrens, z. B. TDMA/SSMA mit gemeinsamer Rahmenstruktur (Codefolgen) zur Vereinfachung, Beschleunigung und Sicherung vom Erstzugriff und Verbindungsaufbau,

usw. In dem „joint tactical information distribution system" (JTIDS) sind TDMA und SSMA voll ineinander integriert und mit packet switching ergänzt [49-1].

Der bei SSMA erreichbare Störabstandsgewinn ist praktisch aus schaltungstechnischen Gründen nicht beliebig zu steigern und übersteigt kaum 45 dB [43-3]. Bei modernen Systemvorschlägen kombiniert man daher SSMA (mit z. B. 30 bis 40 dB Gewinn) mit zusätzlichen Maßnahmen zur Ausschaltung von jamming. Neben gewissen Kompensationsmethoden kommt vor allem der Einsatz von Satellitenantennen mit adaptivem Antennendiagramm in Betracht. Bei diesen „null steering antennas" wird automatisch eine Nullstelle des Diagramms in der Richtung des Störers erzeugt. Man könnte von einer Kombination mit adaptivem SDMA sprechen. Vgl. z. B. das Antennensystem des DSCS III [36-4].

4.6 Zugriffsverfahren mit Paketvermittlung

Betrachtet man ein Satellitensystem vom Standpunkt der Paketvermittlung aus, dann wird man evtl. auch die entsprechende Nomenklatur verwenden. Man spricht deshalb bei den folgenden Systemen meist nicht mehr von multiple access (Vielfachzugriff), sondern von protocol (Protokoll).

In 3.4 wurde bereits erklärt, daß künftig Computernetzen über Satelliten große Bedeutung zukommt. Wir haben nicht die Möglichkeit, dieses Gebiet mit entsprechender Tiefe zu behandeln, da die notwendigen Vorkenntnisse auf den Gebieten Computernetze, Paketvermittlung usw. bei der überwiegenden Zahl der Leser nicht vorliegen werden. Interessierte Leser werden zur Einarbeitung auf die Literatur [82-...], [83-...] verwiesen. Ein neueres Buch über den gesamten Problemkreis einschließlich einer Übersicht über Satellitenprotokolle ist [82-1].

Die nachstehende kurze Übersicht beschränkt sich auf die Organisation des Zugriffs zum Satelliten. Es wurde schon angedeutet, daß bei paketweiser Übermittlung die Rahmenaufteilung usw. völlig neu überdacht werden muß. Man ging daher frühzeitig einen sehr radikalen Weg, indem man sogenannte random access systems einführte. Dabei überträgt eine Station ein Paket, wenn es ihr gerade paßt, ohne sich um die anderen zu kümmern. Kollisionen von Paketen werden dabei natürlich immer wieder vorkommen; durch geeignete Fehlererkennung muß nun eine erneute Übertragung veranlaßt werden usw. Das bekannteste System bzw. Protokoll dieser Art ist *ALOHA* [83-2]. Werden zu viele Wiederholungen notwendig, so stopft sich das System zu. Durch theoretische Untersuchungen wurde festgestellt, daß der Grenzwert des Systemwirkungsgrades bei etwa 18 Prozent liegt.

Man hat inzwischen viele Vorschläge gemacht, um bessere Protokolle für Satelliten-übertragung zu finden. Eine Übersicht mit Hinweisen auf weiterführende Literatur findet sich in [83-1].

Ob bei ALOHA Pakete im Fall von Kollisionen stark oder nur wenig überlappen, spielt keine Rolle: Die Pakete sind auf jeden Fall zerstört. Beim sog. S-ALOHA (slotted ALOHA) vermeidet man Teilüberlappungen durch eine Einteilung des Rahmens in Segmente (slots), deren Dauer genau der Größe eines Pakets entspricht. Die Erdefunkstellen müssen so synchronisiert sein, daß die Anfänge der Pakete jeweils mit dem Anfang der Segmente zusammenfallen. Man kann unter gewissen Annahmen einen Grenzwirkungsgrad von ca. 36 Prozent errechnen [83-1].

S-ALOHA ist ein erster Schritt weg vom reinen random access system. Wie in [82-1] näher ausgeführt wird, gibt es eine Vielzahl mehr oder weniger komplizierter Versuche, weitere Verbesserungen zu erreichen. Mehrere Verfahren benutzen z. B. Reservierungs-Protokolle. Wichtige Grundideen sind z. B.:

— Berücksichtigung der Vorgeschichte. Das soeben übertragene Paket ist wahrscheinlich nicht das letzte in einer bestimmten Verkehrsbeziehung. Wenn alle Erdefunkstellen sich für alle Übertragungen die Vorgeschichte merken, kann man für die folgenden Zeitschlitze Prioritäten festlegen und dadurch die Anzahl der Kollisionsfälle reduzieren.

— Reservierungen für die Zukunft. Man kann z. B. in relativ schmalen „reservation slots" Belegungen der „data slots" für die Zukunft vornehmen. Es gibt Verfahren, bei denen mögliche Kollisionsfälle in den „data slots" durch vorherige „Planspiele" in zugeordneten „reservation slots" ausgeschlossen werden.

Von besonderem Interesse sind die Protokolle [83-1]:

— R-TDMA (reservation TDMA),

— CFMA (conflict-free multiaccess),

— CPODA (contention-based demand assignment protocol).

4.7 TDMA mit Vermittlung im Satelliten (SS-TDMA)

Alle bisher besprochenen Verfahren können prinzipiell einen Transponder irgend-eines Nachrichtensatelliten benutzen, wenn man von zur Systemoptimierung sinnvollen Details absieht (z. B.: SSMA zweckmäßigerweise mit hard limiter, vgl. 4.3.5).

Wie in 2.8.2 bereits erwähnt, verwenden moderne Satelliten in zunehmendem Maße scharf bündelnde spot-beam-Antennen, wobei das verfügbare Frequenzband in mehreren spot beams unabhängig ausgenutzt wird, z. B. jeweils mit einem TDMA- oder FDMA-System: SDMA/TDMA oder SDMA/FDMA, vgl. 2.8.2. Da das Sendesignal einer Erdefunkstelle in der Regel verschiedene Anteile enthält, die für Erdefunkstellen in anderen spot beams bestimmt sind, muß im Satelliten in geeigneter Weise durchgeschaltet werden, wie in 6.4 näher ausgeführt werden wird.

Wegen der Leistungsfähigkeit und Flexibilität der Zeitvielfachvermittlung kommt dem Verfahren SDMA/TDMA, meist als SS-TDMA (Satellite Switched TDMA) bezeichnet, besondere Bedeutung zu.

Es seien durch geeignete spot beams n Ausleuchtgebiete gegeben. Jedem ist ein Transponder, bestehend aus Empfänger und Sender, zugeordnet. Bild 4-12 zeigt ein

Ausführungsbeispiel mit ZF-Durchschaltung, vgl. 6.4. Die ZF-Ausgänge der Empfänger und die ZF-Eingänge der Sender sind auf eine Schaltmatrix geführt. Diese Transponder arbeiten auf scharf bündelnde Antennen bzw. auf fest zugeordnete Erreger einer großen Antenne.

Alle Transponder und damit auch alle Erdefunkstellen sind auf den Rahmentakt der Schaltmatrix synchronisiert. Die Synchronisation der einzelnen Erdefunkstellen kann nach bekannten Methoden durchgeführt werden; dabei ist es hier naheliegend, dem Satelliten selbst die Funktion der Referenzstation zu übertragen. Da der Satellit in den einzelnen Transpondern Impulsbündel verschiedener Herkunft abstrahlt, ist in jedem Bündel eine Präambel entsprechend der konventionellen TDMA-Systeme erforderlich. Die Steuerung der Vermittlungseinrichtungen und damit die Steuerung der Raum- und Zeitvielfachaufteilung kann bei solchen Systemen über eine Telekommandoverbindung von der Erde aus verändert werden.

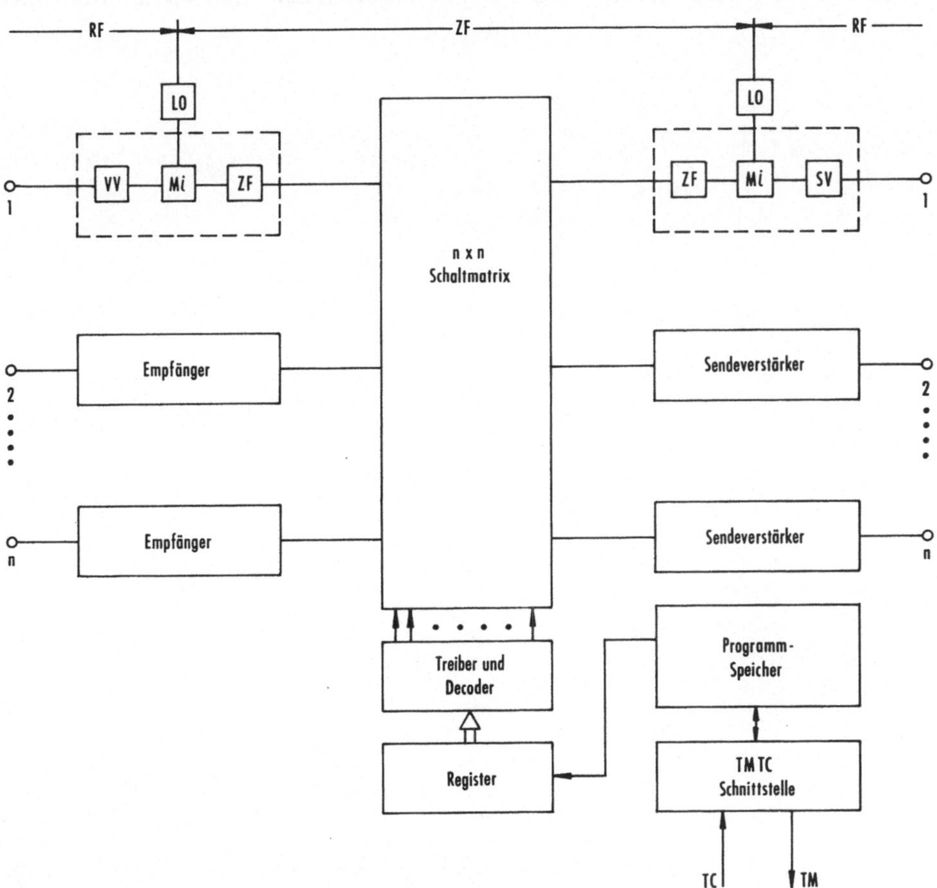

Bild 4-12. Prinzipschaltbild für TDMA/SDMA-Transponder

Bei den bei TDMA verwendeten Digitalmodulationsverfahren gelingt in der Regel zusätzlich eine Doppelausnutzung des Frequenzbandes durch orthogonale Polarisationen (d. h.: weitere Multiplexkoordinate).
Über SS-TDMA existiert eine umfangreiche Literatur [47-...].

4.8 Vielfachzugriff durch Strahlabtastung ("scanning spot beam")

Eine wesentliche Erweiterung der Systemkapazität und der Einsatzmöglichkeiten von TDMA/SDMA könnte ein von den Bell Labs (USA) vorgeschlagenes Verfahren bringen [48-...]. Im Frequenzbereich 11 bis 14 GHz werden mit einer Phased-Array-Antennenanordnung im Satelliten eine Anzahl extrem kleiner spot beams erzeugt, die zusammengenommen nur ca. 1 % des geplanten Versorgungsgebietes (USA) ausmachen. Im sog. Strahlabtastverfahren (scanning spot beam) läßt man nun diese spot beams z. B. alle 0,01 s von einer Küste der USA zur anderen laufen. Während dieser Zeit werden eine Vielzahl von Bodenstationen durch geeignete Adressensignale aktiviert und senden und empfangen im zugeordneten Zeitschlitz die Informationen.

5 Die Erdefunkstelle

5.1 Übersicht

Damit die grundlegende Systemgleichung (2-35) bei Satelliten mit kleiner Sendeleistung und mit mäßig bündelnden Antennen in beiden Übertragungsrichtungen bei Breitbandübertragung erfüllt werden kann, muß die Erdefunkstelle wesentliche Beiträge leisten: Große „Güte" G/T für die Abwärtsstrecke und große Sendeleistung bzw. besser gesagt große $EIRP$ — s. Gl. (2-33) — für die Aufwärtsstrecke. Es ergibt sich die klassische Auslegung der großen Erdefunkstellen im INTELSAT-Netz, die sich besonders durch die sehr große und exakt nachführbare Antenne, durch den (evtl. gekühlten) rauscharmen Vorverstärker und durch den Leistungsverstärker von einer Endstelle einer terrestrischen Richtfunkstrecke unterscheiden. Das Blockschaltbild einer solchen Erdefunkstelle (Bild 5-1) gibt uns drei Schwerpunkte, mit

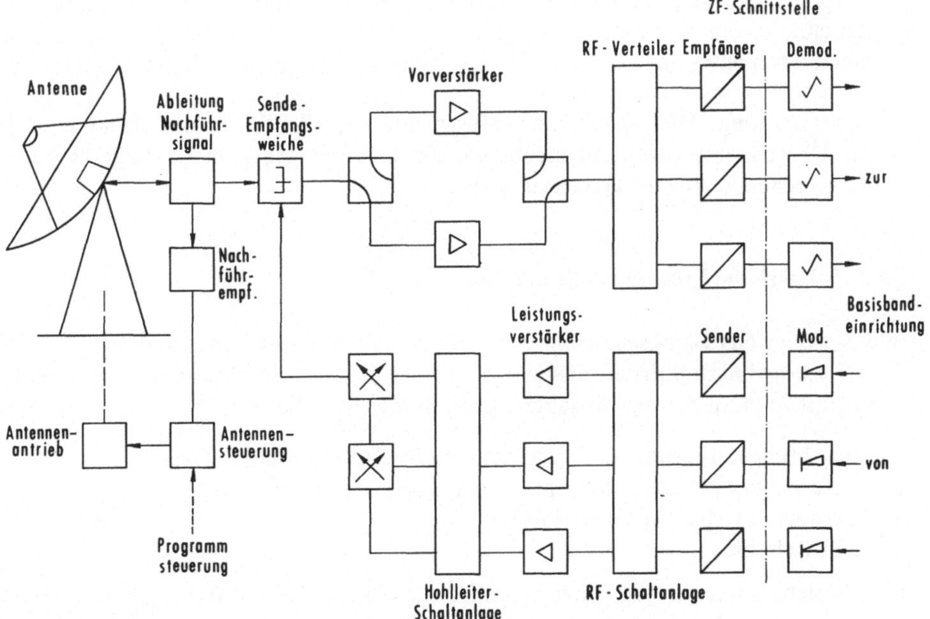

Bild 5-1. Vereinfachtes Blockschaltbild einer klassischen Erdefunkstelle

denen wir uns im vorliegenden Kapitel befassen müssen: Antenne, Empfangszug und Sendezug.

Natürlich gibt es eine Anzahl weiterer Punkte, die im Kapitel Erdefunkstelle angesprochen werden sollten. Auch sind inzwischen (insbesondere im Zusammenhang mit Regionalsystemen) wesentlich kleinere Erdefunkstellen und neuartige Zugriffsverfahren vermehrt in den Blickpunkt des Interesses gerückt, was in den genannten Schwerpunktkapiteln entsprechend berücksichtigt werden muß. Es ist deshalb zweckmäßig, daß wir uns vorab einige Erdefunkstellen verschiedener Größe etwas genauer ansehen, siehe 5.2.

5.2 Aufbau typischer Erdefunkstellen

5.2.1 Große INTELSAT-Erdefunkstelle: Raisting

Die DBP benutzt für den Betrieb mit Satelliten im 4/6-GHz-Bereich die Erdefunkstelle (EFuSt) Raisting (in der Nähe des Ammersees). Der Aufbau der EFuSt Raisting nach dem damaligen Stand (1969) ist in [20-7] eingehend und sehr anschaulich geschildert worden. Inzwischen besitzt Raisting 5 große Antennen (Bild 5-2) und ist derzeit die größte Erdefunkstelle der Welt.

Soweit möglich und sinnvoll, sind in Raisting technische Einrichtungen in einem Zentralgebäude zentralisiert. Unter den gegebenen Randbedingungen (z. B. Zugriffsverfahren FDM-FM-FDMA) erwiesen sich folgende Schnittstellen als sinnvoll (vgl. Bild 5-1):

— Empfangsrichtung: Nach dem rauscharmen Vorverstärker, der direkt bei der Antenne sitzen muß, wird das gesamte RF-Band (Bandbreite 500 MHz) über einen Hohlleiter in RF-Lage in das Zentralgebäude zum RF-Verteiler übertragen.

— Senderichtung: Hier sitzen die Aufwärtsumsetzer ZF/RF in der Antenne, d. h. die Übertragung vom Zentralgebäude zur Antenne erfolgt in ZF-Lage über eine entsprechende Anzahl koaxialer Kabel.

5.2.2 Militärische Erdefunkstelle mit 10-m-Spiegel

Bild 5-3 zeigt das Blockschaltbild einer für den Betrieb mit DSCS II/III im Bereich 7/8 GHz konzipierten Erdefunkstelle [51-2]. Die Gesamteinrichtung wird in 4 modularen Einheiten an den gewünschten Aufstellungsort geliefert:

1. Einrichtungen für Statusüberwachung und Fernbedienung (2 Gestelle)
2. Leistungsverstärker, rauscharme Vorverstärker und Umsetzer
3. Antennenunterbau und -antrieb
4. 10-m-Reflektor.

Ein Betriebsraum, der die unter 1. und 2. genannten Geräte (und ggf. auch einen Operateur) aufnehmen kann, wird auf einer Tragkonstruktion so neben dem Antennenunterbau aufgestellt, daß sich hinreichend kurze Leitungen ergeben.

Antenne	Raisting 1	Raisting 2	Raisting 3	Raisting 4	Raisting 5
Durchmesser Hauptreflektor	25 m	28,5 m	28,5 m	32 m	32 m
Durchmesser Subreflektor	2,3 m	2,58 m	2,6 m	3,96 m	3,96 m
Gewicht der Antennenkonstruktion	280 t	450 t	370 t	300 t	300 t
Zahl der Reflektorpaneele	144	288	292	228	228
Drehbereich der Antenne:					
Azimut	$\pm 380°$	$\pm 190°$	$\pm 164°$	$\pm 165°$	$\pm 165°$
Elevation	$-1° \ldots +115°$	$+0,5° \ldots +95°$	$+1° \ldots +90°$	$0 \ldots +90°$	$0 \ldots +90°$
Inbetriebnahme im INTELSAT-Netz	1965	1969	1972	1981	1981
Übertragung über (vorgesehener Stand Ende 1982)	INTELSAT IV-A Atlant. Ozean	INTELSAT V Atlant. Ozean	INTELSAT V Atlant. Ozean	INTELSAT V Indischer Ozean	INTELSAT V Atlant. Ozean
Speisesystem	Hornparabol	geknicktes Hornparabol	Hornparabol	Zentralhorn	Zentralhorn
Halbwertsbreite bei 4 GHz	$0,2°$	$0,17°$	$0,2°$	$0,14°$	$0,14°$
Konturgenauigkeit	2 mm rms (root mean sq.)	$<0,7$ mm rms	$<0,7$ mm rms	1 mm rms	1 mm rms
Art der rauscharmen Empfangsverstärker Antennenheizleistung	gekühlt (Antenne unter Radom)	gekühlt 400 kW	gekühlt 400 kW	ungekühlt 352 kW	ungekühlt 352 kW

Bild 5-2. Antennenanlagen der Erdefunkstelle Raisting

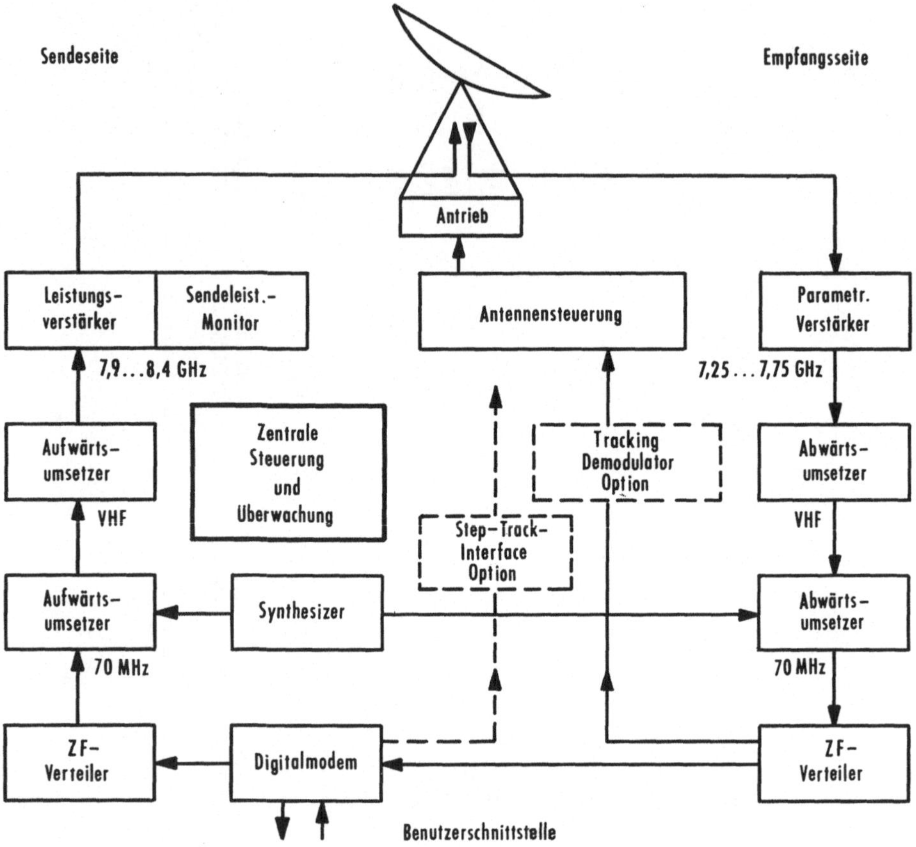

Bild 5-3. Blockschaltbild einer militärischen Erdefunkstelle

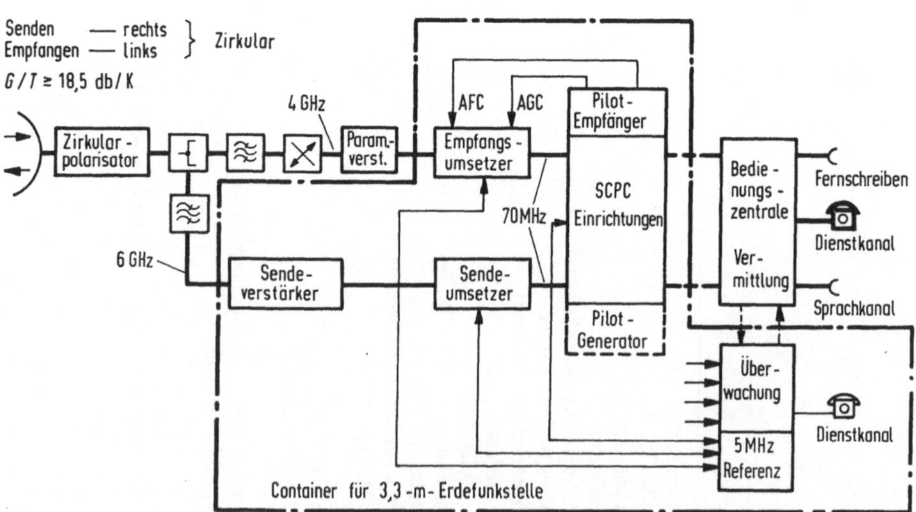

Bild 5-4. Blockschaltbild einer transportablen Erdefunkstelle [51-2]

5.2.3 Transportable Erdefunkstelle mit 3,3-m-Spiegel

Transportable Erdefunkstellen lassen sich in Transport-Sheltern an irgendeinen Standort bringen. Ein Beispiel ist die im Blockschaltplan Bild 5-4 dargestellte transportable Symphonie-Erdefunkstelle von AEG-Telefunken [51-3]. Die Antenne ist in Dreipunktlagerung direkt am Transportshelter anmontiert.

5.2.4 Kenngrößen von Erdefunkstellen

Wir haben oben drei Erdefunkstellen mit sehr verschiedenen Aufgaben kurz vorgestellt; natürlich lassen sich wesentlich mehr Typen von Erdefunkstellen unterscheiden. In Bild 5-5 sind die wesentlichen Auslegungen kommerzieller Erdefunkstellen zusammengestellt.

		Intelsat A	Intelsat B	Intelsat C	für Regional-systeme	„bush-terminals"	TV-Nur-Empf. stat.	TV-Heim-empfang
Freq.ber.	Senden GHz	5.925—6,425	5,925—6,425	14,0 —14,5	5,925—6,425 (14,0—14,5)	5,925—6,425	—	—
	Empfang.	3,7—4,2	3,7—4,2	10,95—11,2 11,45—11,7	3,7—4,2 (10,9—11,7)	3,7—4,2	3,7—4,2	11,7 ... 12,5
„Güte" G/T	dB/K	$\geq 40,7 + 20\lg \dfrac{f/\text{GHz}}{4}$	$\geq 31,7 + 20\lg \dfrac{f/\text{GHz}}{4}$	**	(22) 30 ... 34 (30 ... 35)	ca. 15 ... 20	20 ... 32,5	6(... 14)*
Antennen-durchmesser	m	25 ... 32	11 (ca. 10 ... 15)	14,5 ... 19	10 ... 15 (5 ... 8)	3 ... 5	4,5 ..: 10	0,9(... 1,8)*
Antennen-nachführung		automatisch voll nachführbar	automatisch (step track) beschränkt nachführbar	automatisch möglichst voll nachführbar	beschränkt nachführbar (step tr.)	beschränkt nachführbar bzw. manuell	beschränkt nachführbar (step tr.) oder nicht nachgeführt	keine
RF-Vorverstärker		gekühlter Parametr. Verstärker	temp. stab. Parametr. Verstärker	ungekühlter Parametr. Verstärker	temp. stab. Parametr. Verstärker	Parametr. Verstärker FET-Vor-verstärker	Parametr. Verstärker FET-Vor-verstärker	einfacher oder rauscharmer Mischer, FET-Vor-verstärker
Empfänger-rauschtemp.	K	ca. 25	40 ... 100	200 ... 280	40 ... 150 (200 ... 250)	100 ... 300	50 ... 300	500 ... 1500

* Wert in der Klammer: Gemeinschaftsempfang.

** Normalwerte: $G/T_1 - L_1 = 39 + 20\lg \left(\dfrac{f/\text{GHz}}{11,2}\right).$

Worst case: $G/T_2 - L_2 = 29,5(32,5) + 20\lg \left(\dfrac{f/\text{GHz}}{11,2}\right),$

mit den Definitionen für Rauschtemperaturen T und Dämpfungen L nach [57-3].

Bild 5-5. Typen von Erdefunkstellen

5.3 Die Antenne

5.3.1 Übersicht

Die Antennenanlage einer Erdefunkstelle bestimmt wesentlich die Übertragungskapazität derselben. Sie stellt mindestens bei interkontinentalen und regionalen Erdefunkstellen einen wesentlichen Bestandteil der Kosten dar. Deshalb müssen wir uns relativ ausführlich mit der Antennenanlage beschäftigen. Die zu behandelnden Punkte können wir am besten anhand konkreter Beispiele von Antennenanlagen identifizieren. Wir wählen die beiden ältesten Antennen der Erdefunkstelle Raisting, s. Bild 5-6; vgl. auch die Kenndaten in Bild 5-2.

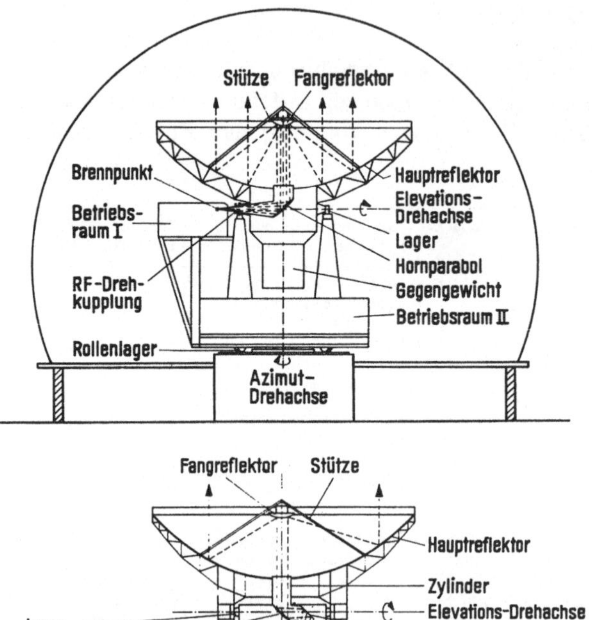

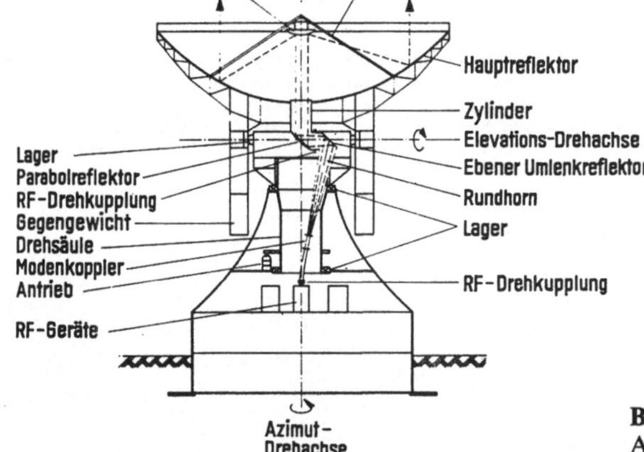

Bild 5-6.
Antennenanlagen Raisting I und II

Beide Antennen sind vom Nahfeld-Cassegraintyp, vgl. Bild 2-8. Allerdings ist offensichtlich der Strahlengang zwischen Erreger und Subreflektor durchaus verschieden gelöst. Wenn wir auch keine Anleitung zur praktischen Synthese moderner komplizierter Erdefunkstellenantennen geben können, so wollen wir doch, nachdem wir in 5.3.2 wesentliche Anforderungen präzisiert haben, in 5.3.3 einige grundlegende Zusammenhänge zwischen Richtcharakteristik und Antennengeometrie aufzeigen.

Auf Grund der gegebenen Abmessungen (Bild 5-6) können wir mit Hilfe von Gl. (2-7) für den 4/6-GHz-Bereich einen Gewinn der Größenordnung 60 dB abschätzen. Die Hauptkeule ist demzufolge außerordentlich schmal, vgl. Bild 2-10. Auch geostationäre Satelliten stehen nicht vollkommen still (vgl. 6.8), so daß die Antenne laufend auf den Satelliten nachgeführt werden muß. Da die Ableitung der Nachführsignale Auswirkungen auf die Strahlführung usw. hat, wollen wir sie in 5.3.4 kurz ansprechen.

Die folgenden Abschnitte behandeln nacheinander die mit dem Strahlengang zusammenhängenden Teile der Antenne: Reflektoren (5.3.5), Erregersysteme (5.3.6) und Hohlleitermultiplexeinrichtungen (5.3.7). Zu letzteren rechnet man:
— Modenkoppler, Komparatoren, usw.; vgl. auch 5.3.4,
— Polarisatoren und Polarisationsweichen,
— Diplexer, Sende- und Empfangsfilter.
Zum Schluß gehen wir in 5.3.8 noch kurz auf verschiedene Antennenkonstruktionen zur Realisierung der Nachführbarkeit ein.

Literatur zu Erdefunkstellenantennen: [53-...].

5.3.2 Forderungen an Erdefunkstellenantennen

Da eine Gewinnerhöhung durch Vergrößerung der Antennen eine überproportionale Kostensteigerung nach sich zieht, muß angestrebt werden, für eine gegebene Antennengröße die Flächenausnutzung q möglichst groß zu machen. Dabei muß jedoch eine hinreichende Unterdrückung von Nebenzipfeln im Antennenrichtdiagramm (vgl. 2.3.3) gewährleistet sein. Die Größe der Nebenmaxima ist entscheidend für die Entkopplung der Satellitenfunkstrecke von anderen Funkdiensten, vgl. 7.3 und 7.4, und für die Antennenrauschtemperatur.

Aus der grundlegenden Systemgleichung (2-35) wissen wir, daß ein möglichst hoher Wert G/T erreicht werden muß. Man muß deshalb darauf achten, daß bei möglichst hohem Gewinn der Beitrag der Antennenanlage zur Systemrauschtemperatur hinreichend klein bleibt.

Bei der Unterscheidung zweier Polarisationen muß auf entsprechende Polarisationsreinheit geachtet werden. Insbesondere stellt die Frequenzdoppelausnutzung durch Verwendung zweier zueinander orthogonaler Polarisationen extrem hohe Anforderungen an die einzelnen Bestandteile der Antennen. Für die Konstruktion der Antenne ist es von entscheidender Bedeutung, ob und in welchen Grenzen die Antenne auf den Satelliten nachgeführt und mit welchen Umgebungsbedingungen gerechnet werden muß.

Die Antenne als Anpassungsvierpol (vgl. 2.3.1) muß entsprechende Anpassungswerte garantieren, die man z. B. als Reflexionsfaktor oder als Stehwellenverhältnis (standing wave ratio) ausdrücken kann.

5.3.3 Richtcharakteristik und Rauschtemperatur

Wir gehen vom einfachsten Fall aus: Parabolantenne mit Brennpunkteinspeisung. Da eine punktförmige Quelle nicht realisiert werden kann, benutzt man einen Erreger (Strahler) wie z. B. den Hornstrahler. Das Phasenzentrum (d. i. der Punkt, von dem die abgestrahlte Welle auszugehen scheint) des realen Erregers muß mit dem Brennpunkt des Hauptreflektors zusammenfallen.

Die Ausleuchtung des Rotationsparaboloids durch den Erreger kann verschieden gewählt werden. Da der Antennengewinn nach Gl. (2-7) von der Flächenausnutzung q

abhängt, muß bei gegebener Spiegelfläche der Wert q möglichst groß gemacht werden. Dazu wäre eine möglichst gleichmäßige Amplitudenbelegung der Apertur erforderlich. Andererseits ist bei dieser Belegung der Einfluß der Randeffekte besonders groß.

Je nach Strahlungscharakteristik des Erregers gibt es ein optimales Verhältnis der Brennweite f zum Aperturdurchmesser D. Wird f/D zu klein gewählt — das bedeutet zu große Krümmung des Spiegels — dann wird die Apertur ungleichmäßig belegt und damit die Flächenausnutzung vermindert. Dagegen wird bei flachem Spiegel (f/D groß) der am Spiegel vorbeigestrahlte Energieanteil (Überstrahlung, spill over) zu groß. Bei Cassegrainantennen gibt es zusätzliche Freiheitsgrade in der Antennengeometrie, welche für die heute viel verwendete Nahfeldversion in [53-2] ausführlich diskutiert werden.

Aus 2.3.3 kennen wir den Begriff der Richtcharakteristik. Auf ihre Berechnung beim Entwurf von Antennen können wir nicht eingehen, doch sollen einige Gesichtspunkte kurz angesprochen werden [53-3].

Kennt man die Feldverteilung in der Apertur (Amplitudenbelegung, Belegung), so ergibt sich daraus die ideale Richtcharakteristik. Bei rechteckiger Apertur ergibt sich die Richtcharakteristik als Fouriertransformierte, bei runder Apertur als Hankeltransformierte der Belegung. Jeweils konstante Phase vorausgesetzt, führt eine homogene Amplitudenbelegung zur besten Flächenausnutzung q, aber auch zu relativ hohen Nebenmaxima. Es ist die Aufgabe der Apertursynthese, Belegungen zu finden, mit denen bei guter Flächenausnutzung die Nebenmaxima möglichst klein gehalten werden. Man verwendet Belegungen, die von der Mitte ($r = 0$) zum Rand ($r = 1$) einer kreisförmigen Apertur nach einem bestimmten Gesetz abnehmen, z. B.:

$$f(r) = c_1 + c_2(1 - r^2)^n \tag{5-1}$$

Ein günstiger Kompromiß zwischen einem nicht zu starken Absinken der Flächenausnutzung und einer guten Absenkung des größten Nebenmaximums (auf -45 dB) wird nach [53-4] mit den Parametern $c_1 = 0{,}1$; $c_2 = 0{,}9$; $n = 2{,}5$ erzielt.

Die Aperturbelegung des Hauptreflektors hängt über die Antennengeometrie vom Erregersystem ab. Sie wird entweder aus der Aperturbelegung des Erregers oder nach der „focal region field method" berechnet [53-5], [53-6].

Es hat sich gezeigt, daß eine kugelsektorförmige Charakteristik des Erregersystems optimale Eigenschaften im Sinne einer weitgehend homogenen Aperturbelegung bei stark verminderter Überstrahlung gewährleistet. Zur Erhöhung der Flächenausnutzung gibt es eine Reihe von Vorschlägen zur Erzeugung dieser sektorförmigen Charakteristik [53-7]. Am meisten durchentwickelt ist das in [53-8], [53-9] beschriebene Verfahren („Galindo's method"), bei dem die Kontur des Hilfsreflektors so verändert wird, daß sich die gewünschte Sektorcharakteristik ergibt. Die unterschiedlichen Phasen in der Apertur, die sich nun durch unterschiedliche Weglängen ergeben, werden dann durch eine geringe Korrektur des Hauptreflektors kompensiert. Mit dieser Methode wurde bei Raisting II $q = 0{,}66$ und bei japanischen Entwicklungen [53-10] $q = 0{,}7$ und mehr erreicht. Bei dem von G. F. Koch angegebenen Verfahren mit Koaxialerreger (vgl. 5.3.6) behält dagegen der Hauptreflektor stets die Parabolform.

Wegen der mit dem Durchmesser sehr stark ansteigenden Kosten der Großantennen sind die oben skizzierten Anstrengungen zur Optimierung von q verständlich. Aus den in 7 im Detail behandelten Gründen hat heute jedoch die Verbesserung des Nebenzipfelverhaltens noch höhere Priorität: Sie entscheidet letztlich über die

optimale Nutzung des geostationären Orbits bei möglichst kleinen Erdefunkstellenantennen.

Wir wollen anhand von Bild 5-7 die Nebenzipfelprobleme etwas genauer betrachten
[53-11]. Von den im Bild aufgeführten wesentlichen Verursachern von Nebenzipfeln
haben wir den systematischen Einfluß der Aperturbelegung schon diskutiert. Einige
Stichworte zu den übrigen Einflüssen:

— Überstrahlung des Hauptreflektors läßt sich durch (Abschirm-)Schutzkragen
am Reflektorrand bekämpfen.

— Überstrahlung Subreflektor. Bei normalen Cassegrainantennen o. ä. verursacht
der Subreflektor bekanntlich eine Abschattung, er sollte also so klein wie möglich
sein. Es hat also wenig Sinn, einen Abschirmkragen vorzusehen; dieser würde
die Abschattung unnötig vergrößern. Bei Offset-Anordnungen dagegen ist der
Abschirmkragen um den Subreflektor gut anwendbar.

— Streustrahlung durch den Subreflektor und seine Stützen. Entfällt bei Offset-
Anordnungen.

— Streustrahlung durch Konturungenauigkeiten: Vgl. untenstehende Angaben für
Großantennen.

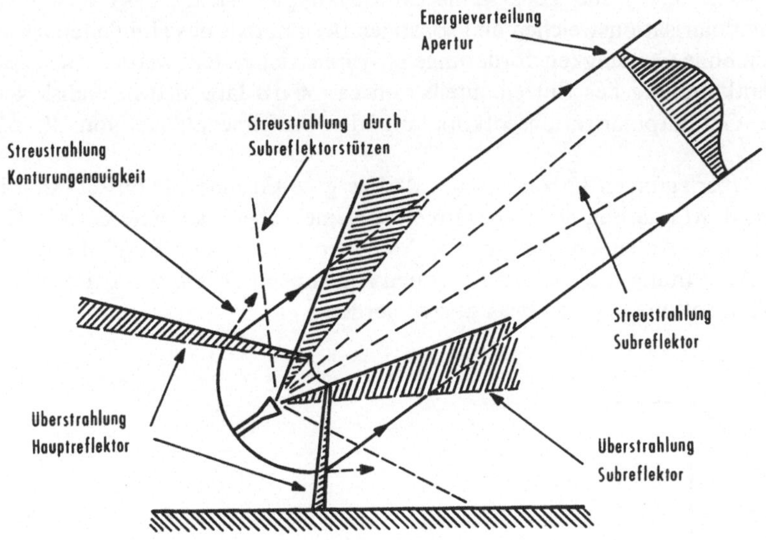

Bild 5-7. Einflüsse auf die Nebenzipfelcharakteristik

Bei Zusammenarbeit mit geostationären Satelliten ist bekannt, welche Richtungen
des Hauptstrahls in Betracht kommen. Man kann andere Richtungen dadurch ab-
schirmen, daß man die Antenne in eine natürliche Vertiefung setzt (bekanntes Beispiel „Raistinger Wanne") oder Abschirmzäune um die Antenne stellt, wie es z. B.
bei der Antenne in 5.2.2 vorgesehen ist.

Wir haben allerdings den Einfluß der Nebenzipfel auf die Rauschtemperatur der
Antenne noch nicht berücksichtigt! Die Antennenrauschtemperatur T_A ist maß-

gebend für die von der Antenne aus dem gesamten Raumwinkel 4π aufgenommene Störleistung

$$P_{\mathrm{R}} = kT_{\mathrm{A}}B \tag{5-2}$$

Die Antennenrauschtemperatur hängt von der Strahlungstemperatur der Umgebung und der Richtcharakteristik der Antenne ab. Aus der Richtung des Erdbodens (Strahlungstemperatur etwa 300 K) kommt wesentlich mehr Störstrahlung als aus der oberen Hemisphäre. (Der Einfluß einiger kosmischer Objekte auf die Rauschtemperatur wird in 7.6 erläutert.) Das bedeutet, daß die Nebenmaxima in Richtung auf den Erdboden bzw. überhaupt auf alle „warmen" Gegenstände klein gehalten werden müssen, um eine geringe Rauschtemperatur zu erhalten; d. h., die o. g. Abschirmmaßnahmen haben in dieser Beziehung Nachteile.

Ein anderer wichtiger Punkt, der beachtet werden muß, ist die zunehmend angewandte *Frequenzdoppelausnutzung* durch Verwendung zweier orthogonaler Polarisationen [53-11]. Sie stellt extrem hohe Anforderungen an die einzelnen Bestandteile der Antennen. Wesentlich für die Antenne selbst ist eine möglichst gute Symmetrie (Probleme Fertigungstoleranzen, Sonneneinstrahlung, unsymmetrischer Einfluß von Bodenreflexionen). Es müssen möglichst polarisationsreine Erregersysteme (z. B. Rillenhörner, siehe 5.3.6) und Peilsysteme (Modenkoppler, siehe 5.3.4) verwendet werden. An die Polarisationsweichen und sonstigen Bestandteile des Hohlleiterspeisesystems müssen hohe Genauigkeitsforderungen (Symmetrie) gestellt werden. Bei einer Polarisationsentkopplung des Einzelbauteils von ca. 50 dB läßt sich in realisierten Anlagen eine Gesamtpolarisationsentkopplung der Antennenanlage von 40 dB demonstrieren.

Die obigen Überlegungen haben gezeigt, daß es gute Gründe für Offset-Anordnungen gibt (z. B. Minderung der Nebenzipfelprobleme), aber auch gute Gründe für achsialsymmetrische Antennen. Bei großen Antennen wird in der Regel die axialsymmetrische Anordnung, bei kleinen Antennen zunehmend Offsetspeisung benutzt. Zu beiden Fällen soll noch kurz etwas gesagt werden.

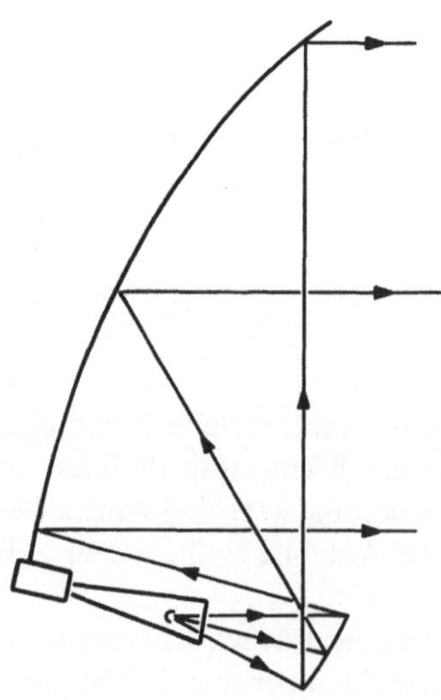

Bild 5-8. Offset-Gregoryantenne

Große axialsymmetrische Cassegrain-Antennen halten [Rec. 465] ein, falls [53-12]
— das Primärspeisehorn selbst die Forderung erfüllt (Reduktion der durch den
  Primärerreger bedingten Überstrahlung),
— die Beugungsanteile an den Subreflektorkanten dadurch kleingehalten werden,
  daß dessen Durchmesser ausreicht, um die Primärstrahlung bis zu einem Energie-
  dichteabfall von mindestens 15 dB (besser 20 dB) relativ zur Maximalenergie-
  dichte zu reflektieren,
— der quadratische Mittelwert der Profilabweichungen des Hauptreflektors vom
  theoretischen Wert über einen Korrelationsabstand von 5λ einen Wert von $0{,}01\lambda$
  nicht überschreitet. Zur Erfüllung zukünftiger Forderungen entsprechend Gl. (7-4)
  muß ein Wert $<0{,}005\lambda$ eingehalten werden.

Bild 5-8 zeigt eine offsetgespeiste Antenne, wie sie in [53-13] für die Anwendung in
kleinen Erdefunkstellen bei extremen Nebenzipfelforderungen empfohlen wird. Aus
verschiedenen Gründen wurde hier übrigens dem Gregory-System der Vorzug vor
dem Cassegrainsystem gegeben. In beiden Fällen kann der Subreflektor mit einem
Abschirmkragen ausgerüstet werden, was auch empfohlen wird.

5.3.4 Antennennachführverfahren

Bei stark bündelnden Antennen muß durch geeignete Nachführverfahren [52-...]
erreicht werden, daß die Hauptkeule stets hinreichend genau auf den Satelliten gerichtet ist. Es gibt zwei grundsätzliche Methoden zur Antennennachführung:
— Programmsteuerung, d. h. ein Prozeßrechner berechnet den Satellitenstandort
  und liefert Steuerungsdaten an die Antennen,
— Eigennachführung mit Hilfe des Bakensignals des Satelliten.
Wir besprechen kurz die wichtigsten Verfahren zur Eigennachführung. In jedem Fall
muß ein Fehlersignal abgeleitet werden, das sehr empfindlich auf eine Winkelab-
weichung zwischen der Strahlungsrichtung der Antenne und der Richtung zum Satelliten reagiert.

Beim *conical-scan-Verfahren* [52-2] führt z. B. der Primärstrahler der Antenne
eine schwach kreisende Bewegung aus, derart, daß die Achse der Hauptkeule einen
engen Trichter beschreibt, der die Richtung zum Satelliten einschließt. Der Trichter
ist so gewählt, daß der Satellit in diesem Fall stets von der Hauptkeule erfaßt wird.
Solange die Richtung zum Satelliten nicht mit der Achse des Trichters zusammenfällt,
ergibt sich durch die Bewegung eine Amplitudenschwankung des empfangenen
Signals (Fehlersignal).

Bei den *Monopulsverfahren* [52-3] wird durch ein geeignetes Speisesystem ein
Differenzantennendiagramm erzeugt, das genau in der Hauptstrahlrichtung (Maximum des Summensignals) eine Nullstelle hat. Bei den in der Regel bei Mehrhorn-
erregern (vgl. Bild 5-11) verwendeten Verfahren werden durch geeignete Kombination der von den einzelnen Hörnern empfangenen Signale die der Mißweisung pro-
portionalen Differenzsignale sowie das Summensignal gebildet. Für Antennen mit
nur einem Speisehorn (z. B. Hornparabolspeisung) ist ein Modenkoppler [52-4]
geeignet (Bild 5-9). Seine Funktion beruht darauf, daß in einem Hohlleiter entsprechend großen Querschnitts höhere Wellentypen (z. B. E_{01}, H_{01}, u. a. bei Rund-
hohlleitern) zusätzlich zum Grundwellentyp (H_{11}) angeregt werden, sobald die Ein-
fallsrichtung der elektromagnetischen Strahlung nicht mit der Achse des Hohlleiters

zusammenfällt. Bei Zirkularpolarisation (Intelsat III, IV) benötigt man zur Ableitung der Fehlersignale die Wellentypen E_{01} und H_{11}. Sie lassen sich durch geeignete Anordnung von Koppelschlitzen (vor dem Übergang des Hornes auf einen eindeutigen Querschnitt) und anschließende Resonatoren auskoppeln.

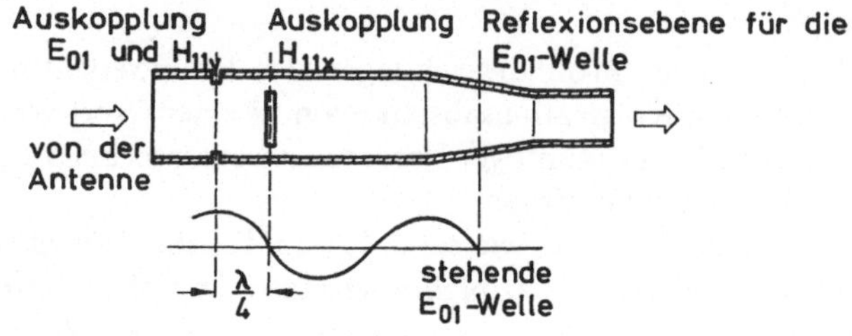

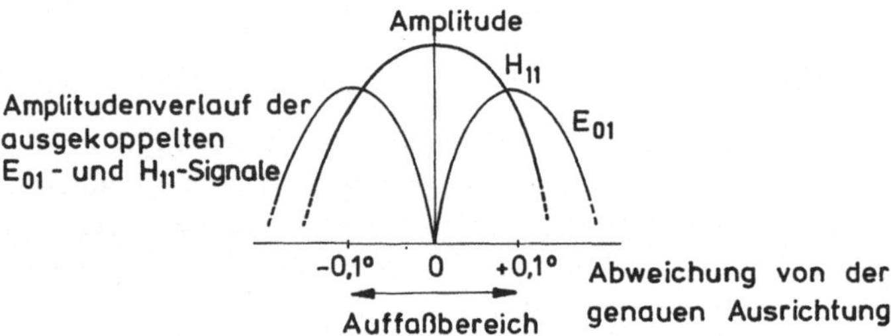

Bild 5-9. Modenkoppler (Prinzip und Peildiagramme)

Zunehmende Bedeutung, insbesondere für mittelgroße und kleinere Erdefunkstellenantennen in Regionalsystemen in Zusammenarbeit mit einem geostationären Satelliten, hat das einfache *Step-Track-Verfahren* [52-5]. Es stellt die Automatisierung einiger weniger notwendiger manueller Suchschritte bei der Suche nach der Hauptkeule dar. Nach der ersten Akquisition des Satellitensignals macht die Antenne eine erste Winkelbewegung. Durch Vergleich des Signalpegels vor und nach der Bewegung wird entschieden, in welche Richtung der nächste Schritt gehen muß. In dieser Weise wird in zwei (orthogonalen) Achsrichtungen optimiert. Dann wird der Prozeß gestoppt. Fällt der Signalpegel unter einen vorgegebenen Wert, dann wird der Prozeß wieder aufgenommen.

Literatur zu Nachführverfahren: [52-...].

5.3.5 Reflektoren

Die Auslegung von Großantennen wirft vielfältige Probleme auf, die hier nur angedeutet werden können. Zunächst sprechen wir kurz verschiedene Einflußgrößen auf das elektrische Verhalten und die mechanische Auslegung an, wobei wir zunächst die heute meist verwendeten Antennen ohne Schutzhülle (Radom) zugrundelegen.

Werden die genauen Reflektorkonturen nicht eingehalten, so ergibt sich nach [53-14] eine Gewinnminderung (in dB ausgedrückt)

$$G = -890 \left(\frac{\Delta\varepsilon}{\lambda}\right)^2, \tag{5-3}$$

wobei $\Delta\varepsilon$ der quadratische Mittelwert der Maßabweichungen von der idealen Kontur ist. Rechnet man mit 1/40 der Wellenlänge [53-15], was einer Gewinndegradation von ca. 0,5 dB entspricht, so ergibt dies bei 6 GHz (bzw. 5 cm Wellenlänge) eine zulässige Abweichung von etwa 1 mm von der idealen Kontur. (Ggf. sind allerdings die in 5.3.3 erwähnten Konturforderungen maßgebend!). Die notwendige Genauigkeit kann man durch geeignete Herstellverfahren (s. u.) erreichen.

Die eigentliche Antenne muß so gebaut sein, daß sie im wesentlichen ein in sich starres Gebilde darstellt und z. B. von Windkräften lediglich als Ganzes verdreht wird, ohne daß sich die Kontur oder die Antennengeometrie verändern. Die Windbelastung stellt harte Forderungen an die mechanische Konstruktion und die Antennensteuerung. So muß z. B. die Antenne Raisting II bei durchschnittlichen Windgeschwindigkeiten von 50 km/h und Böen bis 75 km/h noch auf 0,02° Genauigkeit gesteuert werden können! Die Standsicherheit muß bis 200 km/h gewährleistet sein.

Die folgenden Umwelteinflüsse sind besonders kritisch und müssen durch die angegebenen Gegenmaßnahmen daran gehindert werden, Einfluß auf die Übertragung zu nehmen:

— *Sonneneinstrahlung.* Diffus reflektierender heller Schutzanstrich verhindert zu große Erwärmung der Antenne (Verformungsgefahr!).
— *Regen.* Schnellen Abfluß aus Hauptreflektor sicherstellen; dann ist die verbleibende Konturveränderung (ca. 0,2 mm) durch Wasserfilm unkritisch. Wichtig: Schutz des Primärerregers, z. B. durch Luftvorhang aus entsprechenden Düsen; Abriegelung des Hohlleiterspeisesystems durch Kunststoffmembran.
— *Schnee und Eis.* Ablagerungen müssen unbedingt verhindert werden, in der Regel durch Beheizung der Reflektorflächen mit vielen Infrarotstrahlern, vgl. Bild 5-2.

Die Reflektoren großer Antennen werden aus vielen vorgeformten Plätten zusammengesetzt, die jeweils mit Hilfe einiger Schrauben gegenüber der Tragkonstruktion einzeln justiert werden können. Bei kleineren Antennen ist es eine wichtige Frage, ob der Spiegel noch als Ganzes transportiert werden kann oder ob eine Zerlegbarkeit in einige Teile vorgesehen werden muß. Für Antennen mit Durchmessern von 3 bis 5 m werden heute in nennenswertem Umfang Antennenspiegel aus glasfaserverstärktem Kunststoff mit eingelegter reflektierender Schicht verwendet.

Ein guter Schutz gegen die oben genannten Umwelteinflüsse läßt sich durch ein *Radom* erreichen. Allerdings muß die bei Ablagerung von Eis und Schnee auf dem Radom auftretende Dämpfungs- und Rauschtemperaturerhöhung [53-16] bei der Systemplanung berücksichtigt werden. Neben dem von Raisting I bekannten Kunststoffradom, das durch leicht erhöhten Luftdruck im Innern prall gehalten wird, werden als Radome auch nahezu kugelförmige Vielflächer verwendet, die aus Profilrahmen mit dazwischen gespannten HF-durchlässigen Membranen (z. B. Fiberglas) gebildet werden [53-17].

Moderne Erdefunkstellenantennen werden überwiegend ohne Radom aufgebaut.

Dagegen werden entsprechend den besonderen Umweltbedingungen bei Stationen auf Schiffen und evtl. Flugzeugen häufig Radome eingesetzt.

5.3.6 Antennenerregersysteme

Zunächst sollen einige Möglichkeiten für den Primärstrahler diskutiert werden (Bild 5-10). Bei Hornstrahlern mit rundem Querschnitt (a) und rechteckigem Querschnitt (b) bleibt bei richtiger Wahl der Trichterabmessungen die Feldverteilung des Hohlleiters im wesentlichen im Trichter erhalten, und es werden keine neuen Moden angeregt (Monomodestrahler). Wird ein Rechteckhohlleiter nur in einer Dimension aufgeweitet, so spricht man von einem Sektorhorn im Gegensatz zu dem gezeigten Pyramidenhorn (b).

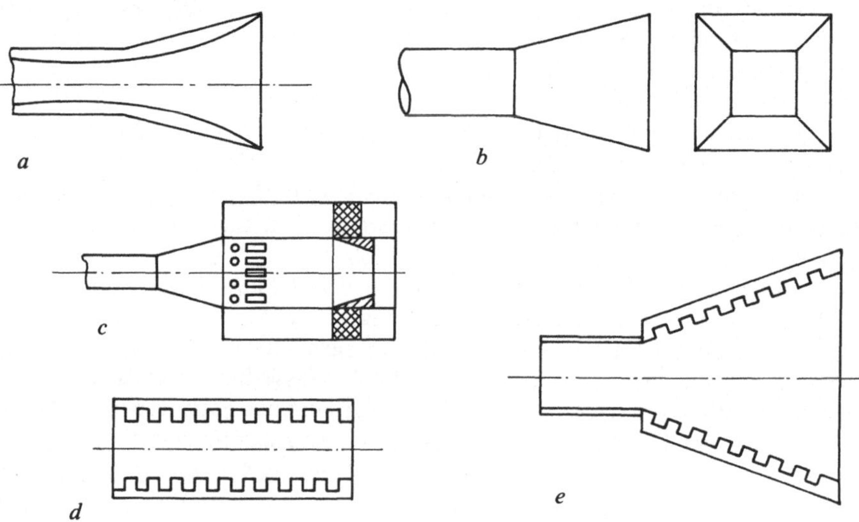

Bild 5-10. Verschiedene Strahler

Es gibt verschiedene Gründe, die zu Mehrmodenstrahlern führen. Der von G. F. Koch angegebene koaxiale Strahler (c) benutzt eine Überlagerung der Wellentypen H_{11} und E_{11} im Zentralstrahler und H_{11} und H_{12} im äußeren Ringstrahler, wodurch eine rotationssymmetrische Charakteristik erreicht wird [53-18]. Mit diesem Strahler kann ein unkorrigiertes Parabol als Hauptreflektor verwendet werden.

In einem Rillenhohlleiter (d) werden höhere Schwingungsmoden erregt. Ein Hornstrahler mit derartigen Rillen (corrugated horn, e) hat gegenüber dem normalen Hornstrahler eine bessere Unterdrückung der Nebenstrahlung und ein verbessertes, rotationssymmetrisches Strahlungsdiagramm, das vor allem bei Verwendung zweier orthogonaler Polarisationen eine gute Kreuzpolarisationsentkopplung gewährleistet [53-19]. Das Rillenhorn ist heute die wichtigste Erregerart.

Häufig werden mehrere Strahler zu einem Mehrhornerregersystem zusammengefügt. Als Nachführverfahren (vgl. 5.3.4) kommt hier in der Regel das Monopulsverfahren [52-3] zur Anwendung, bei dem die Ausgangssignale der verschiedenen Hörner in geeigneter Weise zu Nachführsignalen kombiniert werden, wie in Bild 5-11 für den 4-Horn-Monopulserreger angedeutet. In [53-20] wird der oben skizzierte 5-Horn-Erreger eingesetzt, bei dem Monopulsverfahren und eigentliche Nachrichtenübertragung (über das mittlere Horn) voneinander unabhängig sind.

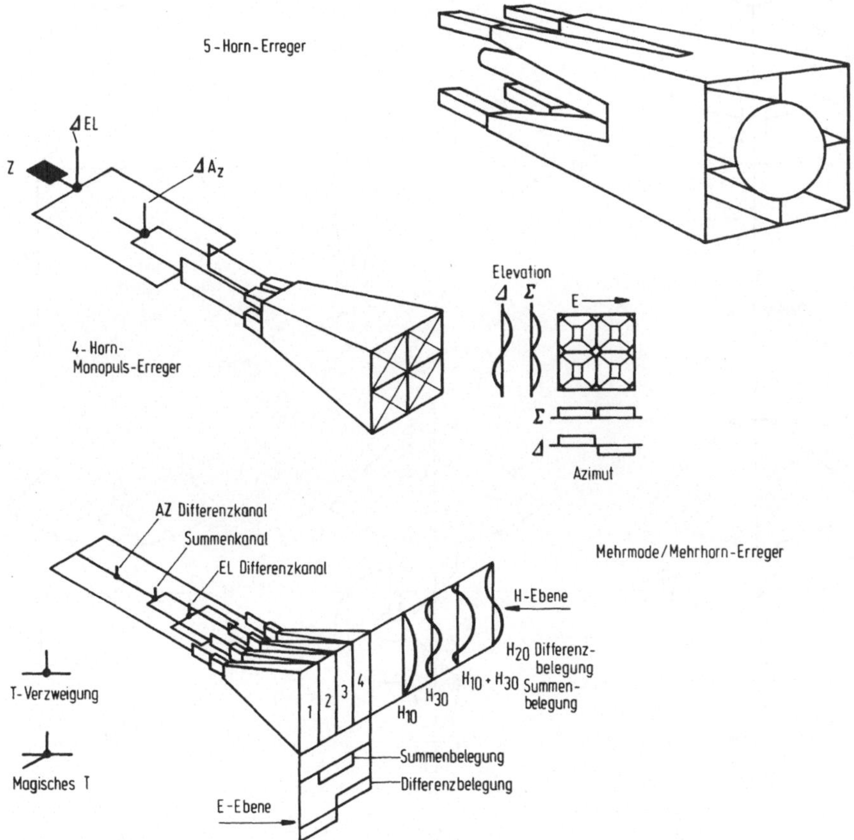

Bild 5-11. Verschiedene Erregeranordnungen

Als Mehrmodenstrahler kommen neben dem schon erwähnten Rillenhornstrahler und anderen speziellen Strahlern (z. B. das mit Stufen versehene dual mode horn [53-21]) auch Mehrhornanordnungen in Betracht. In Bild 5-11 ist unten ein Beispiel mit 4 Sektorstrahlern angedeutet.

Zum Schluß wollen wir anhand von Bild 5-12 Speisesystem und Gesamtanordnung der Antenne im Zusammenhang sehen. Dabei geht es vor allem um die Frage der Verbindung zwischen der Antenne und den Geräten des Empfangs- bzw. Sendezugs. Bei der direkten Speisung müssen sich die Geräte mit der Antenne mitbewegen, wenn man nicht Verbindungen mit flexiblen Hohlleitern in Betracht zieht. Wegen des Dämpfungs- und Rauschbeitrags solcher Zuleitungen findet man bei kleinen direkt gespeisten Antennen meist, daß der rauscharme Vorverstärker direkt an die Antenne angebaut ist, z. B. als Gegengewicht. Bei größeren Erdefunkstellen wird man versuchen, die entsprechend größeren Geräte von der Bewegung der Antenne, wie sie in Bild 5-12 als Beispiel in Azimut und Elevation angedeutet ist, zu entkoppeln.

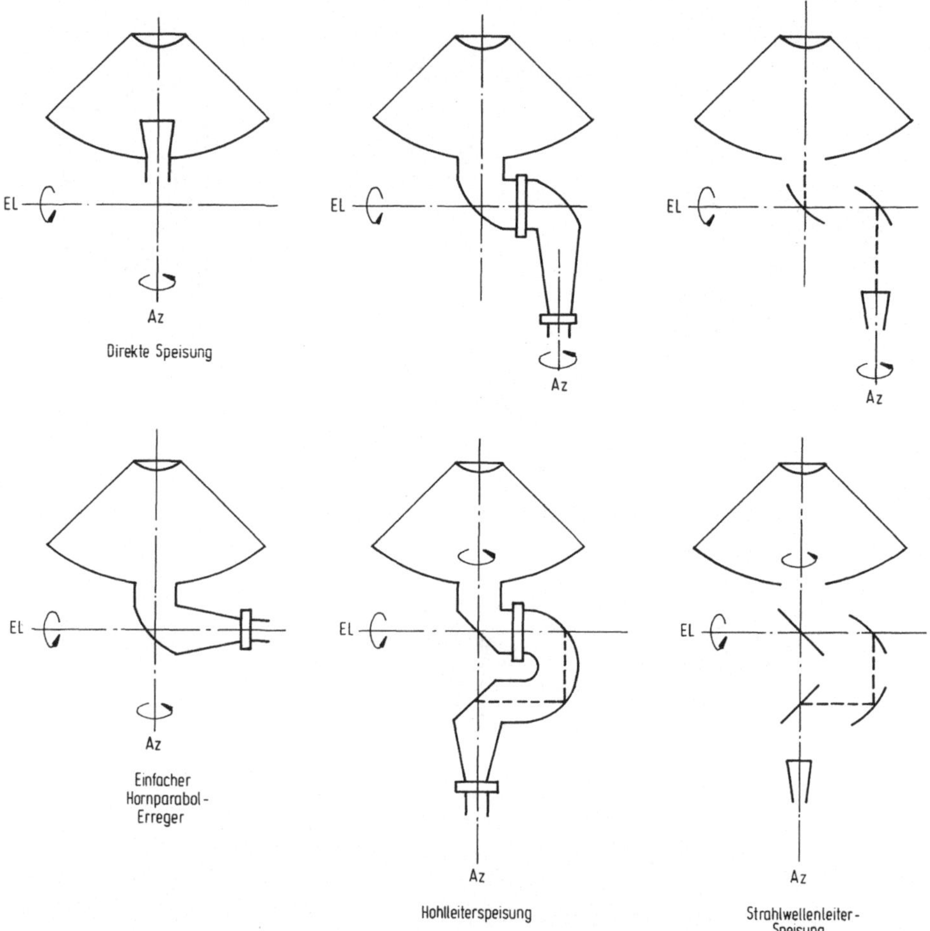

Bild 5-12. Speisesysteme von Cassegrainantennen

Häufig verwendet wird ein Hornparabol als Speisesystem; man erreicht damit eine breitbandige und praktisch verlust- und störungsfreie Strahlumlenkung [53-22]. Die Hornparabolachse kann in die Elevationsachse gelegt werden, so daß durch eine Drehkupplung die Geräte von der Elevationsbewegung unabhängig werden. Dagegen wird die Azimutbewegung nach wie vor mitgemacht. Ein Beispiel ist die Antenne Raisting I, vgl. Bild 5-6. Auch Raisting III ist so gebaut [53-40c].

Aus Bild 5-12 ist zu erkennen, wie man durch zweifache Strahlumlenkung zu einer ortsfesten Anordnung von Empfänger und Sender kommen kann. Allerdings fällt die Azimutdrehachse nicht mit der Strahlachse der Antenne zusammen. Durch vierfache Umlenkung kann man die beiden Achsen zur Deckung bringen. Im Gegensatz zur Hohlleiterspeisung benötigt die *Strahlwellenspeisung* (rechts) [53-23] keine Drehkupplungen. Bei entsprechender Auslegung ergibt die Strahlwellenspeisung eine gute Polarisationsentkopplung. Zu Bild 5-12 sei noch angemerkt, daß es sich um eine Prinzipdarstellung handelt, aus der Feinheiten verschiedener Verfahren der Strahlführung (z. B. wann welcher Reflektor eben, parabolisch, usw. gewählt wird) nicht entnommen werden können und sollen.

Natürlich ist die Vielfalt der Speisesysteme damit nicht erschöpft. Bei Raisting II wird z. B. bei nur zweifacher Strahlumlenkung durch einen im unteren Teil leicht gekrümmten Hohlleiter erreicht, daß Azimut- und Strahlachse konzentrisch werden. In diesem Fall muß allerdings der Modenkoppler vor dem gekrümmten Teil angeordnet sein und damit die Azimutbewegung mitmachen (Bild 5-6).

5.3.7 Hohlleitermultiplexeinrichtungen

Die wichtigsten Bestandteile des Hohlleitermultiplex sollen hier im wesentlichen nur bezüglich ihrer Funktion angesprochen werden. Zur technischen Realisierung muß auf die Literatur verwiesen werden.

Schon mehrfach erwähnt wurden die Einrichtungen zur Ableitung der Nachführsignale. Bei Monopulssystemen wird das Magische T als Komparator benutzt, vgl. Bild 5-11. Bei den Modenkopplern (Wellentypweichen, vgl. 5.3.4) gibt es verschiedene Ausführungsformen. Im Zusammenhang mit Dualpolarisation seien der corrugated-tracking-mode-Koppler [53-24] und der doppelt symmetrische $H_{20}H_{02}$-Nachführkoppler [53-25] erwähnt.

Sender und Empfänger sind im Regelfall über eine Frequenzweiche [53-26] zusammengeschaltet und mit der Antenne verbunden. Die Zusammenschaltung kann über Zirkulatoren oder über Diplexer (Multiplexer) erfolgen. Filter im Sendezug müssen unerwünschte Energieabstrahlung außerhalb des Nutzbandes unterdrücken und wegen der im Regelfall hohen Sendeleistung geringe Durchgangsdämpfung haben. Die Unterdrückung unerwünschter Frequenzen [53-27] (Sendefrequenz, Spiegelfrequenz) muß aus Gründen kleiner Rauschtemperatur ebenfalls mit möglichst geringen Verlusten erfolgen. Das Sendefrequenzband wird meist günstiger mit Bandsperren unterdrückt (an Stelle von Bandpässen für das Empfangsband).

Die Geräte zur Polarisationswandlung und Trennung verschiedener Polarisationen haben wegen der heute vielfach vorgesehenen Frequenzdoppelausnutzung zunehmende Bedeutung und schärfere Anforderungen. Polarisationswandler wandeln die in der Erdefunkstelle benutzte lineare Polarisation in die meist auf der Strecke benutzte zirkulare Polarisation um. Man kann z. B. den elektrischen Feldvektor in zwei aufeinander senkrecht stehende Komponenten gleicher Amplitude zerlegen und die Laufzeit der einen durch eine in den Hohlleiter eingefügte dielektrische Platte verlängern, so daß sich eine Phasendifferenz zwischen den Komponenten von 90° ergibt. Zur Trennung orthogonaler Polarisationen dienen *Polarisationsweichen* (Orthomodenkoppler, orthomode transducer, OMT).

Bild 5-13 zeigt drei Schaltungen des Hohlleitermultiplex bei Dualpolarisationsbetrieb [53-28]. Ganz oben die übliche Schaltung, mit der die vier über die Antenne laufenden Signale — zwei Polarisationen und zwei Frequenzen — getrennt werden.

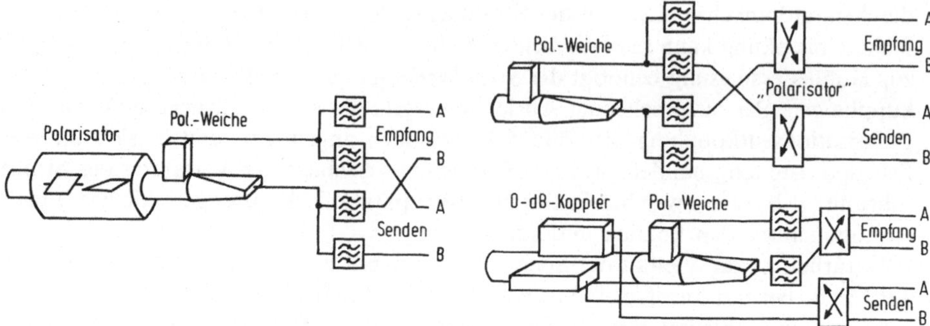

Bild 5-13. Schaltungen des Hohlleitermultiplex bei Dualpolarisationsbetrieb

Problematisch ist hier der breitbandige Polarisator für zwei getrennte Frequenzbänder. Außerdem können Sende- und Empfangspolarisation nur gemeinsam beeinflußt werden, was für adaptive Systeme ein Nachteil ist. Bei der Lösung rechts oben
sind daher an Stelle von Polarisatoren äquivalente Koppelnetzwerke vorgesehen.
Allerdings sind gebräuchliche Polarisationsweichen i. a. nicht für Frequenz-Doppelausnutzung geeignet. Rechts unten wird deshalb mit selektiven Mitteln, z. B. 0-dB-
Kopplern mit Hochpaßcharakter, ein Frequenzband aus dem Speisehohlleiter ausge-
koppelt, und zwar gleich für beide Polarisationen getrennt. Danach folgt für das im
Speisehohlleiter verbliebene Band eine konventionelle Weiche.

5.3.8 Antennenkonstruktion und Nachführbarkeit

Zunächst betrachten wir voll nachführbare Antennen. Wichtige Grundprinzipien der
Antennendrehstände sind in Bild 5-14 dargestellt. Bei den bisherigen Beispielen haben
wir stillschweigend die Nachführung in Azimut und Elevation angenommen, und
zwar die Ausführungsart yoke and tower (Joch und Turm), die z. B. bei Antennen
in Bild 5-6 verwendet wird. Neben dieser Ausführungsart, die auch in Bild 5-14

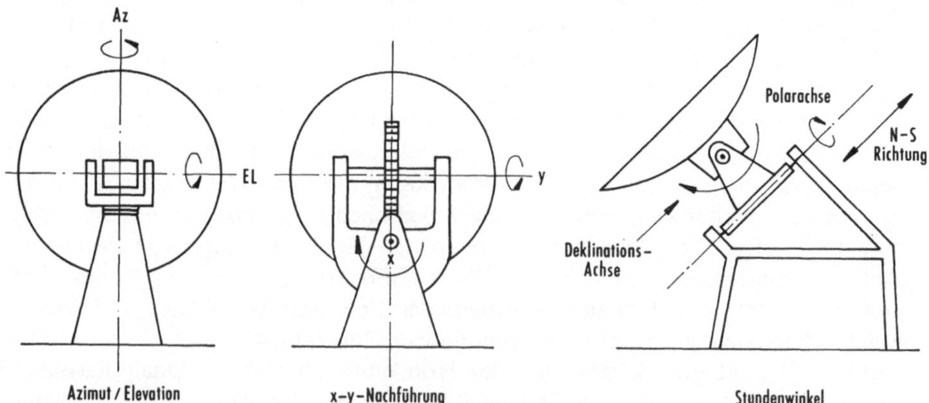

Bild 5-14. Nachführungsarten von Antennen

zugrundegelegt wurde, gibt es u. a. die Version wheel and track, bei der das ganze Antennensystem mit Rädern auf einer kreisförmigen Schiene steht, und die Königszapfenlagerung (king's post mount) [53-29]. Die Az/El-Nachführung hat sich für voll nachführbare Antennen weitgehend durchgesetzt.

Jedes zweiachsige Nachführsystem hat eine Zone, in der die Nachführung schlecht funktioniert; bei Az/El ist dies die Zenitrichtung. Die x-y-Nachführung bringt diese Zone bei waagerecht gewählter x-Achse in den horizontalen Bereich [53-30]. Die parallaktische Nachführung (Stundenwinkel- und Deklinationsachse [53-31] ist für beschränkt nachführbare Antennen (s. u.) von Interesse.

Die präzise Nachführung einer Großantenne (Peilgenauigkeit z. B. 0,02°) setzt voraus, daß die mechanische Genauigkeit der Antenne einschließlich ihres Fundaments ausreichend hoch, der Antrieb zur Drehung der Antenne spielfrei und die Messung der tatsächlichen Stellwinkel der Antenne mit großer Genauigkeit möglich ist. Das ganze Antennensystem stellt ein schwingungsfähiges Gebilde dar, das durch ein dynamisches Modell beschrieben werden kann [53-32]. Die gesamte Antennensteuerung ist ein kleines Wunder der Regelungstechnik, das in [20-7] anschaulich beschrieben wird, während in [53-33] eine Übersicht über die Verfahren des exakten rechnerischen Entwurfs gegeben wird.

Bei Zusammenarbeit mit geostationären Satelliten ist nur eine Nachführung in einem sehr kleinen Raumwinkelbereich notwendig. Insbesondere im Regionalsystem findet man zunehmend Antennenspiegel, die an drei Punkten unterstützt sind: *tripod mount.* Eine Stütze hat eine feste Länge; die Länge der beiden anderen Stützen kann durch geeignete Verfahren (z. B. pneumatisch, hydraulisch, durch Spindelmotore, usw.) in gewissen Grenzen so geändert werden, daß die gewünschte Nachführung in Azimut und Elevation erreicht wird [53-34].

Man kann sich Antennen mit feststehendem Reflektor vorstellen, welche die Nachführung durch Manipulationen am Speisesystem erreichen. Soll bei Cassegrainantennen der Antennenstrahl nur um (1 ... 2)° geschwenkt werden, so läßt sich dies durch Kippen des Subreflektors realisieren, wie in [53-35] gezeigt wird. Bei 2° ergibt sich 1 dB weniger Gewinn, außerdem erhöhen sich die Nebenzipfel.

Für den gleichzeitigen Betrieb mit mehreren geostationären Satelliten wurde eine Antenne mit feststehendem sphärischen Reflektor entwickelt [53-36]. Über offset-Erregungen lassen sich die benötigten unabhängigen Keulen erzeugen. Auch bei derartigen Systemen ist eine begrenzte Nachführung durch Bewegen der Erreger möglich.

Bei Regionalsystemen mit vielen Erdefunkstellen versucht man, eventuell auf jede Art von Nachführung ganz zu verzichten und die Antenne damit billiger zu machen. Die Spezifikationen für die Satelliten solcher Systeme sehen relativ kleine erlaubte Standortabweichungen vor, so daß der Satellit trotz relativ schmaler EFuSt-Antennenkeule (d. h. nennenswerter Gewinn) hinreichend gut innerhalb der Keule bleibt. So können z. B. in [53-37] im Bereich 12/14 GHz feste EFuSt-Antennen von bis zu ca. 3,5 m Durchmesser verwendet werden.

Auf die besonderen Probleme bei *Schiffsstationen* [53-38] können wir in diesem Rahmen nicht näher eingehen. Für einen nennenswerten Antennengewinn ist ein geeigneter Ausgleich der dauernden Schiffsbewegungen notwendig. Man setzt die Antenne mit den direkt angeschlossenen Geräten auf eine stabilisierte Plattform. Die Stabilisierung kann rein passiv (z. B. kardanische Aufhängung und Stabilisierungskreisel) oder besser aktiv sein. Im letzteren Fall wird eine geeignete Referenz benötigt, z. B. mit Kreiseln und Beschleunigungsmessern oder mit einem nordsuchenden Kreiselkompaß und einem Lotkreisel.

5.4 Der Empfangszug

5.4.1 Rauscharme Vorverstärker

Der rauscharme Empfänger der Erdefunkstelle ist neben der Antenne in erster Linie für die Systemrauschtemperatur verantwortlich. Wegen des schon früher diskutierten Zusammenhangs zwischen Dämpfung und Rauschtemperatur — Gl. (2-40) — muß der rauscharme Vorverstärker so nahe wie möglich an der Antennenspeisung sitzen.

Bekanntlich bestimmt in erster Linie die erste Stufe einer Verstärkerkette die Rauschzahl F der Gesamtanordnung. Sind F_1, F_2, F_3, ... die Rauschzahlen der Einzelvierpole und g_1, g_2, g_3, ... deren Leistungsverstärkungen, so gilt [10-1]

$$F = F_1 + \frac{F_2 - 1}{g_1} + \frac{F_3 - 1}{g_1 g_2} + \frac{F_4 - 1}{g_1 g_2 g_3} + \dots \tag{5-4}$$

Bekanntlich hängen Rauschzahl F und Rauschtemperatur T allgemein durch die Beziehung

$$F = 1 + \frac{T}{T_0} \tag{5-5}$$

zusammen [12-4]. Es ist üblich, $T_0 = 290$ K (Raumtemperatur) zu setzen; damit kann man einen Empfänger auch durch seine Rauschzahl F oder durch sein Rauschmaß $F_{dB} = 10 \lg F$ dB kennzeichnen.

Bild 5-15 gibt eine Übersicht über die Rauschtemperatur verschiedener Empfänger; durch neuere Entwicklungen verlagert sich insbesondere die Kurve für GaAs-Feldeffekttransistoren weiter nach unten [54-3]. Einige Beispiele für rauscharme Verstärker werden nachstehend angesprochen. In allen Fällen lassen sich relative Bandbreiten von 5 bis 15 % problemlos erreichen.

Die moderne Halbleitertechnologie ermöglicht heute für kleinere Erdefunkstellen kostengünstige Eingangsstufen mit erstaunlich geringem Rauschmaß. Es ist sogar bereits diskutabel, als erste Stufe direkt den Abwärtsmischer einzusetzen (zur Theorie der Empfangsmischer vgl. [54-5]). So lassen sich heute mit Mischern, die mit Spiegelreflexion arbeiten und mit Schottky-Barrier-Dioden bestückt sind, bei einem Rauschmaß des nachfolgenden ZF-Verstärkers von 1,5 dB im Frequenzbereich zwischen 4 und 10 GHz Rauschtemperaturen zwischen 690 K und 700 K erreichen, was einem Rauschmaß von 5 bis 5,5 dB entspricht. Der Begriff der *Spiegelreflexion* (Spiegelfrequenzrückmischung) soll kurz erläutert werden [54-6].

Werden zwei verschiedene Frequenzen f_{LO} und f_S an der nichtlinearen Kennlinie einer Diode „gemischt", so entsteht gemäß einer Reihenentwicklung um den Arbeitspunkt auf der Diodenkennlinie ein Spektrum nach dem Bildungsgesetz

$$f_{mn} = n f_{LO} \pm m f_S; \qquad m, n = 1, 2, 3, \dots \tag{5-6}$$

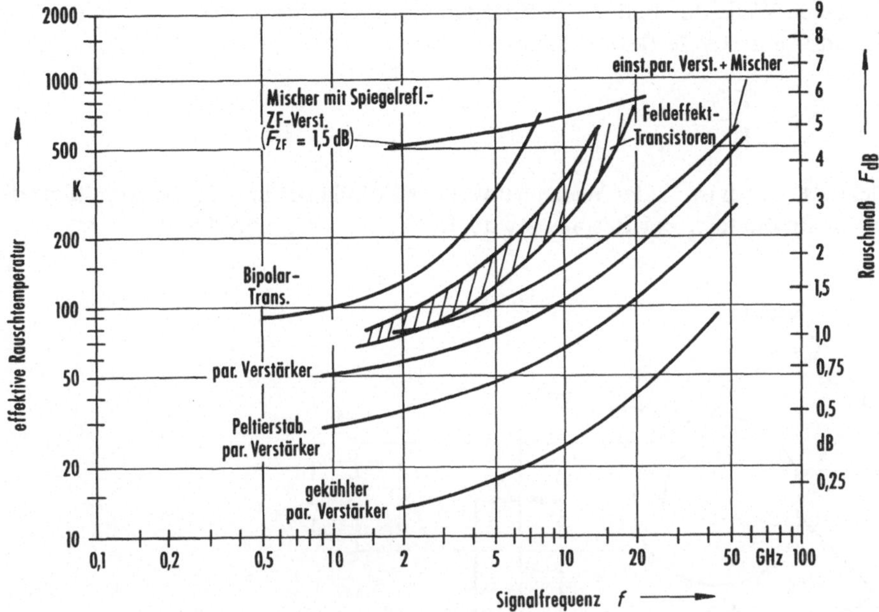

Bild 5-15. Rauschtemperaturen verschiedener Empfänger

Ist nun, wie im Fall eines Mischers, die Leistung P_{LO} bei der lokalen Oszillatorfrequenz sehr groß gegenüber der Signalfrequenzleistung P_S, dann reduziert sich obige Beziehung auf $f_n = nf_{LO} \pm f_S$. Für den Betrieb als Abwärtsumsetzer sind dabei folgende Mischprodukte von Interesse:

— Zwischenfrequenz $\quad f_{ZF} = f_{LO} - f_S$,
— Summenfrequenz $\quad f_{Sum} = f_{LO} + f_S$,
— Spiegelfrequenz $\quad f_{Sp} = 2f_{LO} - f_S$.

Durch geeignete Maßnahmen (z. B. Filter oder geeignete Ansteuerung von Doppelgegentaktmodulatoren [54-7]) kann man die bei der Spiegelfrequenz entstehende Leistung erneut der Diode zuführen. Durch erneute Umsetzung mit f_{LO} entsteht dann ein zusätzlicher Beitrag zum Zwischenfrequenzpegel, d. h. der Mischverlust verringert sich. Ein anderes Beispiel für rauscharme Mischer ist der product-return-Mischer [54-8].

Mit FET-Verstärkern [54-9] sind heute im Frequenzbereich zwischen 2 und 10 GHz entsprechend Bild 5-15 Rauschtemperaturen von 150 bis 500 Kelvin erreichbar. Diese Verstärker haben daher die früher in größerem Umfang verwendeten Tunneldiodenverstärker [54-10] praktisch völlig verdrängt.

Für rauscharme Vorverstärker mit höheren Anforderungen betr. Rauschtemperatur werden in den Eingangsstufen parametrische Verstärker benutzt. Die grundlegenden Zusammenhänge werden nachstehend kurz angesprochen; für die exakte Theorie muß auf die Literatur verwiesen werden [54-11].

Bei Reflexionsverstärkern wie dem parametrischen Verstärker wird die Signalenergie an einem negativen Widerstand reflektiert (Bild 5-16). Die vom Generator

kommende Welle durchläuft den Zirkulator in Pfeilrichtung und wird vom aktiven
Resonator mit dem Reflexionsfaktor

$$r = \frac{Y_0 - Y_N}{Y_0 + Y_N} \qquad (5\text{-}7)$$

reflektiert. Dabei ist Y_0 der Wellenleitwert des Zirkulators und Y_N die Admittanz des
aktiven Resonators. Bei Resonanz wird $\mathrm{Re}(Y_N) = -G_N$ und damit $r > 1$.

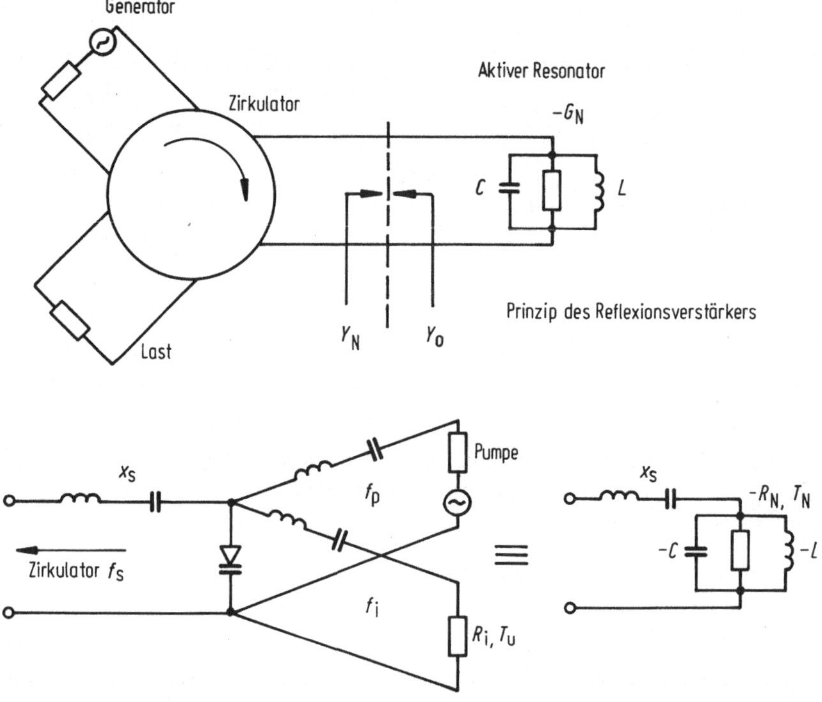

Bild 5-16. Reflexionsverstärker

Die Verstärkungsbrandbreite B ist etwa gleich der Bandbreite des aktiven Resonators. Das Produkt aus Resonanzverstärkung und Bandbreite ist näherungsweise
konstant. Zur Vergrößerung der Bandbreite kann man den aktiven Resonator mit
Hilfe zusätzlicher Resonatoren breitbandig auf den Wellenwiderstand Z_0 des Zirkulators anpassen (Potenzfilter- oder Tschebyscheff-Charakteristik).

Als negativer Widerstand wird eine gesteuerte Reaktanz, d. h. die spannungs-
abhängige Sperrschichtkapazität von Si- oder GaAs-Halbleiterdioden verwendet.
Die Sperrschichtkapazität wird mit einer Pumpspannung gesteuert, die sowohl in
ihrer Amplitude als auch in ihrer Frequenz (f_p) groß gegenüber dem Signal (f_s) ist. An
der Diode entstehen so Spannungen mit der Summenfrequenz $f_p + f_s$ und der Diffe-

renzfrequenz $f_p - f_s = f_i$ („Idlerfrequenz"). Führt man die bei der Idlerfrequenz umgesetzte Leistung der Diode wieder zu, und schließt man die Summenfrequenz kurz, so ergibt sich eine Energiezufuhr für den Signalkreis, die der Pumpquelle entnommen wird: negativer Widerstand R_N. Die Leistungsverstärkung bei Resonanz ist gleich dem Quadrat des Reflexionsfaktors:

$$g = \left(\frac{R_0 + R_N}{R_0 - R_N}\right)^2. \tag{5-8}$$

Für den negativen Widerstand R_N gilt näherungsweise [54-12]:

$$R_N = R_V\left(1 - \frac{\tilde{Q}^2}{x}\right). \tag{5-9}$$

Dabei ist $x = f_i/f_s$ und R_V der Diodenbahnwiderstand einschließlich zusätzlicher Verluste. Als „dynamische Güte" der Diode bezeichnet man:

$$\tilde{Q} = \frac{\Delta C}{2C_0} \cdot \frac{1}{2\pi f_s r_B C_0}. \tag{5-10}$$

Hier ist r_B der Diodenbahnwiderstand, C_0 die mittlere Kapazität der Diode und ΔC der Kapazitätshub derselben.

In [54-13] wurde gezeigt, daß bei einer absoluten Temperatur T_D der Diode für die Rauschtemperatur T_R des negativen Widerstandes gilt

$$T_R = T_D \frac{1 + \dfrac{\tilde{Q}^2}{x^2}}{\dfrac{\tilde{Q}^2}{x} - 1}\left(1 - \frac{1}{g}\right). \tag{5-11}$$

Für die Gesamtrauschtemperatur des Verstärkers müssen entsprechend Gl. (5-4) noch die Rauschtemperaturanteile des Zirkulators und des nachgeschalteten Verstärkers berücksichtigt werden.

Anhand von Gl. (5-11) können wir einige Beispiele für die Rauschtemperatur betrachten. Die dynamische Güte sei $\tilde{Q} = 8$. Wird mit zehnfacher Signalfrequenz gepumpt, so ergibt sich für eine Diode mit $T_D = 300$ K ein Wert T_R von ca. 90 K. Bei Kühlung mit Peltierelementen wird z. B. $T_D = 250$ K und $T_R = 75$ K. Tiefgekühlte (z. B. Temperaturen des flüssigen Heliums) mehrstufige parametrische Verstärker haben im Frequenzbereich 2 bis 12 GHz Rauschtemperaturen von 15 bis 25 K.

Als Pumpquellen verwenden heute alle parametrischen Verstärker Gunn- oder Impattdioden anstelle der früher verwendeten Klystrons. Die Pumpfrequenzen liegen vorwiegend im Frequenzbereich 50 bis 100 GHz [54-14]. Von besonderer Wichtigkeit ist eine gute Stabilität der Pumpquelle, da bereits kleine Pumpleistungsänderungen nennenswerte Verstärkungsänderungen zur Folge haben [54-15].

Mit Rücksicht auf die geforderte Stabilität und Bandbreite begnügt man sich mit 10 bis 15 dB Verstärkung je Stufe. Der Einfluß der 2. und der folgenden Stufen auf die Gesamtrauschtemperatur nimmt entsprechend Gl. (5-4) ab; soll er vernachlässigbar sein, so müssen die Rauschtemperaturen der einzelnen Stufen geeignet gewählt werden.

5.4.2 Empfangsfrequenzumsetzung und ZF-Verstärkung

Das vom rauscharmen Vorverstärker abgegebene Signal wird beim Empfang mehrerer Träger über den RF-Verteiler (Bild 5-1) und geeignete RF-Filter den einzelnen Empfängern zugeführt und dort durch Empfangsumsetzer in die ZF-Lage umgesetzt, wie wir für den Fall des direkten Mischereingangs diskutiert haben, und anschließend verstärkt und entzerrt.

Die Umsetzung von der Radiofrequenz in die in Erdefunkstellen übliche Zwischenfrequenz, meist 70 MHz, kann direkt oder in zwei Stufen über eine weitere Zwischenfrequenz (z. B. 750 MHz) erfolgen (Bild 5-17). Beim klassischen FDM-FM-FDMA-System ändern sich gelegentlich die im 500 MHz breiten Band zu empfangenden RF-Träger und deren Bandbreite; damit muß sich der Durchlaßbereich des Eingangsfilters bei der einstufigen Umsetzung ändern. Bei der zweistufigen Umsetzung

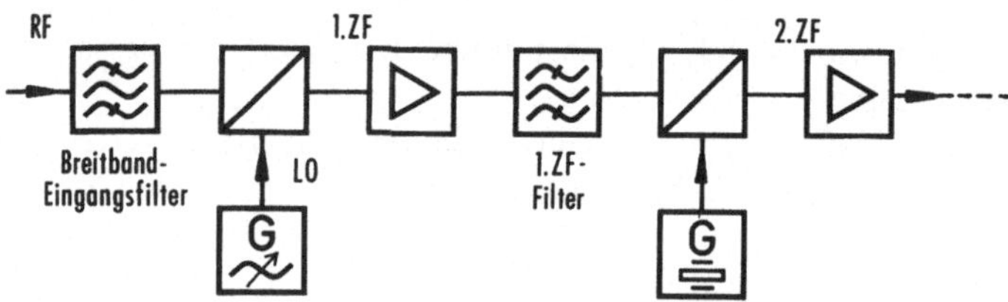

Bild 5-17. Zweifache Empfangsfrequenzumsetzung

muß dagegen nur die Frequenz des ersten Umsetzoszillators (Synthesizer!) gewechselt werden. Die bei diesem Verfahren in der RF und 1. ZF relativ breitbandigen Filter lassen sich in Microstriptechnik ausführen [54-16]. Die Vor- und Nachteile der Umsetzverfahren werden in [54-17] diskutiert und ein optimales Gerätekonzept erarbeitet. Anforderungen an den Dämpfungs- und Gruppenlaufzeitverlauf (entsprechend INTELSAT-Spezifikationen) sind in [54-18] zusammengestellt. Es muß vermieden werden, daß unerwünschte Modulationsprodukte der Umsetzungen ins Nutzband fallen; dadurch ergeben sich Bereiche, in denen die zweite Zwischenfrequenz nicht liegen darf, wie in [20-3] im Detail erläutert wird. Da man die gleiche ZF auch für den Sendezug benutzen will, kommen von dort weitere Einschränkungen.

Für schmalbandige Empfangssignale, wie sie bei SCPC-Systemen auftreten (vgl. 4.1.2) werden Umsetzungen mit automatischer Mittenfrequenznachregelung benutzt [54-19].

5.4.3 Demodulatoren

Nach der ZF-Verstärkung werden die Empfangssignale über den ZF-Verteiler dem jeweiligen Demodulator zugeführt.

Die Prinzipien der FM-Demodulation werden als bekannt vorausgesetzt [11-2]. Die verwendeten Normaldemodulatoren (ND) entsprechen denen der Richtfunktechnik [12-3]. Wie in 2.5.2 erwähnt, läßt sich die Demodulatorschwelle durch geeignete Verfahren herabsetzen. Wegen der zunehmenden Leistungsfähigkeit der Satelliten nimmt die Bedeutung schwellwertverbessernder Demodulatoren (SD) ab. Bild 5-18 zeigt das Prinzip des meist verwendeten Frequenzgegenkopplungsempfängers [26-6]. Durch die Nachregelung der Mittenfrequenz im Takt des modulierenden Signals erreicht man, daß die wirksame Bandbreite und damit das aufgenommene Rauschen verringert wird. Im Demodulator wird auch das Verwischungssignal (vgl. 5.5.1) eliminiert.

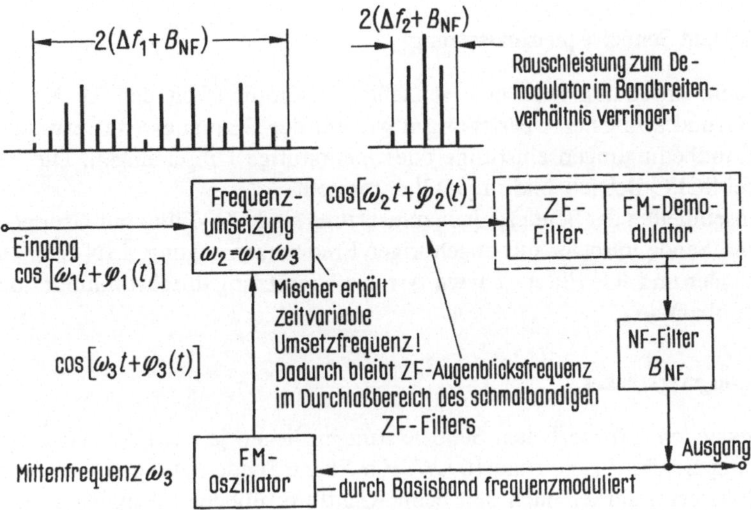

Bild 5-18. Frequenzgegenkopplungsempfänger

Die bei modernen Systemen zunehmend verwendete Modulationsart PSK wurde in 2.5.4 beschrieben. Wichtige Gesichtspunkte für die Auslegung und Realisierung von PSK-Modems werden in [20-4] angesprochen. Bei Bitraten von 120 Mbit/s und mehr kann es zweckmäßig sein, in der Frequenzlage der 1. ZF (750 MHz) zu demodulieren.

5.4.4 Nachführ- und Datenempfänger

Der Nachführempfänger hat die Aufgabe, die Fehlersignale der Antennenanlage zu verarbeiten und Steuergrößen für die Antennenantriebe abzuleiten. Die Nachführung durch automatisches Suchen in Raum und Frequenz benutzt entweder die Funkbake des Satelliten oder das Nachrichtensignal selbst [52-1].

Eine ausführliche Beschreibung eines Nachführempfängers gibt [52-6].

Die *Telemetriesignale* sind meist auf Unterträgern der Funkbake aufmoduliert. Zur Ableitung dieser Signale wird der Nachführempfänger um entsprechende Baugruppen ergänzt [52-7].

5.5 Der Sendezug

5.5.1 Modulatoren

Wie beim Demodulator kann man bei FM auf die Schaltungen der Richtfunktechnik zurückgreifen [12-3]. Wir haben in 2.5.3 bereits berechnet, wie groß der lineare Aussteuerbereich des Modulators sein muß. Die zulässige Leistungsflußdichte (vgl. 7.3) darf auch bei Ausbleiben des modulierenden Signals nicht überschritten werden. Man variiert deshalb die Trägerfrequenz durch ein sog. Verwischungssignal [99-1]. Bei PCM-PSK-Übertragung wird die Verwischung mit Hilfe von Scramblern realisiert [99-2].

5.5.2 Sender-ZF und Sendefrequenzumsetzung

Die Sendefrequenzumsetzung muß eine schnelle Umstimmbarkeit der RF-Kanäle erlauben. Auf Grund ähnlicher Überlegungen wie auf der Empfangsseite verwendet man je nach Randbedingungen einstufige oder mehrstufige Umsetzungen. Die Besonderheiten bei SCPC-Betrieb sind in [55-2] dargestellt.

Die Funktionseinheiten der Sendefrequenzumsetzung sind: ZF-Filter mit Gruppenlaufzeitausgleich, Sendeumsetzer mit zugehöriger Frequenzerzeugung, PIN-Dioden-Sendeleistungsregler und RF-Filter (je nach Art der Umsetzung durchstimmbar oder nicht durchstimmbar).

5.5.3 Sendeleistungsverstärker

Die in Erdefunkstellen erforderlichen Sendeleistungen liegen je nach Anwendungsfall zwischen einigen Watt bis zu rund 10 kW. Für kleine Sendeleistungen sind heute bereits Vollhalbleiterverstärker nach den beim Richtfunk üblichen Prinzipien möglich [55-3].

Bei höheren Sendeleistungen beherrschen die Mikrowellenröhren auch in Zukunft das Feld [55-4]. Bis ca. 500 Watt werden fast ausschließlich Wanderfeldröhren verwendet, diese zeichnen sich durch eine relativ große Bandbreite von ein bis zwei Oktaven aus. Innerhalb dieses Bereiches ist bei Frequenzwechsel im Regelfall kein Eingriff in den Wanderfeldröhrenverstärker erforderlich. Für noch höhere Sendeleistungen kommen Wanderfeldröhren oder Klystrons in Frage. Für die Wanderfeldröhre spricht die Breitbandigkeit, demgegenüber hat das Klystron typisch eine Bandbreite von 40 bis 50 MHz. Moderne Klystrons sind jedoch innerhalb weniger Sekunden sogar fernbedient umstimmbar. Klystronendstufen mit hoher Sendeleistung benötigen für die Fokussierung nur Permanentmagnete und erfordern im Vergleich zu Wanderfeldröhren eine einfachere Stromversorgung. Schließlich ergeben sich hinsichtlich des Wirkungsgrades gegenüber Wanderfeldröhren noch geringfügige Vorteile.

Das *Klystron* ist ein Vertreter der sog. *Triftröhren* [18-1]. Bei diesen wird das zu verstärkende Signal einem Hohlraumresonator zugeführt. Ein durchlaufender Elektronenstrahl wird durch das elektrische Feld beeinflußt. Die Elektronen erhalten dadurch unterschiedliche Geschwindigkeit, so daß nach Durchlaufen eines feldfreien Laufraums der Elektronenstrahl teils Anhäufungen von Elektronen und teils ver-

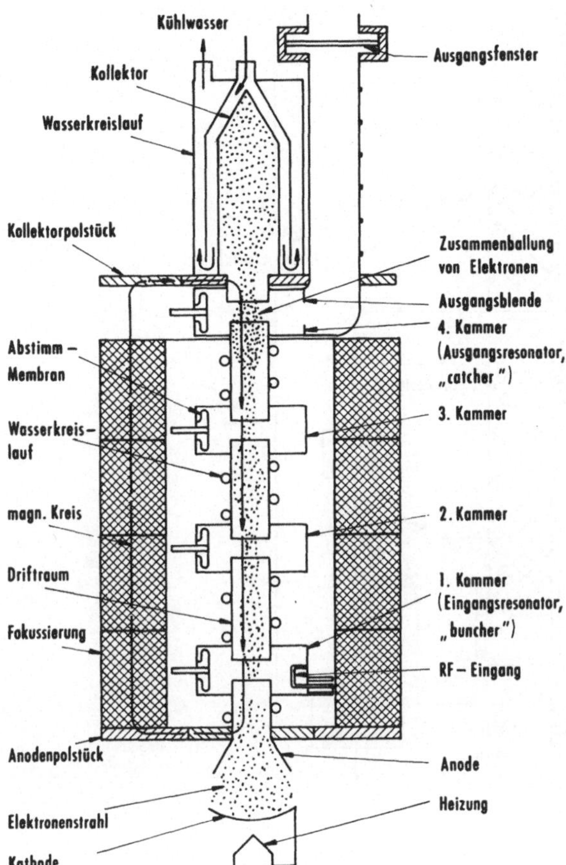

Bild 5-19. Schnittbild eines 4-Kammer-Klystrons

dünnte Stellen aufweist. Bei Verstärkerklystrons erzeugt der Elektronenstrahl in einem zweiten Hohlraumresonator hinter dem Laufraum die verstärkte Hochfrequenzspannung. Dieser Vorgang kann wiederholt angewandt werden. Bild 5-19 zeigt als Beispiel ein 4-Kammer-Klystron. Literatur über Klystrons: [18-2].

Die *Lauffeldröhren* [18-1] arbeiten dagegen mit einem Hochfrequenzfeld, welches sich mit dem Elektronenstrahl räumlich mitbewegt. Wichtigster Vertreter ist die *Wanderfeldröhre*. Da sie keine oder wenigstens keine ausgeprägten Resonanzkreise enthält, kann sie sehr breite Bänder verstärken. Der Verstärkungseffekt beruht auf der Wechselwirkung zwischen dem Elektronenstrahl und dem sich parallel dazu mit nahezu gleicher Geschwindigkeit über eine Verzögerungsleitung ausbreitenden Hochfrequenzfeld. Bild 5-20 zeigt ein vereinfachtes Schnittbild einer Wanderfeldröhre, wobei vor allem die gegenüber dem Klystron wesentlich kompliziertere Stromversorgung auffällt. Weitere Literatur über Wanderfeldröhren: [18-3].

Wichtige Kenngrößen von Sendeleistungsverstärkern beziehen sich vor allem auf die Übertragung winkelmodulierter Schwingungen bei Mehrträgerbetrieb. In diesem Zusammenhang sind AM/PM-Konversion [99-3] und Differenztonfaktor [99-4]

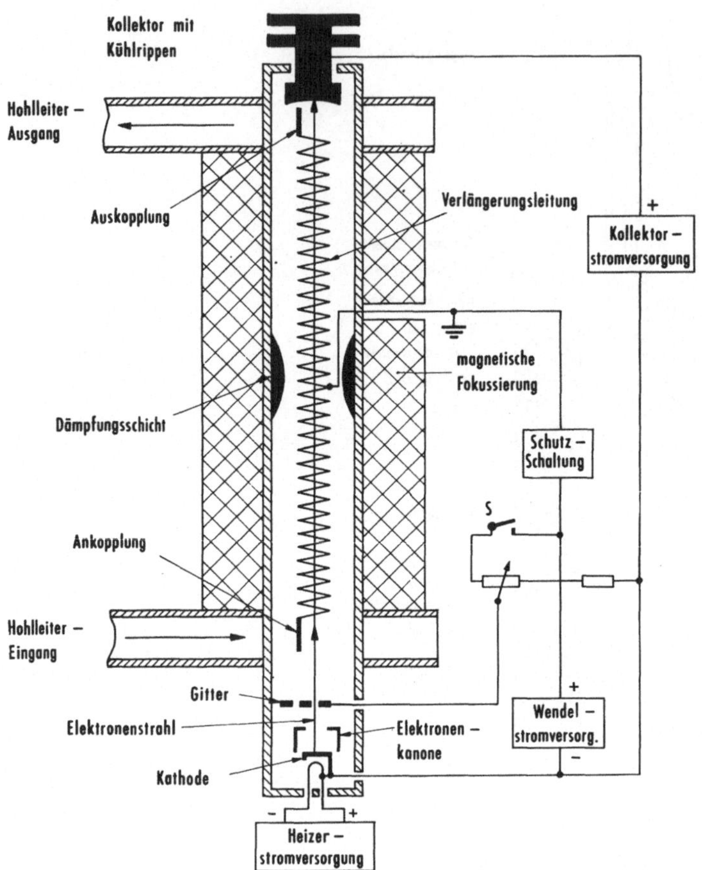

Bild 5-20. Vereinfachtes Schnittbild und Prinzip der Stromversorgung einer Wanderfeldröhre

wichtige Größen. Durch einen hinreichend großen back off muß unter Verzicht auf maximal mögliche Sendeleistung eine hinreichend kleine Intermodulation zwischen den Trägern sichergestellt werden.

Wichtige Funktionseinheiten von Sendeleistungsverstärkern [55-5] sind: Treiberstufen, Senderendstufen und Stromversorgung, Hohlleiteranlagen (einschließlich Hohlleiterumschaltungen), automatische Sendeleistungsregelung, Kühleinrichtungen für Senderendstufen und Überwachungs- und Hilfseinrichtungen für Hochleistungssender.

Bild 5-21 zeigt das Blockschaltbild der Senderendstufe einer größeren Erdefunkstelle [55-6].

5.6 Betrieb von Erdefunkstellen

5.6.1 Bemannte und unbemannte Erdefunkstellen

Das Betriebsgebäude einer großen Erdefunkstelle wie Raisting ist rund um die Uhr besetzt. Dagegen werden Erdefunkstellen regionaler Fernmeldesatellitensysteme

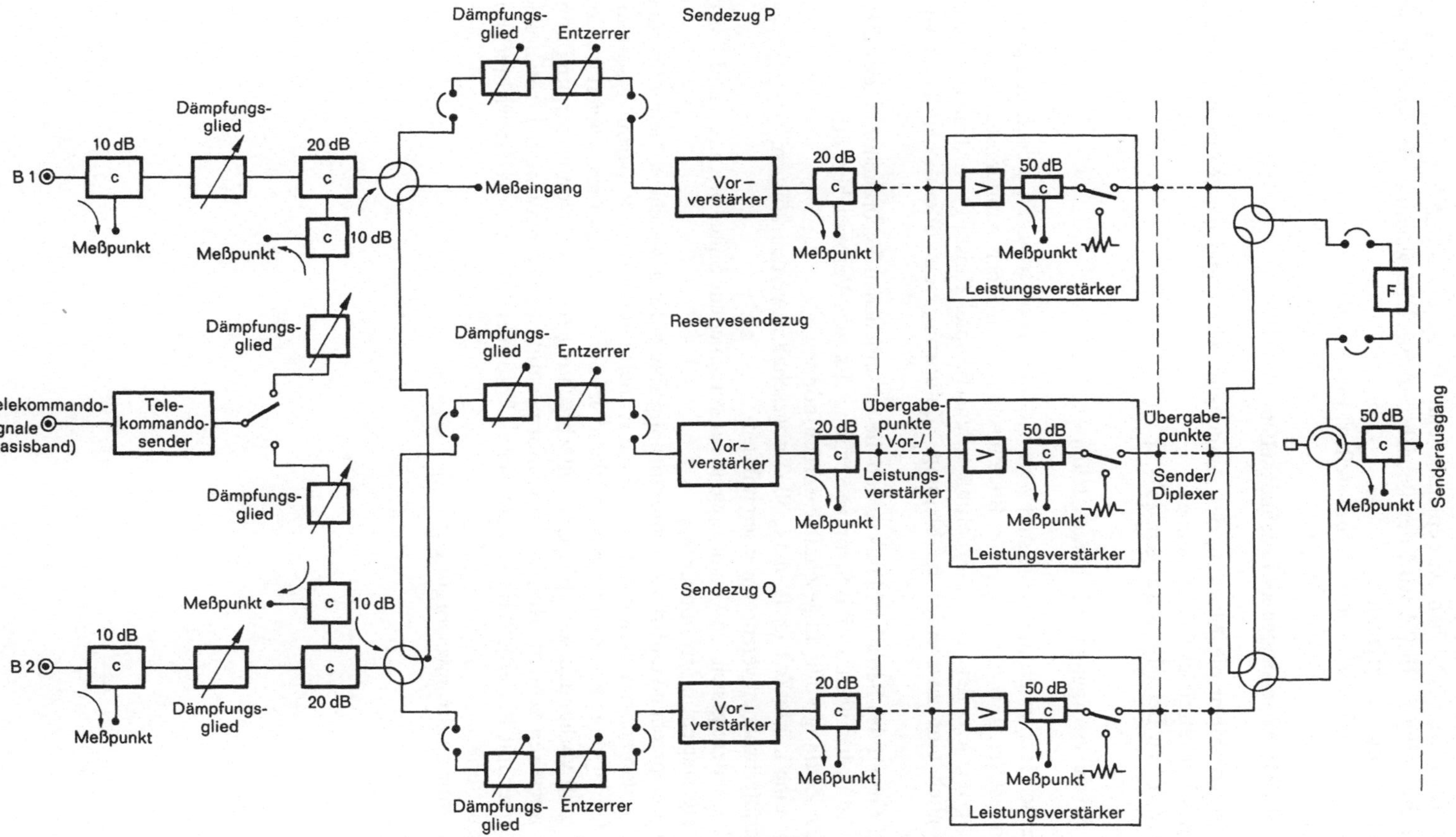

Bild 5-21. Blockschaltbild der gesamten Verstärkeranordnung mit Vorverstärker, Leistungsverstärker und Diplexer

meist unbemannt betrieben, was entsprechende Redundanz- und Fernüberwachungs-probleme aufwirft. In 8.1 wird der Betrieb und die Überwachung des kanadischen Telesatsystems beschrieben.

Literatur zu Betrieb von Erdefunkstellen: [56-...].

5.6.2 Wichtige Messungen an Erdefunkstellen

Hier ist vor allem die Messung des Antennengewinns und der Rauschtemperatur bzw. des Verhältnisses G/T zu nennen.

Literatur zu Betriebsmessungen: [57-...].

5.6.3 Stromversorgung von Erdefunkstellen

Moderne Hochspannungsnetze sind zwar ziemlich betriebssicher, jedoch lassen sich Stromausfälle, z. B. als Folge von Blitzeinschlägen in Hochspannungsleitungen, nie ganz vermeiden. Bei großen Erdefunkstellen (Beispiel Raisting) wird man deshalb womöglich eine zweiseitige unabhängige Zuführung vom öffentlichen Netz vor-sehen.

Auf Grund des Betriebsablaufs stellen die verschiedenen Verbraucher unterschied-liche Anforderungen an die Stromversorgung. Es gibt Verbraucher, die
— eine Zeitlang völlig abgeschaltet werden können,
— für eine kurze Zeit (z. B. max. 30 s) abgeschaltet werden können,
— ununterbrochen versorgt werden müssen.
Eine besondere gesicherte Versorgung ist für verschiedene Signalisierungs- und Über-wachungseinrichtungen notwendig.

Dementsprechend muß die Stromversorgung über die o. g. gesicherte Netzzuführung hinaus entsprechend organisiert sein. Eine schnell aktivierbare Notstromversorgung mit Dieselaggregaten, für die ein hinreichend großer Treibstoffvorrat gelagert werden muß, muß vorhanden sein. Für eine unterbrechungsfreie Notstromversorgung kön-nen vorgesehen werden: Rotierende Umformer mit Speicherschwungrad, rotierende Umformer mit Pufferbatterie und statische Umformer (Thyristorwechselrichter) mit Pufferbatterie.

Literatur zu Stromversorgung [58-...].

6 Der Satellit

6.1 Übersicht

Die Nutzlast eines Nachrichtensatelliten umfaßt zunächst Antennen und Transponder. Im weiteren Sinne können wir auch die Fernmeß- und Fernsteuereinrichtungen und die Stromversorgung dazurechnen.

Nicht spezifisch für Satelliten zur Nachrichtenübertragung sind folgende Untersysteme des Satelliten:
— Wärmeregelung. Im Satellitengehäuse muß eine wenigstens innerhalb bestimmter Grenzen konstante Temperatur hergestellt werden.
— Struktur. Die verschiedenen Untersysteme müssen durch eine geeignete Konstruktion gehalten und gegen die Beanspruchung durch die Rakete sowie gegen die Umwelteinflüsse geschützt werden.
— Apogäumsmotor. Diese in den Satelliten integrierte Raketenstufe dient dazu, die geostationäre Umlaufbahn zu erreichen, wie dies in 2.1.3 beschrieben wurde.
Eine besondere Rolle spielen bei Nachrichtensatelliten die Untersysteme zur Stabilisierung und Positionierung. Zwar werden sie auch bei anderen Anwendungssatelliten benötigt, doch sind sie gerade für moderne Fernmeldesatelliten mit stark bündelnden Antennen von entscheidender Bedeutung.

Wir wollen uns zunächst am Beispiel einiger Satelliten wichtige Zusammenhänge klar machen. Dabei können wir einzelne für uns weniger bedeutsame Punkte gleich endgültig abhandeln.

6.2 Aufbau typischer Nachrichtensatelliten

6.2.1 Unterschiede zu einer terrestrischen Richtfunkrelaisstelle

Im Prinzip gibt es keine wesentlichen Unterschiede zwischen einer Relaisstelle des terrestrischen Richtfunks und der durch den Satelliten gegebenen Relaisstelle. In der technischen Realisierung und in den fernmeldetechnischen Kenngrößen unterscheiden sich die beiden jedoch wesentlich; dazu gibt es hauptsächlich drei Gründe:
— Die *Randbedingungen durch die Trägerrakete*. Die Masse des Satelliten ist begrenzt. Der Satellit muß von dem Laderaum der Rakete aufgenommen werden können; dies gibt wesentliche Bedingungen für die zulässigen Satellitenkonstruktionen. Beim Transport muß mit Beschleunigungen bis 15 g (longitudinal) und Vibrationen bis zu 200 Hz und $\pm 6\, g$ oder 0,03 g/Hz gerechnet werden [69-2].

— Die *Position auf einer Erdumlaufbahn*. Da der Satellit nicht zugänglich ist, muß er in allen seinen Teilen extrem zuverlässig aufgebaut und in seiner Stromversorgung autark sein. Besondere Konstellationen zu Sonne und Erde müssen beachtet werden: Bei Sonnendurchgang (sun transit) fällt die Übertragung aus (Rauschen!), bei Erdschattendurchgang (Eklipse) fällt die Energiezufuhr über Solarzellen aus. Die Freiraumdämpfung zwischen Erde und geostationärem Satellit ist um ca. 60 dB größer als bei einer üblichen Richtfunkverbindung.

— Die *Weltraumumgebungsbedingungen*. Hier genügt es, Stichworte aufzuzählen: Vakuum, Temperaturschwankungen, Sonnen- und Erdestrahlung, Magnetfeld, Meteoritenhäufigkeit, Partikelfluß [69-1]. Kritisch sind evtl. Aufladungseffekte durch geladene Teilchen [69-3]; in [69-4] werden mögliche Gegenmaßnahmen besprochen.

6.2.2 Spinstabilisierte und dreiachsenstabilisierte Satelliten

Die beiden genannten Begriffe sind uns aus 2.2.4 geläufig und werden in 6.8.5 näher erläutert. Die Stabilisierung durch Spin wird bei den meisten bis jetzt gestarteten Satelliten angewandt; durch eine Entdrallung muß sichergestellt werden, daß die Antennen dauernd hinreichend genau auf die gewünschten Ausleuchtgebiete „sehen".

Intelsat IV (siehe Bild 6-1) zeigt das typische Bild eines spinstabilisierten Satelliten mit entdrallter Antennenplattform („dual spin"). Im Bild ist der mit Solarzellen zur Stromversorgung belegte zylindrische Mantel aufgeschnitten; man kann im Innern vor allem Geräte zur Stabilisierung und Positionierung erkennen (Tanks für Korrekturgas, Düsen, Sensoren usw.). Auf der entdrallten Plattform für die Nachrichtengeräte

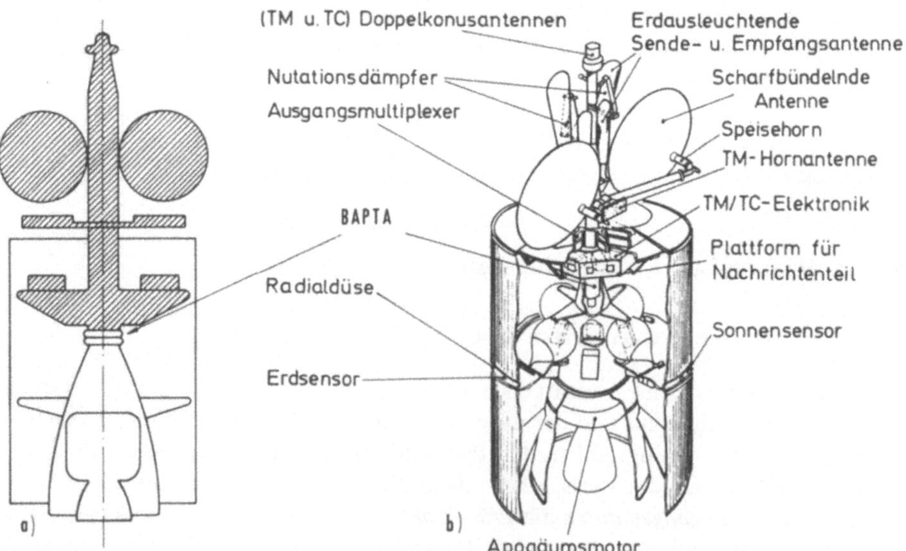

Bild 6-1. Spinstabilisierter Satellit mit entdrallter Plattform (dual spin). **a** Schema. Entdrallte Teile schraffiert; Verbindung zum drehenden Teil durch BAPTA (bearing and power transfer assembly). **b** Beispiel: Intelsat IV

erkennt man die verschiedenen Antennen; am größten sind die beiden Parabolspiegel der spot-beam-Antennen. Antennen und Elektronik der Fernmeß- und Fernsteuereinrichtungen (s. 6.5) sind ebenfalls auf der entdrallten Plattform untergebracht.

Die Lageregelung eines spinstabilisierten Satelliten ist erheblich einfacher und leichter als die bei Dreiachsenstabilisierung. Jedoch werden die Probleme der Dreiachsenstabilisierung voll beherrscht; es sei insbesondere an die guten Betriebserfahrungen mit den deutsch-französischen Satelliten „Symphonie" erinnert [61-2].

Bild 6-2 zeigt das Bild eines dreiachsenstabilisierten Satelliten: OTS (Orbital Test Satellite) der ESA, gestartet 1978. Man erkennt die verschiedenen Antennen für den 11/14-GHz-Bereich (Ausleuchtung Europa bzw. Mitteleuropa) und die Solarzellenpaddel.

Zunehmende Anforderungen verschiedener Art führen dazu, daß für neuere Projekte häufig dreiachsenstabilisierte Satelliten verwendet werden. Wichtige Gründe dafür gehen aus der folgenden Gegenüberstellung hervor; wir vergleichen Satelliten, deren Gesamtanordnung man wie folgt charakterisieren kann:

D-S: Antennen auf entdrallter Plattform, Solarzellen am rotierenden Zylindermantel.

3-A: Antennen können fest auf den Satellitenkörper montiert werden; Solarzellen auf Auslegern (beim Start zusammengefaltet).

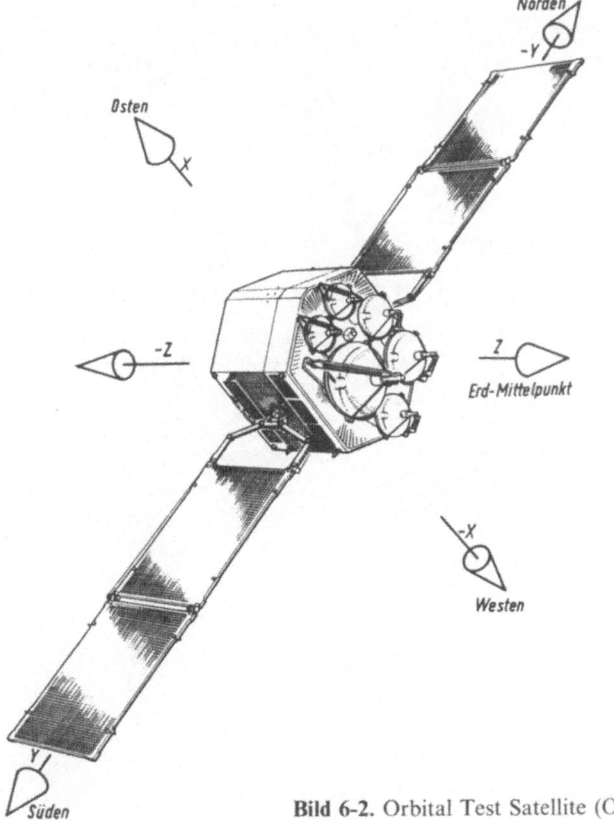

Bild 6-2. Orbital Test Satellite (OTS)

In erster Linie sind folgende Punkte von Bedeutung:
- *Primärstromversorgung.* Bei gegebener Rakete ist die erreichbare Primärleistung bei D-S begrenzt, da der Laderaum die maximale Größe des Zylindermantels vorschreibt. Dagegen können bei 3-A je nach Leistungsbedarf faltbare Paddel entsprechender Größe vorgesehen werden. 3-A nutzt auch die Solarzellen besser aus, vgl. 6.6.
- *Lageregelung.* Wie oben gesagt, bei D-S erheblich einfacher und leichter als bei 3-A. D-S-Systeme sind jedoch für extreme Forderungen an die Lagestabilisierung weniger geeignet. Näheres in 6.8.5.
- *Temperaturregelung.* Bei 3-A erheblich günstiger. Müssen bei D-S hohe Verlustleistungen abgestrahlt werden, so stehen hier nur die Nord- und Südseiten des

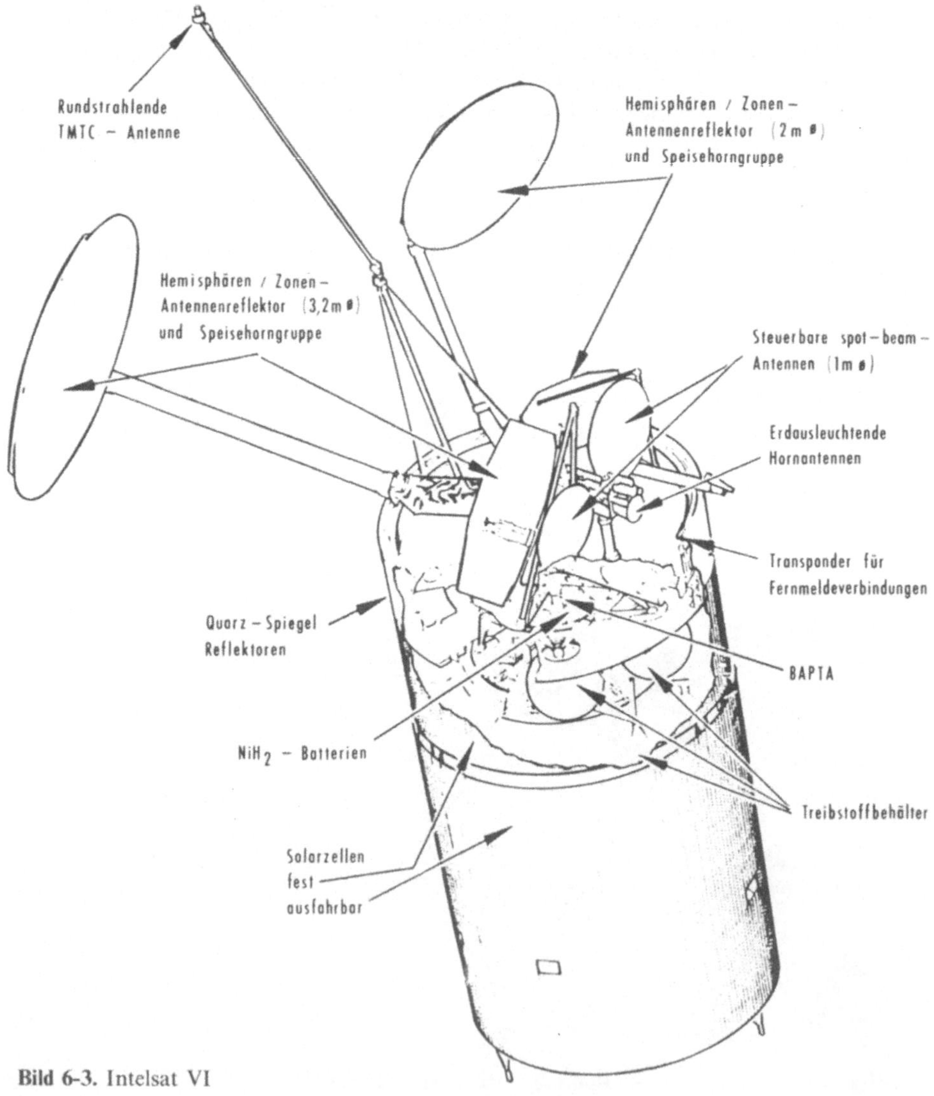

Bild 6-3. Intelsat VI

Satelliten zur Verfügung, dort sind aber Apogäumsmotor und Antennenanordnungen im Wege.

— *Redundanz wichtiger Elemente zur Lagestabilisierung.* Die Spinstabilisierung läßt sich nicht redundant ausführen, während bei der Schwungradstabilisierung ohne weiteres zwei Drallräder mitgeführt werden können. Außerdem ist die Lagerung des Schwungrades gegen die Einflüsse des extremen Vakuums und der starken Temperaturschwankungen durch hermetische Kapselung gut geschützt.

Satellitensysteme wie z. B. Direktfernsehsatelliten und Regionalsysteme mit kleinen Erdefunkstellen benötigen hohe Sendeleistungen und damit auch entsprechend hohe Primärleistungen; ferner werden bei derartigen Systemen meist hohe Ausrichtgenauigkeiten der Antennen (evtl. Bruchteile von Grad) gefordert. Bei solchen Anforderungen ist 3-A vorzuziehen.

Wenn auch die Satellitengenerationen der Zukunft (z. B. Intelsat VII) voraussichtlich geostationäre Plattformen (9.1), also auf jeden Fall Dreiachsenstabilisierung, verwenden werden, so zeigt doch die jüngste Entwicklung bei INTELSAT, daß, falls nicht zu hohe Anforderungen im o. g. Sinne bestehen, verbesserte Versionen des kostengünstigen „spinners" nach wie vor in Betracht gezogen werden müssen. Die von Hughes Aircraft gebauten spinstabilisierten Satelliten Intelsat IV und IV A wurden durch die von Ford Aerospace gebauten dreiachsenstabilisierten Satelliten Intelsat V abgelöst. Für die neue Generation Intelsat VI hatten beide Firmen Vorschläge eingereicht. Dabei baute Ford auf den Erfahrungen mit Intelsat V auf, also 3-A, während Hughes einen verbesserten spinstabilisierten Satelliten vorschlug. Trotzdem das von Ford angebotene System in vielen Punkten leistungsfähiger war, entschied sich INTELSAT 1982 aus Kostengründen für den Vorschlag von Hughes.

Der Hauptnachteil von D—S bei dem oben gemachten Vergleich war die durch die Größe des Zylindermantels gegebene Begrenzung für die Primärleistung. Zwar erlaubt das „shuttle" größere Zylinderdurchmesser („widebody spinner" Leasat), eine wesentliche Vergrößerung der Primärleistung ergibt sich aber erst durch einen neuartigen Solarzellengenerator, der bei dem Hughes-Satelliten HS 376 verwendet wird. Über den Satellitenzylinder ist beim Start teleskopartig ein zweiter Zylinder geschoben. Im Raum wird der zweite Zylinder nach unten ausgefahren und so die Solarzellenfläche z. B. verdoppelt. Intelsat VI (Bild 6-3) baut auf den Erfahrungen mit HS 376 und Leasat auf.

Literatur über die erwähnten INTELSAT-Satelliten: [31-...].

6.2.3 Modularer Aufbau und Buskonzept

Die bei fast jedem Einsatzfall andersartigen Anforderungen betr. Ausleuchtgebiet(e), Beeinflussung anderer Systeme, Transponderanzahl und -bandbreite usw. erfordern eine jeweils andere Antennenkonfiguration und evtl. gewisse Änderungen an den Transpondern. Es gibt aber wesentliche Teile des Satelliten, die von dem jeweiligen Einsatzfall evtl. ganz unabhängig sind, z. B. alle spezifisch raumfahrttechnischen Untersysteme. Ein modulares Konzept für den Aufbau liegt deshalb nahe; es bringt Kostensenkungen und erhöhte Zuverlässigkeit.

Eine Unterteilung in folgende Module ist zweckmäßig: Betriebsmodul mit Apogäumsmotor, Nutzlast- oder nachrichtentechnisches Modul, Antennenmodul und Solarzellenausleger (bei dreiachsenstabilisierten Satelliten). Diese Unterteilung ist

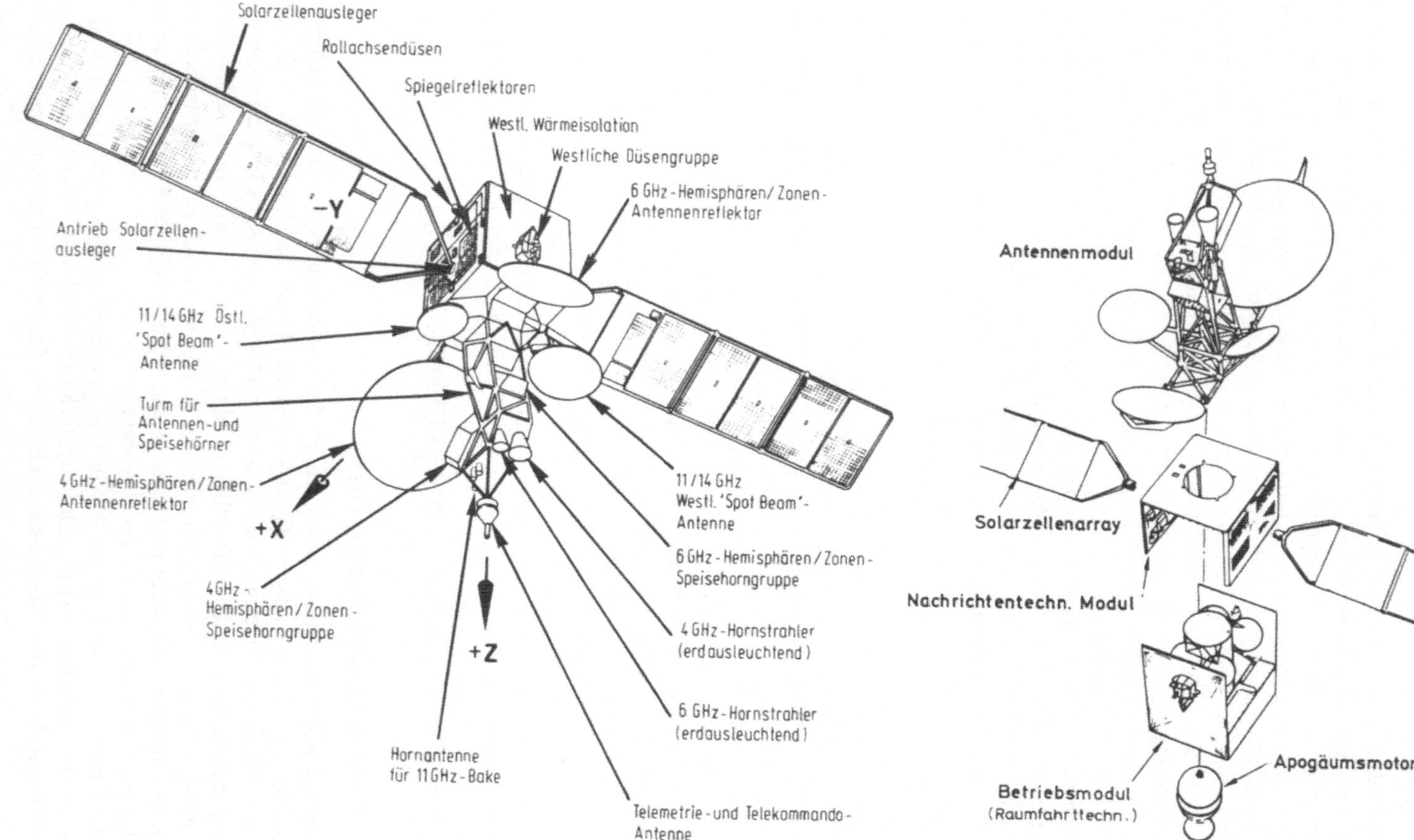

Bild 6-4. Intelsat V, Betriebskonfiguration und Module

bereits bei dual-spin-Satelliten (vgl. Bild 6-1) ersichtlich. Das Betriebsmodul umfaßt dort den Satellitenzylinder mit Solarzellen, die untere Geräteplattform mit allen für den Betrieb des Satelliten erforderlichen Untersystemen, den Apogäumsmotor sowie das Lager zur Aufnahme der entdrallten Plattform (nachrichtentechnisches Modul). Außerdem stützt sich auf die entdrallte Plattform die Antennenanlage — das Antennenmodul — ab.

Bild 6-4 zeigt die entsprechenden Module für den dreiachsenstabilisierten Satelliten Intelsat V. Das Antennenmodul besteht aus einem ca. 6,5 m hohen Antennenturm, an dem alle Antennen sowie deren Erreger angebracht sind. Das nachrichtentechnische Modul und das Betriebsmodul, je U-förmig gestaltet, bilden ineinandergeschoben den Hauptkörper des Satelliten. Das nachrichtentechnische Modul ist so ausgelegt, daß

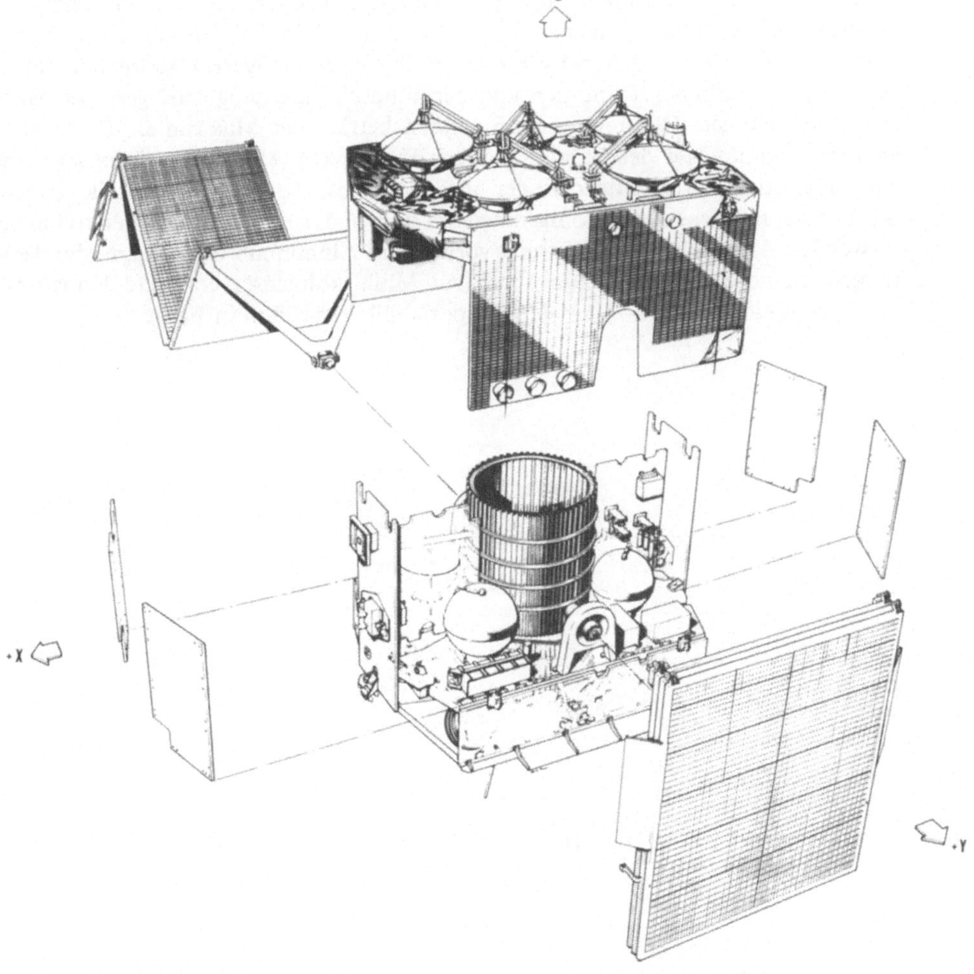

Bild 6-5. Explosionsdarstellung des European Communications Satellite (ECS). (Mit freundlicher Genehmigung der Firma British Aerospace.)

sich möglichst kurze RF-Verbindungen ergeben. Die Wanderfeldröhren der 27 Sende-verstärker (mit zusätzlicher Redundanz) sind dabei aus thermischen Gründen auf der Nord- bzw. Südseite des Moduls untergebracht. Das Betriebsmodul enthält außer dem den Apogäumsmotor tragenden Zylinder eine Geräteplattform für das Positions- und Lageregelungssystem, einschließlich aller für die Positions- und Lageregelung erforderlichen Düsen.

Bild 6-5 zeigt eine Explosionsdarstellung des ECS, die besonders im Betriebsmodul noch mehr Details erkennen läßt.

6.2.4 Satellitenstruktur

Die Aufgabe der Satellitenstruktur ist es, die verschiedenen Untersysteme des Satelliten aufzunehmen und unter allen Betriebsbedingungen soweit wie notwendig von äußeren Einflüssen (insbes. mechanischer Art während der Bahneinschußphase) abzuschirmen. Dabei sind als Randbedingungen das in der Trägerrakete für den Satellitentransport verfügbare Volumen und der Wunsch nach möglichst geringer Masse zu berücksichtigen. (Bei modernen Satelliten beträgt der Masseanteil der Struktur an der Gesamtmasse des Satelliten rund 6% [62-1].) Als Konstruktionselemente werden dabei z. B. versteifte Zylinder und/oder selbsttragende Gehäuseteile, Paneele für Geräteplattformen in Honigwabenstruktur und röhrenförmige Verstrebungen verwendet. Als Materialien kommen vorwiegend Aluminium oder Magnesiumlegierungen, in neuerer Zeit in zunehmendem Maße kohlefaserverstärkte Kunststoffe auf Epoxydharzbasis [62-2], sowie für Spezialfälle Beryllium in Frage.

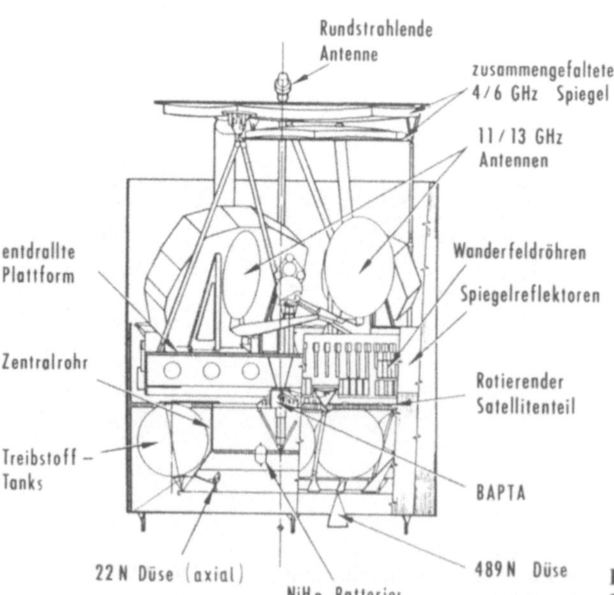

Bild 6-6.
Intelsat VI Startkonfiguration

6.2.5 Anpassung an die verwendete Rakete

Moderne Satelliten werden meist nicht in ihrer endgültigen Betriebskonfiguration in den Raum befördert, da weit ausladende Antennen und/oder Solarzellenpaddel usw. einen unnötig großen Frachtraum erfordern würden. Bild 6-6 zeigt als Beispiel die Startkonfiguration von Intelsat VI. Der Vergleich mit der Betriebskonfiguration (Bild 6-3) zeigt die zusammengeschobenen Solarzellenzylinder und die zusammengeklappten C-Band-Reflektoren. Entsprechend werden die Solarzellenausleger dreiachsenstabilisierter Satelliten an den Satellitenkörper gefaltet (Bild 6-5).

Die Anpassung an eine bestimmte Rakete verursacht evtl. einen erheblichen Aufwand. Derzeit konzipierte Satelliten werden meist so ausgelegt, daß sowohl ein Start mit dem Shuttle als auch mit Ariane in Betracht kommt.

6.2.6 Beispiele von Nachrichtensatelliten

Wir haben beiläufig schon einige Satelliten kennengelernt. In den folgenden Kapiteln werden wir auf manche Details dieser und anderer Satelliten eingehen [61-...]. In den Bildern 6-7 und 6-8 sind die wesentlichen Kenndaten einiger moderner Satelliten zusammengestellt. Auf den TDRS werden wir in 8.3 noch näher eingehen.

	Intelsat IV	Anik C	Leasat	Intelsat VI
Hauptauftragnehmer	Hughes	Hughes	Hughes	Hughes
1. Start	1971	Nov. 1982	1984 oder 1985	1986
Trägerrakete	Atlas-Centaur	Shuttle oder Thor-Delta 3914	Shuttle	Shuttle oder Ariane
Masse				
beim Start	1370 kg	1090 kg		3407 kg
im Orbit	696 kg (BOL)	567 kg (BOL)	1427 kg (BOL)	2004 kg (BOL)
Treibstoff für				
Lage-/Bahnreg.	122 kg			285 kg
Abmessungen				
Zylinderdurchmesser	2,38 m			3,6 m
Zylinderhöhe				
Start				
Betrieb	2,82 m			
Höhe über alles				
(Betrieb)	5,28 m			11,8 m
Primärleistung	569 W (BOL)	1122 W (BOL)	1210 W (EOL)	2260 W

Bild 6-7. Kenndaten einiger spinstabilisierter Satelliten
(Anik C basiert ebenso wie Anik D, SBS, Palapa B, Westar IV/V, Telstar 3, Galaxy und Aussat auf dem Hughes-Satelliten HS 376)

	Intelsat V	ECS-F2	Telecom 1	TDRS
Hauptauf-tragnehmer	Ford Aerospace	British Aerospace	Matra	TRW
1. Start	1980	1983	1983	1983
Trägerrakete	Atlas Centaur	Ariane	Ariane	Shuttle + IUS
Masse				
beim Start	1870 kg	1157 kg	1142 kg	
im Orbit	1020 kg (nach Zünden Apogäums-motor)	676 kg (BOL) 560 kg (EOL)	653 kg (BOL)	2132 kg
Treibstoff für Lage-/Bahnreg.	175 kg	94 kg	131 kg	590 kg
Abmessungen				
Größte Länge	15,7 m	13,8 m	15,98 m	17,42 m
Größte Breite		1,9 m	2,18 m	12,98 m
Größte Höhe		1,95 m	2,96 m	4,57 m
Antennenturm	6,5 m			
Satellitenkörper	(1,65 × 2,01 × 1,77) m	(1,91 × 1,75 × 1,95) m		
Primärleistung	1800 W (BOL) 1300 W (EOL)	956 W (BOL) 934 W (EOL)	1080 W (EOL)	1700 W (EOL)

Bild 6-8. Kenndaten einiger dreiachsenstabilisierter Satelliten

6.3 Satellitenantennen

6.3.1 Übersicht

Der Nachrichtensatellit benötigt zunächst natürlich erdausleuchtende oder gebiets-ausleuchtende Antennen für die breitbandige Nachrichtenübertragung, dann aber auch solche für die Übertragung der Telemetrie- und Telekommandosignale, s. 6.5. Im regulären Betriebsfall kann man letztere mit über den Hauptnachrichtenkanal und dessen Antennen mit ihrem relativ hohen Gewinn übertragen, dagegen sind für Bahneinschuß und Reakquisition separate Antennen mit Rundstrahlcharakteristik oder mit toroidförmigem Strahlungsdiagramm (d. h. geringer Bündelung) erforder-lich. Dabei wird die TM/TC-Übertragung im S-Band oder im VHF-Band abgewickelt, so daß ggf. entsprechende Antennen erforderlich sind.

In den folgenden Abschnitten befassen wir uns also nacheinander mit Antennen geringer Bündelung, dann mit den Verfahren zur Erhöhung des Gewinns und schließ-lich mit den Besonderheiten der Polarisations- und Frequenzmehrfachausnutzung Zum Schluß werden noch entfaltbare Antennen und spezielle Randbedingungen diskutiert.

6.3.2 Antennen ohne oder mit nur geringer Bündelung

Ein Beispiel für eine Antennenanordnung mit isotropen Strahlungseigenschaften im SHF-Bereich bietet der spin-stabilisierte Satellit Telstar (1962). Aus konstruktiven Gründen konnte die Antennenanordnung nicht an den „Polen" des Satelliten ange-

bracht werden. Verwendet wurde für 4 GHz und 6 GHz je ein am „Äquator" des
Satelliten angebrachter Ring von jeweils um $\lambda/2$ versetzten Hohlleiterstrahlern, die
mit gleicher Phase und Amplitude über zugehörige Leistungsteiler erregt wurden
[63-2].

Für Telemetrieantennen im VHF-Bereich mit quasiisotropen Strahlungseigenschaften verwendet man u. a. Wendelantennen [63-3]. Hier ist besonders zu beachten,
daß die Wellenlängen vergleichbar den Satellitenabmessungen oder noch größer
sind.

Für Antennen mit toroidförmigem Strahlungsdiagramm kommen Dipolantennen,
bikonische Antennen, Schlitzstrahleranordnungen u. a. in Frage. Im SHF-Bereich
verwendet man besonders häufig bikonische Hornantennen [63-4], die z. B. durch
Schlitze in einem Rundhohlleiter erregt werden. So ist etwa bei Intelsat III die SHF-
TM/TC-Antenne als Bikonus ausgeführt. Er wird bei 4 GHz durch 16 entlang des
Umfangs verteilte Monopole und bei 6 GHz durch 16 entsprechend verteilte Dipole
erregt.

Ein Beispiel für einen zylinderförmigen spinstabilisierten Satelliten mit VHF-
Antennen mit Toroiddiagramm ist LES 5. Man verwendet z. B. 8 im Abstand $\lambda/2$
am Umfang verteilte Vollwellen-Schlitzdipolantennen, die über Leistungsteiler gleich-

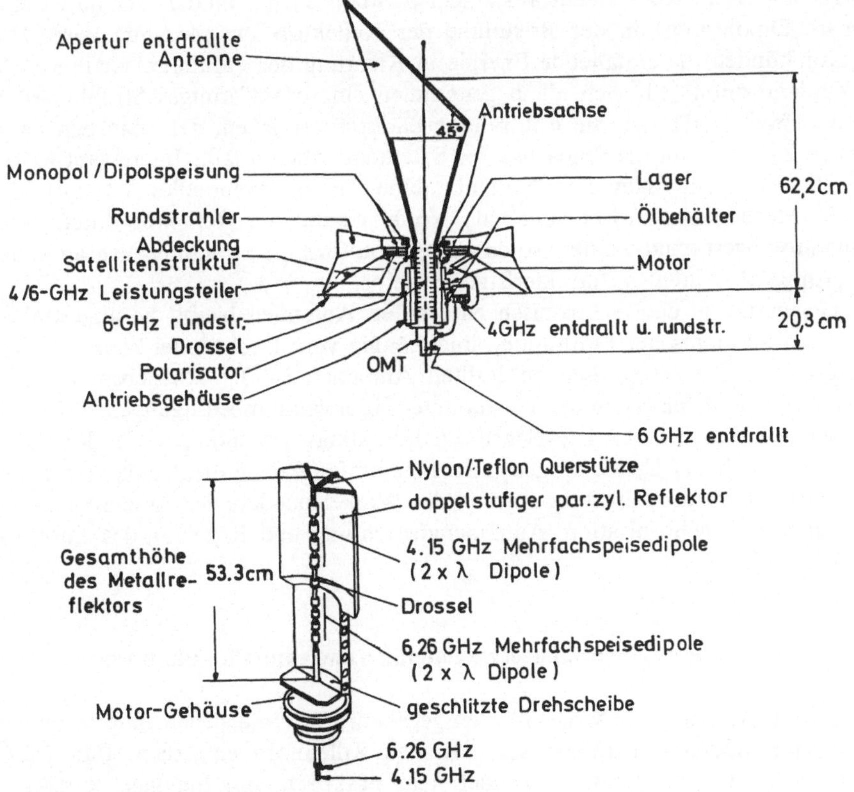

Bild 6-9. Beispiele mechanisch entdrallter Antennen

phasig angesteuert werden. Außerdem gibt es zwei Ringe mit $\lambda/2$-Schlitzdipolen, die
ebenfalls gleichphasig, aber gegenüber den Vollwellendipolen um 90° phasenversetzt,
erregt werden. Dadurch erhält man eine zirkulare Polarisation [63-5].

6.3.3 Entdrallte Antennen

Ersetzt man bei der SHF-Antenne von Telstar oder bei der VHF-Antenne von LES 5
die die einzelnen Antennen speisenden Leistungsteiler durch synchron mit der Umdrehung des Satelliten gesteuerte RF-Schalter, so erhält man eine elektronisch entdrallte Antenne [63-6]. Bei einem anderen LES-Satelliten werden z. B. 8 zirkular
polarisierte Hornstrahler, die entlang des Umfangs der zylinderförmigen Antenne
in radialer Richtung angebracht sind, spinsynchron über RF-Schalter angesteuert
[63-7]. Die Umschaltung zwischen den verschiedenen Erregern ist nicht unproblematisch (u. a. Pegelsprünge!), und der Aufwand ist recht hoch.

Eine mechanisch entdrallte Antenne wird durch einen Motorantrieb synchron entgegen der Satellitendrehung gedreht. In Bild 6-9 sind als charakteristische Beispiele
die Antennen von Intelsat III und ATS III dargestellt [63-8], [63-9].

Intelsat III verwendet einen rotierenden Hornstrahler mit Umlenkspiegel. Bei
ATS III sind es genau genommen zwei Antennen, eine im Bereich 6 GHz, die andere
im Bereich 4 GHz. Jede besteht aus einem parabolischen Zylinder, der durch eine
kolineare Dipolgruppe in der Brennlinie des Reflektors ausgeleuchtet wird. Der
Reflektor bündelt die einfallende Energie in Richtung der Parabolscheitellinie. Da
die Dipolanordnung für sich allein genommen ein toroidförmiges Strahlungsdiagramm aufweist, läßt sich die Entdrallung dadurch erreichen, daß man den parabolischen Zylinder um die Spinachse des Satelliten rotieren läßt. Interessant ist bei
dieser Antenne, daß man eine Notmaßnahme für ein eventuelles Versagen des
„despin"-Mechanismus vorbereitet hat: Notfalls kann der Reflektor durch Telekommando abgesprengt werden, so daß das toroidförmige Strahlungsdiagramm der
Dipolgruppe als Antennencharakteristik verbleibt.

Im Gegensatz zu den elektronisch entdrallten Antennen bleibt die abgestrahlte
Energie bei mechanischer Entdrallung unabhängig vom Drehwinkel konstant. Das
Hauptproblem der mechanisch entdrallten Antennen ist der Antriebsmotor und
insbesondere die Schmierung des Lagers unter Hochvakuumbedingungen. Bei Intelsat III wird ein Schrittmotor (128 Schritte/Umdrehung) verwendet, der für den Drehzahlbereich 65 bis 117 U/min ausgelegt ist. Eine umfangreiche Elektronik verarbeitet
die Signale der Infrarot-Erdsensoren und des Winkelencoders der Antenne und bewirkt Antennensynchronisation, Antennenausrichtung und Regelung des Antriebs-
motors [63-10].

6.3.4 Antennen für dreiachsenstabilisierte Satelliten und entdrallte Plattformen

Für die Antennen sind alle Möglichkeiten gegeben. Für erdausleuchtende Antennen
werden Mehrmodenhornstrahler wie z. B. das Rillenhorn eingesetzt. Für hohen
Gewinn (z. B. 30 bis 45 dB) verwendet man praktisch ausschließlich Reflektorantennen mit unterschiedlichen Speisesystemen.

6.3.5 Strahlformung

Die Form einer Strahlungskeule kann z. B. folgendermaßen beeinflußt werden:
— Durch entsprechende Aperturform der Reflektoren kann ein ovaler Strahlquerschnitt erreicht werden.
— Damit ein Gebiet auf der Erdoberfläche möglichst gleichmäßig ausgeleuchtet wird, müssen außerhalb der Mitte liegende Feldstärkeanteile gegenüber der Hauptstrahlrichtung angehoben werden. Man kann dies durch eine geeignete Aperturbelegung, bei der die Phase der Belegung zum Rand hin ihr Vorzeichen umkehrt, erreichen [63-11]. Derartige sektorgeformte Strahlungskeulen lassen sich durch geeignete Formgebung der Reflektoren bzw. Subreflektoren erzielen. Auch geeignete Mehrmodenerreger wie z. B. koaxiale Rillenstrahler, mit denen sich Ringquellen realisieren lassen, kann man dazu verwenden [63-12].

Allgemeinere Möglichkeiten zur Strahlformung und Anpassung an komplexe Gebietsformen ergeben sich, wenn mehrere getrennt erzeugte Strahlungskeulen überlagert werden, vgl. 2.3.4. Enthalten die Speisenetzwerke nichtlineare Elemente (z. B.

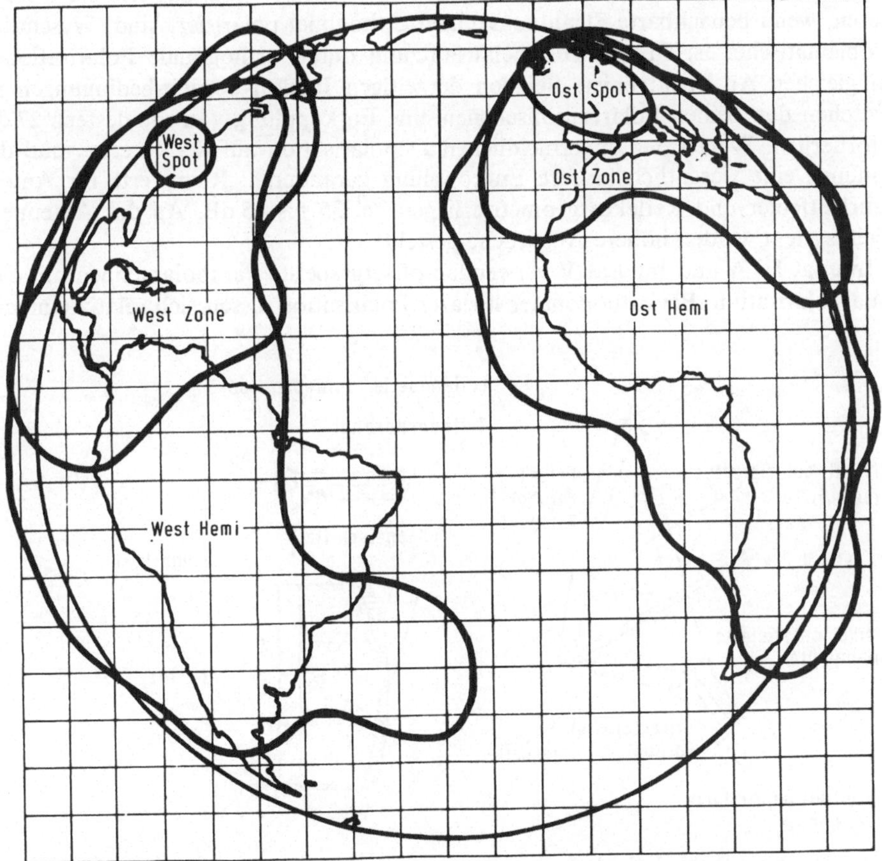

Bild 6-10. Intelsat V, Ausleuchtzone Atlantik

Ferritphasenschieber oder Feldeffekttransistoren), so können Intermodulations-probleme auftreten. Man kann notfalls dadurch Abhilfe schaffen, daß Sende- und Empfangszug jeweils getrennte Speisenetzwerke verwenden (oder sogar, wie bei Intelsat V, getrennte Antennen).

Als praktisches Beispiel betrachten wir die 4-GHz-Sendeantenne bei Intelsat V (vgl. Bild 6-4). Der Parabolspiegel mit fast 2,5 m Durchmesser wird durch eine Strahleranordnung mit 72 Speisehörnern erregt. Dieses Antennensystem erzeugt zwei Keulen zur Ausleuchtung der Hemisphären und zwei enger begrenzte Zonenkeulen (vgl. Bild 6-10). Jedes Strahlerelement besteht aus einem Koax-Hohlleiter-Übergang, einem Septum-Polarisator und einem Stufentransformator mit zwei Eingängen (für beide Richtungen der Zirkularpolarisation).

Literatur zu Satelliten-Mehrstrahlantennen: [63-13].

6.3.6 Antennen mit Polarisations- und Frequenzmehrfachausnutzung

Die Grundlagen haben wir in 2.3.5 diskutiert.

Wir gehen von mehreren Abwärtsstrecken aus, die räumlich entkoppelt sind und mit gleicher Frequenz arbeiten. Die gegenseitige Beeinflussung läßt sich stark reduzieren, wenn benachbarte Strahlungskeulen orthogonal polarisiert sind. Wesentlich problematischer ist Frequenzdoppelausnutzung durch orthogonale Polarisationen im gleichen Ausleuchtgebiet. Bei den derzeitigen Intelsat-Betriebsbedingungen ist zwischen den beiden Polarisationsebenen eine Entkopplung von mindestens 27 dB erforderlich. Wegen der unvermeidlichen Depolarisation auf der Strecke muß die Antenne eine wesentlich bessere Entkopplung garantieren. Richtwerte für Antennenrichtfehler und Reflektorgeometrie liegen bei 35 bis 45 dB. An das Antennenspeisesystem werden höhere Ansprüche gestellt.

Intelsat IV A und Intelsat V verwenden offsetgespeiste Parabolantennen mit Zirkularpolarisation. Bei orthogonaler linearer Polarisation lassen sich relativ einfache

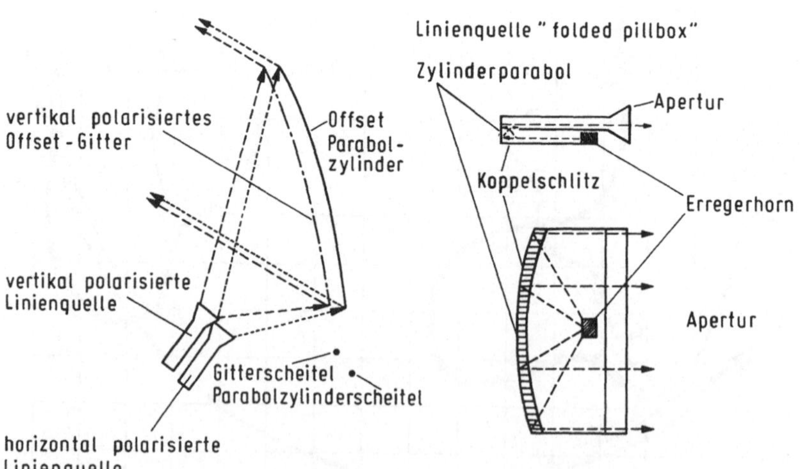

Bild 6-11. Offset-Parabolzylinderantenne mit orthogonaler Polarisation für Frequenzdoppelausnutzung. Links: Gesamtanordnung, rechts Erreger ("folded pillbox")

Polarisationsfilter verwenden, beispielsweise Gitter aus parallelen Drähten oder Stäben; sie schließen etwaige einfallende kreuzpolarisierte Feldkomponenten reaktiv ab. Das reflektierende Filter kann auch als Teil des Reflektors ausgelegt werden. Als Beispiel für den erstgenannten Fall möge die COMSTAR-Antenne [63-14] dienen, bei der die offset-gespeisten Paraboloide je durch ein Gitter — einmal für horizontale Polarisation (Senden und Empfangen) und einmal für vertikale Polarisation (Senden und Empfangen) — abgedeckt sind.

Bild 6-11 zeigt eine weitere Möglichkeit zur Übertragung orthogonaler linearer Polarisation [63-15]. Um hohe Polarisationsentkopplung zu gewährleisten, muß das Aperturfeld parallel polarisiert sein (d. h. jede der beiden Polarisationen für sich betrachtet). Dies kann durch Linienerreger und zylindrische Reflektoren erreicht werden. Es handelt sich praktisch um zwei ineinandergeschachtelte Antennensysteme. Das vertikal polarisierte Gitter wirkt als Reflektor für die vertikal polarisierte Welle, beeinflußt jedoch die horizontal polarisierte Welle, die am Parabolzylinder reflektiert wird, nicht.

6.3.7 Entfaltbare Antennen

Werden Halbwertsbreiten von einigen Grad für Antennen im UHF-Bereich benötigt, so lassen sich diese derzeit nur als im Weltraum entfaltbare Antennen realisieren.

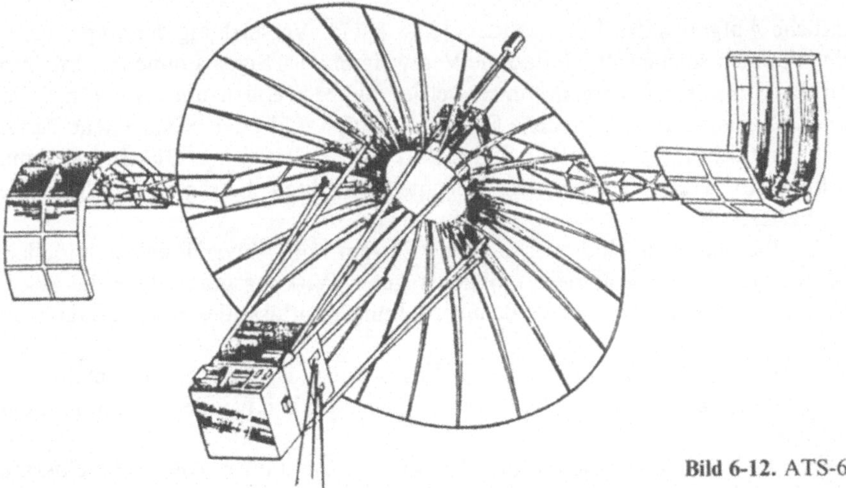

Bild 6-12. ATS-6

Als Beispiel möge hier die Antenne von ATS-6 (Bild 6-12) betrachtet werden. Sie hat einen Durchmesser von 9,15 m (entfaltet) bzw. 1,6 m (beim Start). Der Reflektor besteht aus 48 Streben (ribs), die ein feines Metallmaschengitter (mit einer Oberflächengenauigkeit von etwa 2 mm) tragen. Die Masse des gesamten Reflektors beträgt etwa 33 kg. Ein Traggerüst verbindet den Reflektor mit dem Geräteteil des Satelliten, der auch die verschiedenen Erreger trägt. Für verschiedene Frequenzbereiche zwischen 136 MHz und 8,15 GHz sind 6 verschiedene Arten von Erregern vorgesehen. Bei 8 GHz wird bei einem Flächenwirkungsgrad von 40 % ein Gewinn von ca. 52 dB erreicht [63-16].

6.3.8 Randbedingungen für Satellitenantennen

Die Antennen sind den Weltraumbedingungen voll ausgesetzt, wobei hier insbesondere die Temperaturbeanspruchung kritisch ist. Durch die Sonneneinstrahlung $(1,4 \text{ kW/m}^2)$ entstehen große Temperaturunterschiede: $+100$ °C auf der der Sonne zugewandten Seite und -200 °C auf der abgewandten Seite kommen vor!

Bei den notwendigen Oberflächengenauigkeiten ist daher das Temperaturverhalten von großer Bedeutung. Es ist heute Stand der Technik, für Antennenspiegel, Antennengerüste und statisch tragende Teile von entfaltbaren Antennen Graphit-Epoxyd und glasfaserverstärkte Kunststoffe zu verwenden. Diese Materialien haben thermische Ausdehnungskoeffizienten, die kleiner als $0,5 \cdot 10^{-6}/\text{K}$ sind. Eine zusätzliche Belastung des thermischen Gleichgewichts ergibt sich durch passive absorbierende oder emittierende Oberflächen. Aus den obengenannten Stoffen werden auch die Reflektoren der Antennen in Honigwabentechnik („sandwich"-Technik) hergestellt. Literatur: [63-17].

6.4 Satellitentransponder

6.4.1 Anforderungen und Prinzipien

Wesentliche Aufgaben des Transponders [64-...] sind: Verstärkung der empfangenen Signale auf einen solchen Pegel, daß die Verzweigung des Signals ohne Rückwirkungen auf den Störabstand vorgenommen werden kann, Frequenzumsetzung, ggf. Verteilung des Signals auf verschiedene Senderendstufen und/oder verschiedene Antennen und Verstärkung der einzelnen Signale bis zur Sendeleistung. Die Gesamtsignalverstärkung in Transpondern von Fernmeldesatelliten beträgt im allgemeinen ca. 100 bis 120 dB.

Als Randbedingungen sind zu beachten: Extrem hohe Zuverlässigkeit, möglichst geringe Masse, kleines Volumen, möglichst guter Wirkungsgrad sowie die Widerstandsfähigkeit gegen mechanische Beanspruchung, Einflüsse des Hochvakuums und der Weltraumstrahlung.

Transponder in kommerziellen Satellitensystemen arbeiten im allgemeinen als quasilineare Verstärker, in militärischen vorwiegend mit RF- oder ZF-Amplitudenbegrenzung.

Wesentliche Funktionseinheiten der Sender und Empfänger von Fernmeldesatelliten-Transpondern sind: Rauscharme Vorverstärker, RF- bzw. ZF-Vor- und Hauptverstärker, RF- bzw. ZF-Weichen, Senderleistungsstufen, ggf. Schaltmatrix für TDMA und künftig zunehmend Einrichtungen für „on-board processing" (s. 6.4.3). Zum Empfänger werden im allgemeinen der rauscharme Vorverstärker, der Empfangsfrequenzumsetzer, der RF- oder ZF-Hauptverstärker, sowie die Eingangskanalweichen gezählt. Der Sender enthält bei ZF-Durchschaltung (vgl. 6.4.2) den Sendefrequenzumsetzer sowie bei allen Durchschaltearten den Sendeleistungsverstärker und die Senderantennenweiche. RF-Vorverstärker, RF- bzw. ZF-Hauptverstärker und die Sendeleistungsstufen von FDMA-Satelliten sind mit denen von TDMA-Satelliten mit mehreren spot-beam-Antennen vergleichbar; die restlichen Baugruppen unterscheiden sich wesentlich. Fernsehrundfunksatellitentransponder unterscheiden sich von den FDMA-Transpondern insbesondere durch die Senderendstufen mit Ausgangsleistungen von einigen 100 W und durch die höheren Verstärkungsfaktoren der WFR-Verstärker.

6.4.2 Durchschalteprinzipien

Von den in Bild 6-13 dargestellten Durchschaltemethoden werden RF- und ZF-Durchschaltung praktisch benutzt.

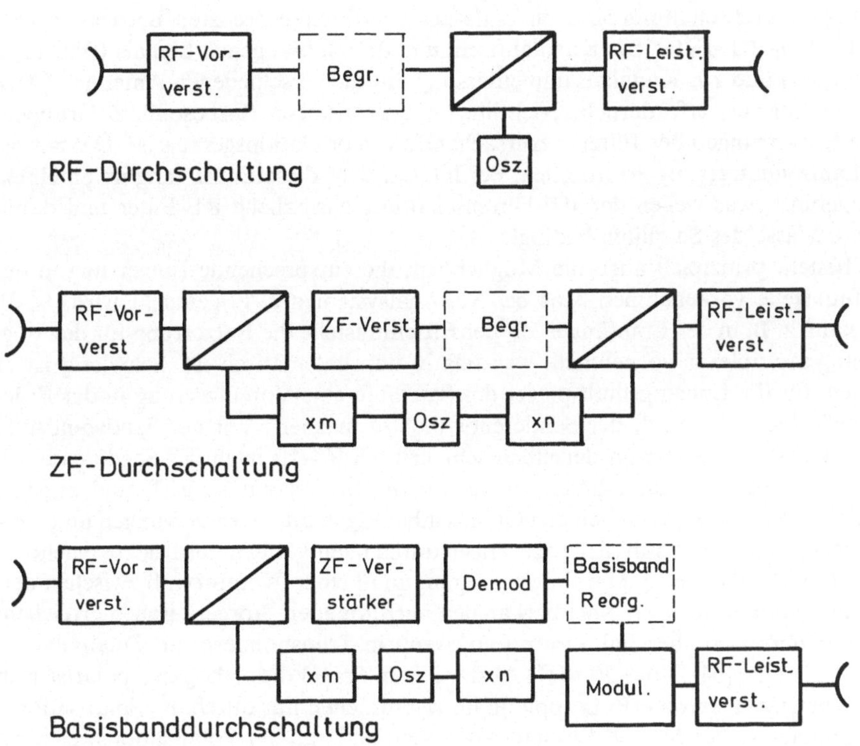

Bild 6-13. Durchschalteprinzipien im Transponder

Muß das empfangene Signal auf zahlreiche Sendeendstufen aufgeteilt werden, so erscheint vom Aufwand her die ZF-Durchschaltung günstiger; hier sind jedoch zwei Umsetzerfrequenzen notwendig. Beispiele für ZF-Durchschaltung sind Symphonie (ZF = 500 MHz) und OTS (ZF = 1 GHz).

Weitestgehend benutzt, insbesondere bei INTELSAT, wird die RF-Durchschaltung. RF-Transponder benötigen nur eine Frequenzumsetzung und damit nur eine im Satelliten erzeugte Oszillatorfrequenz, jedoch ist hier die gesamte Verstärkung im Mikrowellenbereich aufzubringen.

6.4.3 Auswirkungen der verwendeten Modulations- und Zugriffsverfahren auf die Transponderkonzeption

Sollen bei einem quasilinearen Transponder mehrere Träger in einer Wanderfeldröhren-Senderendstufe verstärkt werden, so ist ein relativ hoher back-off erforderlich, um die Intermodulationsgeräusche und etwaige Signalunterdrückungseffekte in Grenzen zu halten. Es ist deshalb zweckmäßiger, eine RF-Kanalaufteilung dergestalt vorzusehen, daß möglichst wenig Träger je RF-Kanal auf eine Senderendstufe entfallen. Bei TDMA-Betrieb eines Transponders ist — bedingt durch den Pulsbetrieb — die AM/PM-Konversion der WFR-Sendeendstufe kritisch [64-2].

Bei RF-Durchschaltung sind im Falle des bandbreitebegrenzten Betriebs in großem Umfang RF-Filter zur Kanalauftrennung des empfangenen Signals (Eingangsmultiplexer) und zur Kanalzusammenfassung auf die verschiedenen Antennen (Ausgangsmultiplexer) erforderlich. Nichtlineare Verzerrungen (insbesondere Gruppenlaufzeitverzerrungen der Filter) verursachen Intermodulationsgeräusche. Deshalb ist eine Laufzeitentzerrung erforderlich. Bei Intelsat wird diese Entzerrung im Satelliten durchgeführt, was wegen der RF-Durchschaltung zusätzliche RF-Filter und damit erhöhte Masse des Satelliten bedingt.

Es besteht prinzipiell auch die Möglichkeit, die entsprechende Entzerrung in der Erdefunkstelle vorzunehmen, was bei Regionalsystemen z. T. gemacht wird [64-3]. Man kann z. B. in der Empfänger-ZF der Erdefunkstelle die Entzerrung für den o. g. Ausgangsmultiplexer vornehmen, was relativ unproblematisch ist. Schwierig ist es dagegen, für die Eingangsmultiplexer des Satelliten eine Vorentzerrung in der Erdefunkstelle (vor oder nach der Senderendstufe) zu machen: Vor der Senderendstufe ist die AM/PM-Konversion derselben sehr kritisch [64-4]; nach der Senderendstufe sind die Entzerrungsmaßnahmen aufwendig (hoher Leistungspegel!) und ergeben ein unflexibles Konzept. Neben den Geräuschbeiträgen durch Verzerrungen im Übertragungskanal gibt es zusätzliche Störungen durch nicht völlig unterdrückte Nachbarkanäle (*multipath-Effekt*). Die Filterauslegung muß einen Kompromiß zwischen den kanaleigenen und den von Nachbarkanälen herrührenden Störgeräuschen erreichen. Ein besonders kritischer Fall ergibt sich, wenn in Transpondern mit Dualpolarisationsausnutzung [64-5] in ± 20 MHz Abstand vom Träger die orthogonal polarisierten Signale verstärkt werden (Entkopplung im wesentlichen nur durch die Polarisationsentkopplung der Sende- und Empfangsantennen und ggf. der Polarisationsweichen).

In Zukunft gibt es Satellitensysteme mit zahlreichen spot-beam-Antennen. Daraus folgt die Notwendigkeit von Querverbindungen zwischen den einzelnen Antennen. Elegant und in Zukunft viel verwendet ist die fallweise Durchschaltung im SS-TDMA, wie wir sie aus 4.7 schon kennen. Nimmt man für FDMA dieselbe Situation an (n Ausleuchtgebiete, jedem ein Empfänger und ein Sender zugeordnet), so erfordert die beliebige Verknüpfung n^2 RF-(ZF)-Kanalfilter. Zwar kann die Zuordnung der einzelnen Empfangssignale zu den Sendezügen noch durch entsprechende Umschalter variiert werden, doch liegt die einmal gewählte Frequenzaufteilung durch die Filter und ihren Abgleich fest.

Die technologischen Fortschritte geben Grund zu der Annahme, daß bei neuen Systemgenerationen auf lange Sicht auch Nachrichtenverarbeitung im Satelliten verwendet werden wird.

Schon früher können Systeme mit Signalverarbeitung im Satelliten kommen: Regenerierende Transponder, d. h. Demodulation und damit Basisbanddurchschaltung im Satelliten. Man verwendet Phasendifferenzdemodulatoren und Ableitung des Taktes aus dem Basisbandsignal. Auf der Sendeseite wird der RF-Träger direkt moduliert. Die Vorteile eines derartigen Verfahrens wären:

— Unabhängigkeit der Aufwärts- und Abwärtsstrecke (Geräusche, Verzerrungen, Nebensprechen) hinsichtlich Beitrag zur Fehlerrate,
— die Satellitenwanderfeldröhre kann mit nur geringem „back off" gefahren werden,
— multipath-Effekte im Transponder werden unterdrückt,
— die Abwärtsstrecke des Satelliten verwendet je Transponder nur 1 RF-Träger (Vereinfachung der Trägerableitung der TDMA-Demodulatoren).

Führt man im Satelliten eine Trägerenergieverwischung durch rahmensynchrone pn-Folgen ein, so läßt sich dadurch bei geeigneter Auslegung auch das Rahmenkennwort einsparen. Schließlich kann man zu einer kontinuierlichen Übertragung in Auf- und Abwärtsrichtung übergehen. Man muß dann jedoch im Satelliten sowohl Demultiplexer als auch Multiplexer und entsprechende Stopfeinrichtungen vorsehen.

Bei den genannten Verfahren verlagert sich Schaltungsaufwand von den Erdefunkstellen in den Satelliten. Hauptprobleme: Zuverlässigkeit und Stromverbrauch der notwendigen hochintegrierten Schaltungen.

Literatur zu Verarbeitung im Satelliten: [65-...].

6.4.4 Empfangs- und Sendeverstärker

Nach dem heutigen Stand der Technik werden Wanderfeldröhren nur noch in den Senderendstufen im Frequenzbereich von 4 GHz nach oben benutzt. Für hohe Sendeleistungen (100-W-Bereich, Fernsehrundfunksatelliten) bleiben diese sicher noch lange erhalten [64-6]. Bei Sendeleistungen im 10-W-Bereich und im Frequenzbereich zwischen 4 und 12 GHz ist langfristig eine Ablösung durch FET-Leistungsverstärker abzusehen.

Die Empfangsantenne des Satelliten „sieht" stets die Erde mit ihrer Rauschtemperatur, so daß sehr niedrige Rauschtemperaturen des Empfängers im Satellitenempfänger uninteressant sind. Als rauscharme Vorverstärker werden verwendet bzw. sind von Interesse: Tunneldiodenverstärker (6 GHz, 8 GHz, 14 GHz), parametrische Verstärker (14 GHz, Beispiele OTS, CTS), rauscharme Bipolartransistorverstärker (6 GHz Intelsat V) und rauscharme FET-Vorverstärker.

Durch die Entwicklung der Mikrowellentransistortechnik (Bipolar- und FET-Technik) sind Tunneldioden [18-4] praktisch überholt. Mit Tunneldiodenverstärkern bei 6 GHz bzw. 8 GHz waren bzw. sind alle Intelsat-Satelliten bis einschließlich IV A, der deutsch-französische Versuchssatellit Symphonie und die Satelliten DSCS II sowie bei 14 GHz auch Intelsat V ausgerüstet.

Parametrische Verstärker (vgl. 5.4) haben inzwischen ihre Raumfahrttauglichkeit bewiesen [64-7]. So verwenden z. B. OTS und CTS bei 14 GHz einstufige parametrische Verstärker zur rauscharmen Vorverstärkung. Der von GTE in Italien entwickelte einstufige parametrische Verstärker weist eine Verstärkung $G = 13$ dB und ein Rauschmaß $F_{dB} = 3,3$ dB auf. Beim OTS-Transponder erlaubt dieses Rauschmaß für den

Gesamttransponder ein Rauschmaß von weniger als 5 dB. Die Pumpfrequenz liegt bei 40 GHz, die erforderliche Pumpleistung beträgt 5 mW. Sie wird aus einem 2,5-GHz-Transistoroszillator durch entsprechende Vervielfachung abgeleitet.

Bis in den Frequenzbereich von 6 GHz lassen sich mit Bipolartransistoren rauscharme RF-Vorverstärker mit Rauschtemperaturen von weniger als 500 K aufbauen [64-8]. Beispiele für die Satellitenanwendung solcher RF-Vorverstärker sind die Fernmeldesatelliten für Schiffsverbindungen im 1,5-GHz-Bereich sowie Intelsat V. Mit Feldeffekttransistoren lassen sich für Frequenzen bis zu etwa 14 GHz Rauschtemperaturen unter 500 K erzeugen. Es ist zu erwarten, daß in zukünftigen Satellitensystemen derartige Verstärker zum Einsatz kommen werden [64-9].

Wir wenden uns nun dem ZF- bzw. RF-Hauptverstärker zu. Für ZF-Verstärker mit Zwischenfrequenzen bis zu 2 GHz wählt man grundsätzlich die Auslegung als Bipolartransistorverstärker mit Verstärkungsfaktoren von ca. 40 bis 60 dB. Zur Verstärkungsregelung (über Telekommando von der Erde aus) werden üblicherweise PIN-Diodenabschwächer verwendet. Die evtl. erforderlichen Bandfilter und Laufzeitausgleichsschaltungen werden meist in den Hauptverstärker mit einbezogen. Die erforderliche Frequenzumsetzung in die ZF (oder die Satelliten-Sender-RF) erfolgt mit üblichen Eintakt- oder Gegentaktmischern.

Heute ist es Stand der Technik, den 4-GHz-Hauptverstärker durch Bipolartransistorverstärker in MIC-Technik zu realisieren [64-10], mit Verstärkungsumfang und Regelmöglichkeiten (64-11] vergleichbar den ZF-Hauptverstärkern. Für 14/11-GHz-Satelliten wird der 4-GHz-Bereich als ZF verwendet. Es ergeben sich damit einfache Umsteigemöglichkeiten zwischen Satellitenempfängern und -sendern. Im CTS-Satelliten wird in der 12-GHz-Ebene — zusammen mit einer 20-W-Wanderfeldröhre — ein FET-Verstärker mit einer Verstärkung von 24 dB verwendet [64-12].

Die Senderendstufen haben die Aufgabe, von einigen mW Eingangsleistung eine Ausgangsleistung im Bereich einige W bis einige 100 W zu erzeugen. Bei Senderendstufen im Frequenzbereich bis etwa 2,5 GHz und mit Leistungen bis rund 20 W sind Bipolarverstärker — vergleichbar denen des Richtfunks — Stand der Technik [64-13]. In den Frequenzbändern bei 4 GHz, 7 GHz und 12 GHz beherrscht die Wanderfeldröhre auch noch bei mittleren Sendeleistungen (bis 20 W) das Feld. Durch die Einführung mehrstufiger Kollektoren [64-14] werden Wirkungsgrade zwischen 30 und 40 % erreicht; diese Werte lassen sich schon bei 4 GHz nicht mehr mit Bipolartransistoren erreichen. Darüber hinaus stehen auch für die Frequenzbereiche 18 GHz und 30 GHz bereits Wanderfeldröhrenverstärker zur Verfügung.

Eine Weiterentwicklung der FET-Leistungsverstärker insbesondere hinsichtlich ihrer Zuverlässigkeit könnte in Zukunft eine brauchbare Alternative zu Wanderfeldröhren dieses Leistungsbereichs sein. Bei IMPATT-Verstärkern wurden Möglichkeiten zur Kombination vieler Dioden im Labormodell demonstriert [64-15].

Für Fernsehrundfunksatelliten sind Sendeleistungen von rund 100 W bis rund 500 W (700 W) erforderlich. Bis zu etwa 200 W werden bei WFR Wendelleitungen als Verzögerungsleitungen eingesetzt, darüber verwendet man gekoppelte Hohlraumresonatoren. Diese Röhren arbeiten je nach Ausführung und Hersteller mit 2- bis 5-stufigen Kollektoren und Wirkungsgraden von 40 bis 50 %. Die Kollektoren dieser Röhren strahlen im allgemeinen ihre Verlustleistung weitgehend direkt in den Weltraum ab. Senderendstufen sind zusätzlich mit redundanten Wanderfeldröhren bestückt. Literatur [64-16].

6.4.5 Eingangs- und Ausgangskanalweichenketten

Wird eine größere Anzahl Senderleistungsstufen im Transponder verwendet, so ist eine Aufteilung der breitbandig empfangenen und verstärkten Signale in einzelne RF-Kanäle durch Eingangskanalweichen erforderlich. Dabei erleichtert die Auftrennung in gradzahlige und ungeradzahlige Kanäle die Entkopplungsforderungen an die verwendeten Weichenfilter. Unter dieser Voraussetzung wird beispielsweise bei Intelsat IV ein zehnkreisiges Kanalfilter mit Tschebyscheff-Charakteristik verwendet. Diesem Kanalfilter ist ein fünfgliedriger Gruppenlaufzeitausgleicher nachgeschaltet. Die Zusammenfassung der einzelnen Kanäle erfolgt über Zirkulatoren entsprechend den in der Richtfunktechnik heute üblichen Kanalweichen.

Wesentliche Fortschritte wurden möglich durch die Einführung der *Zweimoden-Filter* (*dual mode filter*) [17-7]. Bei diesem Filtertyp können sich in den Hohlraumresonatoren zwei orthogonale Schwingungsmoden ohne störende gegenseitige Beeinflussung entfachen. Dadurch läßt sich bei gleichen Anforderungen an das Filter gegenüber herkömmlichen Ausführungen die Zahl der erforderlichen Resonatoren um den Faktor 2 reduzieren. Darüber hinaus lassen sich elektrisch nicht benachbarte Resonatoren einfach miteinander koppeln, wodurch sich RF-Filter mit Dämpfungspolen sowie laufzeitgeebnete Filter einfach realisieren lassen.

Die Sender-Antennenweichen fassen die verstärkten Signale der einzelnen Wanderfeldröhrenverstärker, die für eine gemeinsame Sendeantenne bestimmt sind, zusammen. Für die dazu erforderlichen Weichenfilter werden heute anstelle von Invar *Kohlenstoff-Epoxyd-Laminate* verwendet, die bei vergleichbarem Temperaturkoeffizienten nur die halbe Masse aufweisen [17-8]. Bei Intelsat V werden dual-mode-Filter mit drei Hohlraumresonatoren je Filter verwendet. Jeweils fünf Filter sind an die Breitseite eines Hohlleiters angekoppelt. Im Gegensatz zur Intelsat-IV-Weiche kann diese Weiche mit unmittelbar benachbarten RF-Kanälen belegt werden (waveguide manifold type contiguous band multiplexer [64-17]).

6.4.6 Der Intelsat-V-Transponder

Die Empfangsantennen (Bild 6-14) speisen 15 Empfänger, davon sind sieben Betriebsempfänger, die restlichen acht redundante Ersatzempfänger [31-5]. Die Vorverstärkung erfolgt bei 6 GHz durch einen Bipolartransistorverstärker, bei 14 GHz durch Tunneldiodenverstärker. In Gegentaktmischern werden die Empfangssignale (bei 6 GHz und bei 14 GHz) in den 4-GHz-Bereich umgesetzt; weitere Verstärkung erfolgt mittels Bipolartransistorverstärkern. Über Dämpfungsglieder kann durch Funkkommando eine veränderbare Verstärkung eingestellt werden. Sodann erfolgt für jedes Ausleuchtgebiet getrennt die Aufteilung der einzelnen Kanäle in der Eingangskanalweiche. Eine Schaltmatrix läßt praktisch beliebige Durchschaltungen zwischen Eingangs- und Ausgangskanälen des Transponders zu. Nach der Schaltmatrix werden die bei 11 GHz auszusendenden Kanäle in den 11-GHz-Bereich umgesetzt. Die verschiedenen Signale werden dann jeweils den Senderendstufen, die mit Wanderfeldröhren bestückt sind, zugeführt (bei 4 GHz direkt von der Schaltmatrix aus). Insgesamt sind im Transponder 27 Senderendstufen vorgesehen, die jeweils zusätzliche redundante Wanderfeldröhren enthalten. Schließlich werden die für die

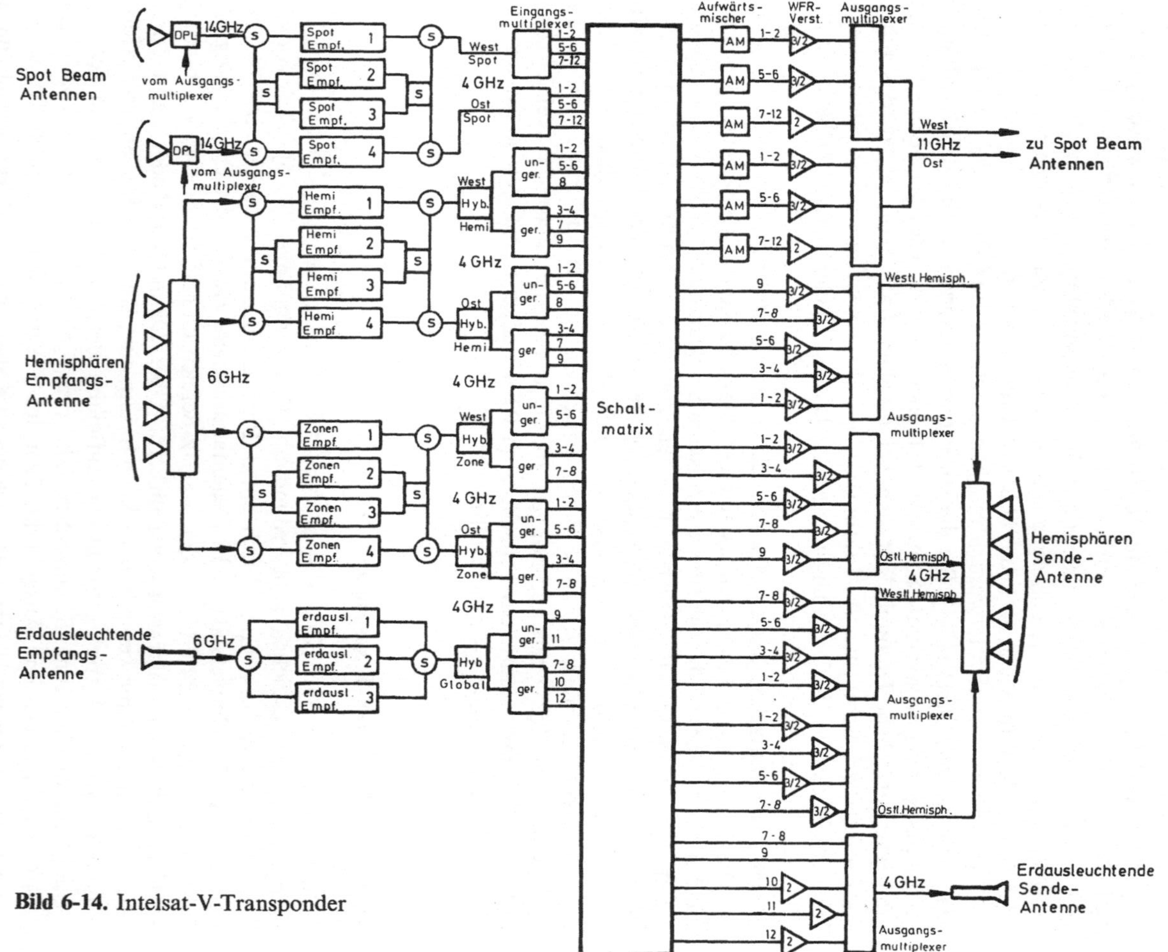

Bild 6-14. Intelsat-V-Transponder

einzelnen Antennen bzw. Strahlungskeulen bestimmten Signale in den Sende-Antennenweichen zusammengefaßt. Die EIRP-Werte liegen im 4-GHz-Bereich — je nach Transponder und Ausleuchtgebiet — zwischen 23,5 und 29 dBW, für den 11-GHz-Bereich zwischen 41 und 44 dBW.

Die Gesamtmasse des Transponders beträgt ca. 167 kg, der Leistungsverbrauch ca. 820 W (volle Betriebsfähigkeit in der Eklipse). Im Blockschaltbild geben die Zahlen vor den Wanderfeldröhrenverstärkern die Kanalnummer im jeweiligen Frequenzband an. Dabei ist zu berücksichtigen, daß das 4-GHz-Band in beiden Polarisationsebenen belegt wird, und außerdem, daß die östlichen und westlichen Ausleuchtgebiete die gleiche Frequenz wiederbenutzen (vgl. Bild 6-10). Eine einzelne Ziffer steht dabei für einen RF-Kanal mit 36 MHz bzw. 41 MHz Bandbreite. In den Eingangsmultiplexern von Intelsat V werden gradzahlige bzw. ungeradzahlige Kanäle an getrennten Weichenketten — mit Zirkulatorkupplung der einzelnen Filter — zusammengefaßt. Als Kanalfilter werden hier 8-kreisige pseudoellipdische Filter aus Kohlenstoffaser-Epoxyd-Laminaten verwendet.

6.5 Fernmessung, Fernsteuerung und Entfernungsmessung

Die Telemetrieeinrichtungen übertragen Daten über den Betriebszustand des Satelliten: Ströme und Spannungen, Temperaturen des Solargenerators, Batteriezustand, Temperaturen und Drücke der Treibstofftanks sowie der Düsen für Lage- und Positionsregelung, Rotation und Drehmoment der Drallmotoren, Lagertemperaturen etwaiger Despun-Einrichtungen, Statusmeldungen über Heiz- und Wendelspannungen von Wanderfeldröhren, Daten für die Positions- und Lageregelung, usw. Die Telemetriefrequenz wird auch als Bake benutzt, um die terrestrischen Antennen nachzusteuern. Um beim Telekommando sicher zu sein, daß keine falschen Befehle gegeben werden, werden die an die Telekommandoeinrichtungen des Satelliten übermittelten Befehle gespeichert, über die Telemetrie geprüft und erst dann ausgeführt. Beispiele für Befehle sind Korrektur der Position des Satelliten, Ersatzschaltung defekter Geräte und Umschaltung der automatisch arbeitenden Lagestabilisierung auf Bodensteuerung bei defekten Sensoren.

Bild 6-15 zeigt das Prinzipschaltbild des Telemetrie- und Telekommandountersystems. TM/TC wird während des Bahneinschusses im S-Band oder im VHF-Bereich durchgeführt. Im Betriebszustand des Satelliten laufen die TM/TC-Signale im Regelfall über den Betriebsfrequenzbereich des Satelliten, also z. B. 4/6 oder 11/14 GHz.

Positions- und Lagebestimmung schließt Winkelmessungen, Entfernungsmessungen und Messungen der Änderung der Entfernung ein. Die Winkelmessungen können von den Erdefunkstellen oder besonderen Überwachungsstationen, die mit Interferometern ausgerüstet sind, durchgeführt werden, indem die Funkbake des Satelliten zur Antennennachführung oder als Peilsignal verwendet wird. Entfernungsmessungen setzen die Aussendung eines Mehrton- oder pn-Signals zum Satelliten voraus, von dem es kohärent zum empfangenen Signal wieder zur Erde abgestrahlt wird. Dort wird aus der Signallaufzeit die Entfernung berechnet.

Literatur zu TM/TC: [28-...].

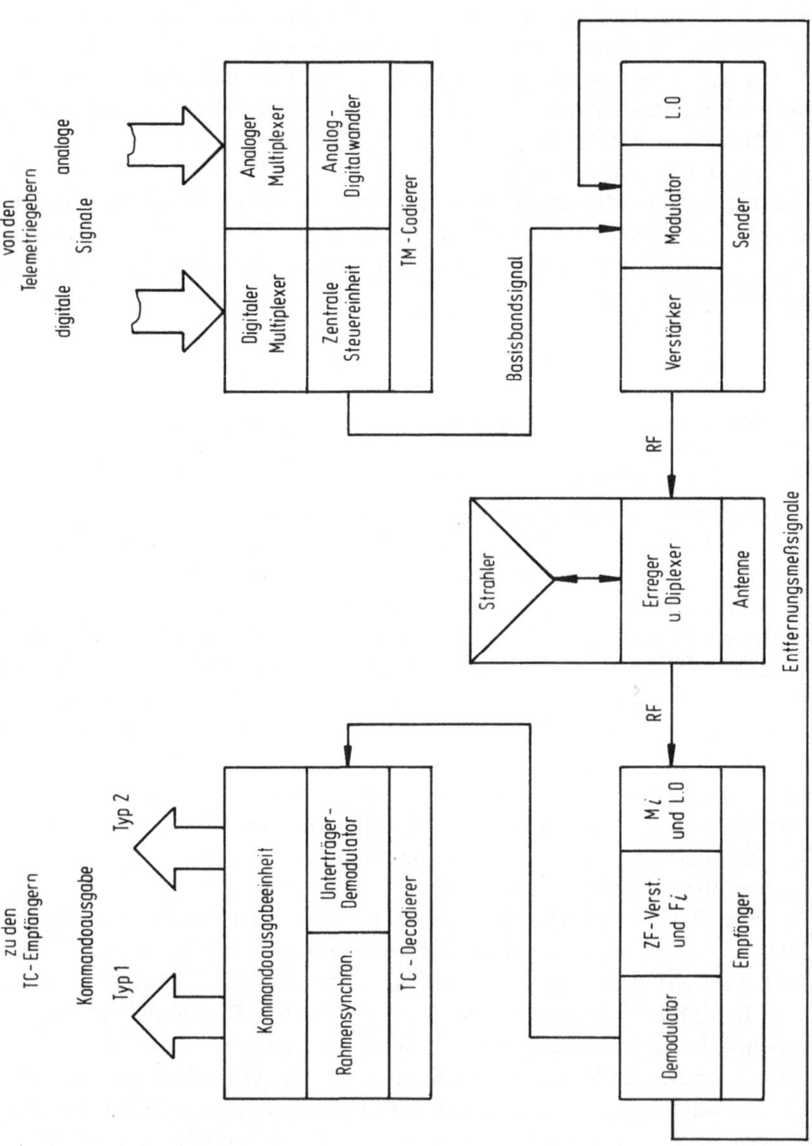

Bild 6-15. Prinzipschaltbild des Telemetrie- und Telekommandountersystems (TMTC)

6.6 Stromversorgung von Satelliten

6.6.1 Übersicht

Die nachrichtentechnischen und die zum Betrieb des Satelliten erforderlichen Geräte müssen — auch beim Durchgang des Satelliten durch den Erdschatten — laufend mit elektrischer Energie versorgt werden. Dazu muß im Satelliten diese Energie erzeugt, verteilt, reguliert und gegebenenfalls auch gespeichert werden. Wesentlich ist dabei, daß mit möglichst geringer Masse und Volumen für die erforderlichen Einrichtungen eine möglichst hohe elektrische Leistung erzeugt wird. Außerdem soll während der Lebensdauer des Satelliten (5 bis 10 Jahre) die erzeugbare Leistung nur geringfügig abfallen.

Die einzige von außerhalb des Satelliten verfügbare Energie ist die Solarenergie (1400 W/m^2). Im Satelliten kann Energie aus Radioisotopquellen (thermoelektrische Generatoren), aus Kernreaktoren und aus Brennstoffzellen gewonnen werden [66-1].

Für Fernmeldesatelliten in der Synchronbahn hat sich selbst für Leistungen im Multi-kW-Bereich eindeutig die Energiegewinnung aus Solarenergie durchgesetzt. Es gibt Solarzellenausleger für eine Leistung von 25 kW mit einer spezifischen Leistung von 66 W/kg [66-2]. Ein Gütemaß für einen Solarzellengenerator ist seine Leistungsfähigkeit am Ende der Lebensdauer, ausgedrückt in W/kg. Bei dual-spin-arrays ergeben sich dafür Werte von 9—11 W/kg.

Bei spinstabilisierten Satelliten mit einer Zylinderoberfläche $2\pi Rh$ (Radius des Satellitenzylinders: R, Höhe des Zylinders: h) ist für die Energieerzeugung nur eine Fläche $2Rh$ wirksam. Zur Erzeugung gleicher Leistung ist gegenüber Solarzellenauslegern eine um den Faktor π größere Zahl von Solarzellen erforderlich, falls man in beiden Fällen für die Solarzellen gleiche Temperaturen unterstellt. Solarzellen auf Auslegern arbeiten gegenüber Zellen an Dual-Spin-Satelliten bei etwa 30 K höherer Temperatur und haben dabei einen um 15 % geringeren Wirkungsgrad. Dadurch bedingt benötigt die Dual-Spin-Version gegenüber der dreiachsenstabilisierten Version nur um den Faktor 2,7 mehr Solarzellen [66-3].

6.6.2 Solarzellen

Solarzellen sind Energiewandler auf Halbleiterbasis zur direkten Umwandlung von Sonnenenergie in elektrische Energie. Vorwiegend wird Silizium als Halbleitermaterial verwendet; andere Materialien: [66-4].

Gängige Abmessungen der Solarzellen liegen zwischen 1×2 cm und 2×6 cm sowie 4×4 cm, die Dicke beträgt 50 µm bis 100 µm. Der spezifische Widerstand verschiedener Ausführungen liegt zwischen 0,1 Ω/cm und 20 Ω/cm, der Wirkungsgrad bei einer Temperatur von 28 °C zwischen 10 % und 16 % [66-5]. Übliche Satelliten-Solarzellen, z. B. TELESUN-Zellen von AEG-Telefunken [66-6] sind aus einem p-leitenden Si-Einkristall geschnitten (TELESUN: spez. Widerstand ca. 10 Ω/cm). Auf der dem Licht zugewandten Seite der Zelle wird durch Eindiffusion von Phosphor eine nur ca. 0,3 µm flache, stark n-leitende Schicht erzeugt, die über einen aufgedampften Ti-Ag-Kontakt angeschlossen ist. Eine derartige Solarzelle (Abmessungen 2×2 cm) liefert einen Kurzschlußstrom von mehr als 140 mA und eine Leerlaufspannung von über 500 mV. Die max. Leistung beträgt rund 60 mW. Die Empfindlichkeit der Zelle liegt im Spektralbereich von 0,4 bis 1,1 µm mit einem Maximum bei 0,8 µm, während das Energiemaximum der Sonnenstrahlung bei 0,5 µm auftritt.

Der Temperaturbereich für Solarzellen liegt zwischen $-180\,°C$ (Eklipse) und $+60\,°C$. Dies ergibt hohe Anforderungen an die Temperaturkoeffizienten der verschiedenen verwendeten Materialien und führt außerdem zu erheblichen Überhöhungen der abgegebenen Spannungen (kurzzeitig bis zum 2,5-fachen Nennwert). Zur Erhöhung des Wirkungsgrades werden z. B. pyramidenförmige Oberflächen (reflektierte Strahlung fällt auf andere Stelle der Solarzelle), antireflektierende Beläge (z. B. aufgedampftes SiO), Mehrlagenabdeckung mit erhöhtem Reflexionsfaktor für Wellenlängen unter 0,35 µm und über 1,2 µm (zur Erniedrigung der Aufheizung der Zellen) sowie Aufdampfen einer Al-Reflektorschicht auf der Unterseite der Zelle angewandt.

Als Strahlungsschutz werden spezielle Abdeckungen verwendet, die durch ihre hohe Emissionsfähigkeit ebenfalls zu einer Verringerung der Temperatur der Solarzelle beitragen. Besonders gute Erfahrungen hinsichtlich des Schutzes der Zellen gegen UV-Strahlung, Elektronen- und Protronenstrahlung wurden mit aufgedampften TiO_2-Deckgläsern gemacht [66-7]. Auch Saphir- oder Quarzdeckgläser mit Stärken von 0,075 bis 0,5 mm haben sich bewährt. Über Strahlungsschädigungen für verschiedene Typen von Solarzellen und Abdeckungen liegen inzwischen umfangreiche Untersuchungen vor [66-8]. Die Degradation am Ende der Lebensdauer des Satelliten ist je nach der verwendeten Abdeckung auf etwa 20 bis 40% der Anfangsleistung der Solarzelle anzusetzen [66-9]. Da die durch Si-Solarzellen abgegebene Leistung um 0,5% je Grad Temperaturerhöhung abnimmt, sorgt man für gute Abstrahlung von der Rückseite von Solarzellenauslegern.

6.6.3 Solarzellenausleger

Meist werden nur teilweise nachführbare Solarzellenausleger verwendet, die nur die tägliche Nachführung der Solarzellen erlauben. In diesem Fall fällt die Sonnenenergie zur Zeit der Tag- und Nachtgleiche senkrecht auf die Solarzellen ein. Im ungünstigsten Fall fällt die Sonnenstrahlung unter einem Winkel von 23° ein, was zu einem Energieverlust von $(1 - \cos 23°) = 8\%$ führt. Zur Nachführung der Solarzellenausleger ist ein eigenes Regelungssystem mit Sonnensensor und Stellmotor erforderlich.

Im wesentlichen sind 2 konstruktive Ausführungsformen der Ausleger zu unterscheiden: Entfaltbare (vorwiegend verwendet) oder entrollbare Ausleger. Bei entfaltbaren Auslegern können die einzelnen Paneele starr sein oder semiflexibel wie bei den ULP-Auslegern von MBB (ULP = ultra light weight panel) [66-10]. In diesem Fall ist nur der Rahmen aus faserverstärktem Epoxydharz starr ausgeführt, die Solarzellen befinden sich auf einem auf den Rahmen unter Vorspannung aufgezogenen kohlenstoffaserverstärkten Kapton-Substrat.

Für den deutschen Fernseh-Rundfunksatelliten sind 2 Ausleger je mit den Gesamtabmessungen von 13,2 m Länge und 3,3 m Breite vorgesehen. Sie bestehen jeweils aus 10 Paneelen mit den Abmessungen $1,2 \times 3,3$ m [66-11]. Die Leistungsabgabe des Auslegersystems am Lebensdauerende beträgt ca. 5 kW. Durch die neue Technologie

(ULP-Ausleger) ist es gelungen, die spezifische Leistung von ca. 20 W/kg auf ca. 50 bis 60 W/kg zu erhöhen.

6.6.4 Batterien

Die Energiespeicherung in Nachrichtensatelliten erfolgt fast ausschließlich in gasdichten Nickel-Cadmiumzellen, die beim Durchgang des Satelliten durch den Erdschatten die volle Leistung übernehmen. Im Jahr treten 90 dieser Durchgänge auf, die max. 72 Minuten je Tag dauern. Durch Verbesserung der Herstellverfahren, der Lade- und Entladeprozeduren im Betriebsfall, durch relativ enge Begrenzung des Betriebstemperaturbereiches (-5 bis $+10$ °C) ist es gelungen, die derzeitige spezifische Batteriespeicherfähigkeit von 15 Wh/kg auf 22 Wh/kg und gleichzeitig die Lebensdauer der Batterien zu erhöhen.

Batterien mit günstigerem Leistungsgewicht werden intensiv erforscht. Beispiele dafür sind die $Ni-H_2$-Batterie [66-12] und $Ag-H_2$-Batterien. Diese lassen zwar eine 30 bis 60 %ige Masseneinsparung erwarten, jedoch benötigen sie größeres Volumen als die Ni-Cd-Batterien (beispielsweise die $Ni-H_2$-Batterien etwas das 2- bis 3fache Volumen). Außerdem ist die Temperaturempfindlichkeit noch größer als bei Ni-Cd-Zellen. $Ni-H_2$-Batterien werden z. B. bei Intelsat VI verwendet [66-13].

6.6.5 Verteil- und Regelungssystem

Die Spannungen des Verteilsystems (geregelt oder ungeregelt) liegen derzeit zwischen 28 und 50 V (Gleichspannung). Im Falle des ungeregelten Verteilsystems muß jeder Verbraucher seine eigene Spannungsstabilisierung verwenden. Im Verteilsystem wird nur ein Überspannungsschutz vorgesehen. Dieses Verfahren hat Vorteile hinsichtlich Zuverlässigkeit, Gesamtmassenbilanz und Wirkungsgrad der Stromversorgung bei Batteriebetrieb [66-14]. Gleichspannungsbussysteme mit Verteilspannung über 200 V und hohen Leistungen sind problematisch. Bussysteme mit Wechselspannung (ca. 250 V) werden untersucht, die voraussichtlich eine Verteilung der Energie mit besserem Wirkungsgrad erlauben [66-15].

6.7 Temperaturregelung

Die Temperaturregelung des Satelliten muß unter den Umweltbedingungen der Synchronbahn — Sonneneinstrahlung $K_s = 1400$ W/m^2, thermische Abstrahlung in den Weltraum mit einer Temperatur von 4 K, sehr schnelle Temperaturänderung beim Durchgang durch die Eklipse — für die Nutzlast und die zum Betrieb des Satelliten notwendigen Geräte einen relativ engen Temperaturbereich von etwa 0 bis 40 °C sicherstellen, um optimale Bedingungen für deren Betrieb zu schaffen.

Das thermische Gleichgewicht zwischen eingestrahlter Sonnenenergie und im Satelliten erzeugter abgestrahlter Wärmeenergie muß in den geforderten engen Temperaturgrenzen des Satelliten gehalten werden. Besonders zu beachten sind dabei die Eigenschaften der äußeren Satellitenteile im Hinblick auf Wärmeemission und Wärmeabsorption und die Wärmekapazität der Bauteile sowie geeignete Maßnahmen zur Wärmeableitung von starken Wärmequellen an Abstrahlflächen.

Die Temperaturregelung kann durch passive oder aktive Methoden erreicht werden. Passive Methoden sind, falls ausreichend, der Einfachheit wegen vorzuziehen [67-1].

Die passive Temperaturregelung beruht vor allen Dingen auf den Möglichkeiten der Satellitenoberflächenbeschaffenheit, die niedrige oder hohe Emissionsfähigkeit ε (hinsichtlich Wärmeabstrahlung) und niedrige oder hohe Absorptionsfähigkeit α (hinsichtlich Absorption der eingestrahlten Solarenergie) aufweisen kann. Die Werte für ε und α liegen zwischen 0 und 1; z. B. weist schwarzer Anstrich große Werte auf, polierte Metalloberflächen haben dagegen kleine Werte. Der Koeffizient α/ε bestimmt, ob eine gegebene Oberfläche unter Sonneneinstrahlung Wärme aufnimmt oder abstrahlt. Da Satelliten Wärme abstrahlen, müssen Abstrahlflächen mit sehr kleinen α/ε-Werten verwendet werden. Üblicherweise werden Quarzgläser oder Teflonscheiben mit Silber- oder Aluminiumunterlagen verwendet (second surface mirrors). Damit erreicht man α/ε-Werte bis herab zu 0,06. Es ist jedoch Vorsorge zu treffen, daß sich die Oberflächenbeschaffenheit auf Grund der Einstrahlung über die Lebensdauer des Satelliten nicht wesentlich ändert.

Darüber hinaus ist es notwendig, die empfindlichen Teile des Satelliten durch eine Superisolation vor zu großer Wärmezufuhr oder Abgabe zu schützen (aluminisierte Mylar- oder Kaptonfolien).

Aktive Temperaturregelung kann z. B. erreicht werden durch

— elektrische Heizer, betätigt entweder durch Thermostaten oder Telekommando (Beispiel Antennenlager von Intelsat III),

— Klappen oder Blenden, die Flächen mit hohen ε-Werten temperaturgesteuert mehr oder weniger abdecken,

— „heat pipes", die Wärmeenergie von einer Wärmequelle im Satelliten an eine in den Weltraum abstrahlende Wärmesenke bei sehr kleiner Temperaturdifferenz übertragen, indem ein Wärmeaustauschmittel verdampft und in der Senke wieder kondensiert wird. Solche Verfahren sind erforderlich zur Wärmeableitung von Funktionseinheiten mit hohen Verlustleistungen wie z. B. die Senderantennenweichen bei Fernseh- und Funksatelliten [67-2].

Bei dual-spin-stabilisierten Satelliten steht zur Wärmeabstrahlung nur die Nordseite des Satelliten zur Verfügung; alle nennenswert Wärme erzeugenden Geräte werden daher im oberen Teil des Satelliten untergebracht. Für die mit Solarzellen belegte rotierende Trommel des Satelliten ergibt sich unter Sonneneinstrahlung eine Temperatur von 20 bis 25 °C. Während der Eklipse fällt die Temperatur auf −80 °C, daher müssen die Geräte im Innern der Trommel von dieser thermisch isoliert werden.

Bei dreiachsenstabilisierten Satelliten müssen im Regelfall bis auf die Nord- und Südseiten des Satelliten, die zur Wärmeabstrahlung verwendet werden, alle übrigen Seiten mit Superisolation thermisch isoliert werden.

6.8 Bahn- und Lageregelung von Nachrichtensatelliten

6.8.1 Aufgabenstellung und Überblick

Aufgabe der Positions- und Lageregelungseinrichtungen des Satelliten ist,
— die Position des Satelliten auf seiner Bahn so zu regeln, daß er von der Erde aus

gesehen stets in einem entsprechend der jeweiligen Aufgabe eng begrenzten „Fenster" bleibt,

— die Lage des Satelliten so zu regeln, daß das Ausleuchtgebiet auf der Erde entsprechend der Aufgabe eng begrenzt bleibt.

Bei diesen Einrichtungen lassen sich drei Hauptgruppen unterscheiden: Meßeinrichtungen (Meßergebnisse zeigen Zustand bzgl. Lage und Bahn), Reaktionssysteme (Erzeugung von Momenten) und Regelsysteme (stabile Verknüpfung der Reaktionen mit den Meßergebnissen).

Das *Messen der Lage* erfolgt vom Satelliten aus mit optischen Methoden, wobei die Erde, Sonne und Sterne als Lichtquellen im sichtbaren bzw. infraroten Bereich und als Bezugspunkt dienen. Ergänzt wird diese Technik durch radiofrequente Sensoren, die sich auf eine Bake im Ausleuchtgebiet ausrichten.

Das Ermitteln der Steuerinformation für das *Messen der Bahn* erfordert erheblichen Rechenaufwand und wurde bisher am Boden vorgenommen. Die Fortschritte der Mikroprozessortechnik und der höchstintegrierten Schaltungen werden in Zukunft solche Messungen und Berechnungen auch in Satelliten ermöglichen; dann ergibt sich eine geschlossene Regelschleife.

Bei den Reaktionssystemen sind im Prinzip drei verschiedene Methoden zu unterscheiden:

— *Antriebssysteme*, bei denen Kräfte oder Momente als Reaktion auf den Massenanstoß aus dem Satelliten wirksam werden. Sie unterscheiden sich von den entsprechenden Verfahren beim Start und Bahneinschuß der Rakete durch den (kleinen) Betrag des benötigten Impulses. Zur Anwendung kommen: Kaltgas- und Heißgassysteme, chemische Antriebssysteme und elektrische Antriebe.

— *Interaktionssysteme*, bei welchen die Erzeugung der Regelgrößen durch Wechselwirkung dieser mit äußeren Kraftfeldern entsteht. Dazu gehören die Schwerkraftgradientensysteme sowie magnetische Verfahren, die auf der elektromagnetischen Wechselwirkung einer stromdurchflossenen Spule mit dem Erdmagnetfeld beruhen.

— *Interne Kräfte und Momente*, hervorgerufen durch die Reaktion von Komponenten des sich bewegenden Satelliten. Diese Verfahren sind nur für die Lageregelung geeignet. Wichtige Beispiele sind die passive Nutationsdämpfung (Verbrauch kinetischer Energie, um die Stabilität des spinnenden Satelliten zu erhalten), die mechanische Antennenentdrallung, die Nachführeinrichtungen (z. B. für Antennen) und schließlich Stabilisierungs- und Reaktionsschwungräder, bei denen ein Reaktionsmoment vom Rotor auf den Stator als Stellmoment für die Lage des Satelliten dient und den von außen kommenden Störmomenten entgegenwirkt.

Die Regelungssysteme für die Lageregelung sind erst in jüngerer Zeit autonome „onboard"-Systeme; früher wurden die Regelvorgänge über Telemetrie und Telekommando am Boden im „open-loop"-Betrieb abgewickelt. Dafür benötigt z. B. beim Satelliten OTS heute das komplette satellitengebundene Bahn- und Lageregelungssystem etwa $^1/_3$ der gesamten Satelliten-Hardwarekosten.

Literatur zur Bahn- und Lageregelung: [23-...]; zu Bahnstörungen usw.: [21-...].

6.8.2 Störeinflüsse auf die Bahn und Lage des Satelliten

Nachstehend wollen wir die wesentlichen Einflüsse kurz charakterisieren [21-3].

Triaxialität der Erde. Der Massenmittelpunkt der Erde und das Zentrum der Satellitenbahn fallen nicht zusammen, dadurch treten tangentiale Beschleunigungen des Satelliten in der Bahnebene auf (Der Äquatorquerschnitt der Erde ist eine Ellipse mit 150 m Achsendifferenz; die Erde hat — übertrieben gesprochen — Birnenform.).

Gravitationskräfte. Die von Mond und Sonne ausgeübten Kräfte verursachen eine Präzession der Bahnachse und damit ein Kippen der Bahnebene. Das von der Sonne bedingte Moment ist am größten im Sommer- und im Winterpunkt; im Frühjahrs- und im Herbstpunkt ist es Null. Es ist also ein periodischer Vorgang; Periode: 1 sid. Jahr. Beim Mondeinfluß ist die Periode dagegen ein Monat.

Strahlungsdruck der Sonne. Bei Satelliten mit großen Solarzellenauslegern ist dies die Hauptstörgröße für die Lagestabilisierung. Der Satellit möge der Sonne eine total reflektierende Fläche A zuwenden. Dann wird auf den Satelliten die Strahlungskraft

$$F = \frac{2K_s A}{c} \tag{6-1}$$

ausgeübt; dabei ist $K_s = 1400$ W/m² die Solarkonstante und c die Lichtgeschwindigkeit.

Zwischen Mittag und Mitternacht wird der Satellit beschleunigt, in der übrigen Zeit abgebremst; dadurch ergeben sich geringfügige Auswirkungen auf die Exzentrizität der Bahnkurve. Bei den derzeitigen Satelliten ist keine Kompensation erforderlich.

Falls die Solarzellenausleger nicht gleichartig auf die Sonne ausgerichtet sind, ergibt sich ein „Windmühleneffekt". Ein Drehmoment ergibt sich ferner, wenn der Strahlungsdruckmittelpunkt nicht mit dem Satellitenschwerpunkt zusammenfällt. Ist T_D das von der Solarstrahlung herrührende Störmoment, H der Drehimpuls und $\omega_0 = 7{,}29 \cdot 10^{-5}$ rad/s die Orbitfrequenz, dann tritt um die Gierachse (vgl. 6.8.3) der Winkelfehler

$$\psi = \frac{T_D}{H\omega_0} \tag{6-2}$$

auf. Die genannten Momente ergeben säkulare Nickmomente und (mit der Bahnumlaufsfrequenz zyklische) Roll- und Giermomente.

6.8.3 Lagefehler des Satelliten und daraus resultierende Fehler der Antennenstrahlachse

Die Achsen des Satelliten werden nach Bild 6-16 definiert. Die Nickachse (pitch axis) steht senkrecht auf der Bahnebene (Südrichtung) und parallel zur Erdachse, die Rollachse (roll axis) liegt in der Bahnebene in Flugbahnrichtung und die Gierachse (yaw axis) liegt ebenfalls in der Bahnebene und zeigt zum Erdmittelpunkt. Man sieht, daß sich durch Beobachtung der Erde (mit geeigneten Erdsensoren) vom Satelliten aus Drehungen um die Nick- oder Rollachse erkennen lassen. Dagegen können

Drehungen um die Gierachse mit den üblichen Infrarot-Erdsensoren, die den Erdumfang abtasten, nicht erkannt werden (siehe Bild 6-19). Man benutzt hier Sonnen- oder Sternsensoren. Eine andere Möglichkeit besteht in der Peilung geeigneter RF-Bakensender auf der Erde, wobei z. B. beide Polarisationsebenen ausgenutzt werden.

Wenn man sich in Bild 6-16 die Position eines geostationären Satelliten 6 h später vorstellt, so sieht man, daß die Rollachse dann in die Richtung zeigt, die vorher die Gierachse hatte. Das bedeutet, daß Gierfehler nach 6 h als Rollfehler erscheinen (und umgekehrt) und daß die maximalen Roll- und Gierfehler jeweils gleich groß sind. Die Korrektur der Rollfehler mittels Kompensationsmoment wird mit einem solchen um die Gierachse kombiniert. Dabei ist unterstellt, daß in Richtung der Nickachse des Satelliten ein Drehimpuls vorhanden ist.

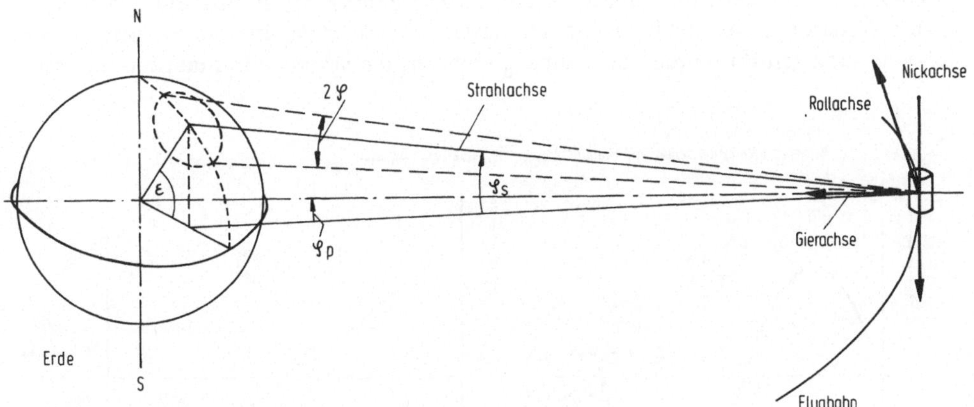

Bild 6-16. Definition der körperfesten Achsen und Lagefehler

Der *Richtfehler der Satellitenantenne* hat folgende Ursachen:
— Lagefehler des Satelliten (vorwiegend Nick- und Rollfehler),
— Abweichung der Sensorrichtung und der Hauptstrahlrichtung der Antenne,
— Rauschen und Offsetspannungen des Regelkreises,
— eventuelle zusätzliche Richtfehler bei der Durchführung von Bahn- und Lagemanövern.
Dieser Richtfehler wirkt sich natürlich besonders an dem (üblicherweise durch Abfall um 3 dB definierten) Rand der Ausleuchtungszone aus. Wie in [23-2] gezeigt wird, beträgt dort der zusätzliche Verlust

$$L = 15 \left(\frac{\Delta\varphi}{2\varphi}\right) \text{dB} \qquad (6\text{-}3)$$

wenn 2φ die Halbwertsbreite (Winkel zwischen den 3-dB-Abfällen) und $\Delta\varphi$ der Richtfehler ist.

Mit Hilfe von Bild 6-16 können wir berechnen, wie der Antennenrichtfehler vom Lagefehler des Satelliten abhängt. Im Falle des geostationären Satelliten sind alle angegebenen Winkel klein, und man erhält

$$\Delta\varphi_s = \Delta roll\,, \qquad (6\text{-}4)$$

$$\Delta\varphi_p = \Delta nick + \varphi_s\Delta gier \approx \Delta nick\,. \qquad (6\text{-}5)$$

Damit ergibt sich als maximaler Gesamtrichtfehler:

$$\Delta\varphi_{max} \approx \sqrt{\Delta nick_{max}^2 + \Delta roll_{max}^2} \, . \tag{6-6}$$

Abgesehen von Störungen bei Bahnmanövern liegen im Regelfall alle übrigen Störgrößen unter $0{,}1°$.

6.8.4 Positionskorrektur des Satelliten

Zunächst besprechen wir die *Positionskontrolle in Nord-Süd-Richtung*. Kleine Inklinationen i (bis ca. $5°$) haben — von der Erde aus gesehen — eine Pendelbewegung des Satelliten senkrecht zum Äquator zur Folge (Periode 24 h); die Auslenkung parallel zum Äquator ist vernachlässigbar. Die letzte Korrektur der Inklination sei zur Zeit $t = 0$ durchgeführt worden und habe i_0 ergeben; die jährliche Inklinationsänderung

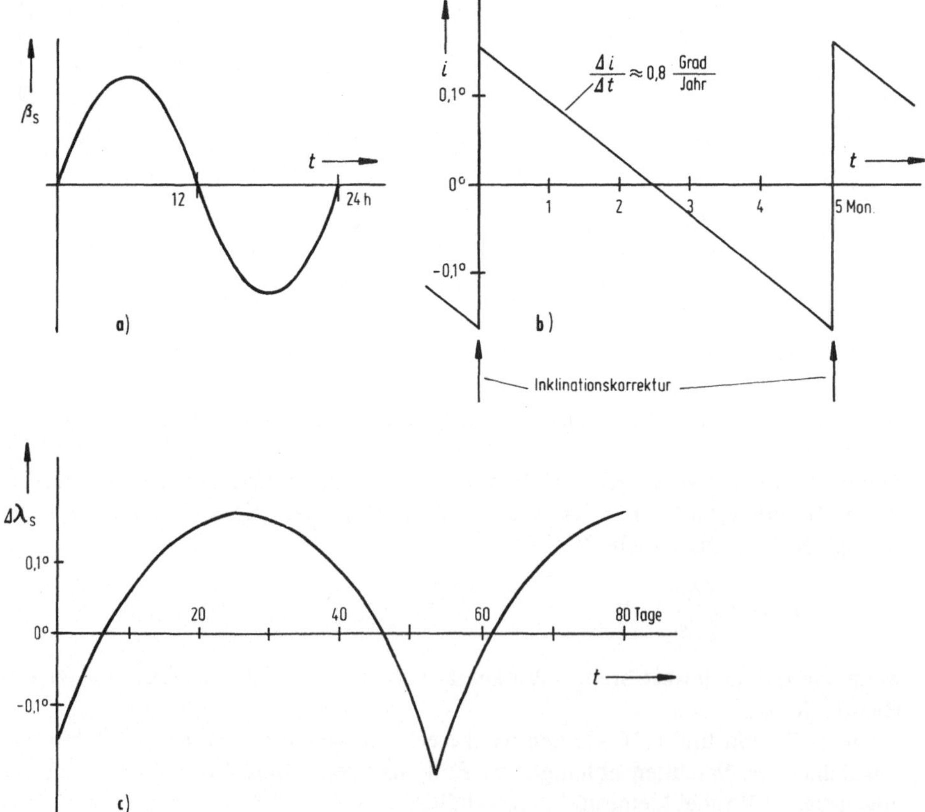

Bild 6-17. Standortänderungen eines geostationären Satelliten
a: Mittlerer Inklinationsfehler, **b:** Änderung quer zum Äquator, **c:** Änderung parallel zum Äquator

sei i_a. Der Satellitenstandort hat dann, wie in Bild 6-17 dargestellt, die geographische Breite

$$\beta_s \approx i(t) \sin\left(360° \frac{t}{24\,\text{h}}\right) = (i_0 + i_a t)\sin\left(\frac{15°}{\text{h}}\,t\right).\qquad(6\text{-}7)$$

Die ggf. notwendige Korrektur der Inklination wird beim Durchgang des Satelliten durch die Äquatorebene (Knotendurchgang) vorgenommen. Um eine Inklination i zu beseitigen, muß senkrecht zur Bahnebene, d. h. in Nickrichtung, durch Massenausstoß ein Impuls erzeugt werden, der dem Satelliten senkrecht zur Bahnebene die Geschwindigkeit

$$\Delta v = v \tan i \approx vi \qquad(6\text{-}8)$$

erteilt. Für $i = 1° = 0{,}0175$ (dies entspricht etwa der maximalen Inklinationsänderung pro Jahr) wird $\Delta v = 53{,}7$ m/s.

Nun zur *Positionskontrolle in Ost-West-Richtung*! Die exakte Bahnkurve wird durch eine nichtlineare Differentialgleichung beschrieben. Läßt man nur relativ kleine Auswanderungen des Satelliten aus seiner Sollposition zu, so ist eine Näherungsbetrachtung zulässig [23-3].

Durch die Triaxialität usw. wird dem Satelliten eine Störbeschleunigung b erteilt. In der Gegend um 33° westlicher Länge ist z. B. $b = 0{,}9 \cdot 10^{-3}$ °/Tag^2. Die maximal zulässige Komponente des Standortfehlers zum Äquator sei $\Delta\lambda_{max}$; wird diese maximale Auswanderung erreicht, so entspricht dies einem Geschwindigkeitsanteil

$$\Delta v = 2\sqrt{|b \cdot \Delta\lambda_{max}|}\,.\qquad(6\text{-}9)$$

Durch einen Impuls, der dem Satelliten aufgedrückt wird, muß in diesem Zeitpunkt ($t = 0$, s. Bild 6-17) dieser Geschwindigkeitsanteil gerade kompensiert werden, d. h. die Geschwindigkeit muß sich um $2\Delta v$ ändern. In der Zeit bis zur nächsten Korrektur ist die Standortabweichung:

$$\Delta\lambda_s = \pm\Delta\lambda_{max} \mp t \cdot \Delta v \pm \frac{b}{2} t^2\,.\qquad(6\text{-}10)$$

Zwischen den Korrekturen liegt ein Zeitabstand

$$t = 2\frac{\Delta v}{b}\,.\qquad(6\text{-}11)$$

In einem praktischen Beispiel sei für einen geostationären Satelliten gegeben: $\Delta\lambda_{max} = 0{,}1°$ und $b = 10^{-3}$ °/Tag^2. Dann wird mit Gleichung (6-9) die notwendige Geschwindigkeitsänderung: $2\Delta v = 4 \cdot 10^{-2}$ °/Tag. Ein Grad entspricht in der geostationären Bahn (Radius 6370 km $+$ 35730 km $=$ 42100 km, vgl. Kapitel 2.1.1) einer Strecke von 735 km. Mit 1 Tag $=$ 86400 s wird schließlich: $2\Delta v = 0{,}34$ m/s. Nach Gl. (6-11) muß alle 40 Tage korrigiert werden.

6.8.5 Lagestabilisierung

In diesem Abschnitt sollen verschiedene Verfahren zur Lagestabilisierung beschrieben werden.

Während bei erdausleuchtenden Satelliten wie Intelsat III eine Lagegenauigkeit von z. B. 1° gut genug war, sind beim Übergang zur Ausleuchtung relativ kleiner Gebiete die Forderungen wesentlich härter geworden. Beispiele: Intelsat IV $\pm$ 0,35°, Symphonie $\pm$0,5°, Intelsat V und OTS je $\pm$0,1°. Dies bringt erhöhte Anforderungen an die Verfahren zur Lagestabilisierung.

Bei der *Spinstabilisierung* wird der Satellit durch Rotation um eine seiner Hauptachsen senkrecht zur Bahnebene stabilisiert, üblicherweise mit 50 bis 200 Umdrehungen/Minute. Dadurch erhält der Satellit einen Drehimpuls

$$H = \Theta \cdot \omega , \qquad (6\text{-}12)$$

wobei Θ das Trägheitsmoment um die jeweilige Achse und ω die Winkelgeschwindigkeit der Umdrehung ist. Dieser Drehimpuls bleibt erhalten, falls keine äußeren Störungen einwirken. Durch die „Kreiselwirkung" ist die Lage der Drehachse stabilisiert. Allerdings bleibt die Lage des Drehimpulses nur dann stabil, wenn die Drehachse gleichzeitig auch die Achse des größten Trägheitsmoments ist. Bei spinstabilisierten Satelliten sollte deshalb möglichst der Durchmesser größer als die Satellitenhöhe sein.

Störmomente bewirken zum einen eine Verlangsamung der Rotation des Satelliten, zum anderen eine Präzessionsbewegung der Satellitenachse mit der Winkelgeschwindigkeit

$$\Omega = \frac{M}{H} , \qquad (6\text{-}13)$$

wobei M das Störmoment ist. Beide Abweichungen sind in gewissen Abständen durch Massenausstoß aus geeignet angebrachten und gesteuerten Düsen zu korrigieren.

Die Satellitenantennen zusammen mit den durch die Trägerraketen gegebenen Beschränkungen des Satellitendurchmessers können eine Satellitenform bedingen, die zur Spinstabilisierung nur eine Rotation um die Achse des kleinsten Trägheitsmoments zuläßt. Hier muß die Stabilität des Drehimpulses durch eine sog. Nutationsdämpfung erzwungen werden. Intelsat IV verwendet beispielsweise passive Nutationsdämpfer auf der entdrallten Plattform (Bild 6-1): An Pendeln angebrachte Magnete schwingen an einer Aluminiumplatte vorbei und erzeugen dort Wirbelströme, welche Nutationsenergie aufzehren [23-4].

Werden gebietsausleuchtende Antennen, die sich auf der entdrallten Plattform befinden, automatisch auf das Zielgebiet nachgeführt, so führen beim Vorhandensein einer Nutationsbewegung die Antennenachsen Schwingungen relativ zur stabilisierten Plattform aus. Das Gesamtsystem muß dabei so ausgelegt werden, daß diese Schwingungen die Nutationsbewegungen nicht anfachen, sondern möglichst zusätzlich bedämpfen [23-4].

Die Vor- und Nachteile der Spinstabilisierung verglichen mit der Dreiachsenstabilisierung (3-A) in der Betriebsphase des Satelliten haben wir in 6.2.2 bereits besprochen. Bevor wir uns der Realisierung der Dreiachsenstabilisierung zuwenden, sei noch kurz erwähnt, daß üblicherweise beim Bahneinschuß bei allen Satelliten, also auch bei 3-A, zeitweise Spinstabilisierung verwendet wird (vgl. 2.1.3).

Für die Dreiachsenstabilisierung wird im einfachsten Fall im Satelliten ein *Stabilisierungsschwungrad* verwendet, dessen Achse senkrecht zur Bahnebene ist, und das sich mit der Winkelgeschwindigkeit ω dreht.

Wirkt auf die Nickachse ein Störmoment der Größe M_s, so beschleunigt dieses das Rad (Trägheitsmoment Θ_R):

$$\frac{d\omega}{dt} = \frac{M_s}{\Theta_R}.$$
(6-14)

Es sei ω_0 die Winkelgeschwindigkeit zur Zeit $t = 0$ und $\omega_1 = \omega_0 + \Delta\omega$ die Winkelgeschwindigkeit zur Zeit t_1. Dann ist nach Gl. (6-14):

$$t_1 = \frac{\Delta\omega \cdot \Theta_R}{M_s} = \frac{\Delta H_R}{M_s}.$$
(6-15)

Dabei ist ΔH_R die Zunahme des Drehimpulses. Für einen vorgegebenen zulässigen Wert der Drehimpulszunahme gibt t_1 die Zeit an, nach der das Schwungrad „ent-

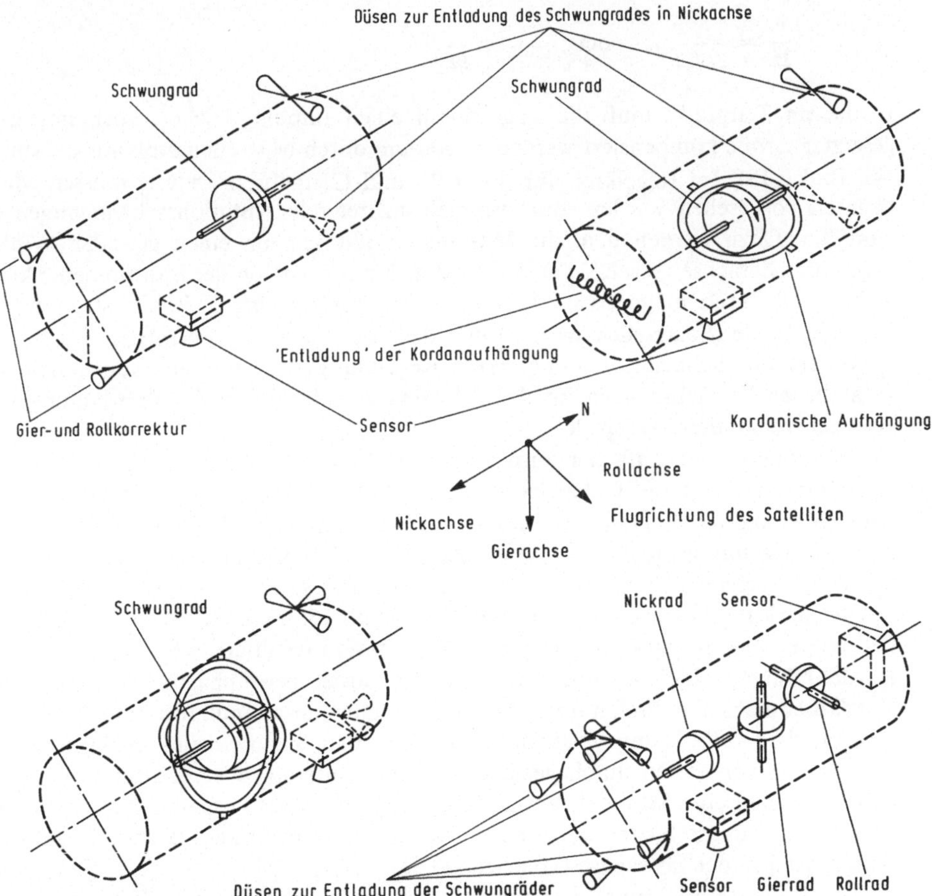

Bild 6-18. Verschiedene Stabilisierungsmethoden

laden" bzw. „aufgeladen" werden muß. Das Lademoment M_L darf nicht größer sein als das Moment des Motors, um die Lage des Satelliten nicht zu beeinflussen. Unter der Voraussetzung, daß diese Randbedingung eingehalten ist, soll der Drehimpuls $M_L \cdot t_L$ (während der Ladezeit t_L) gleich der Zunahme des Drehimpulses $M_s \, t_1$ sein. Damit wird die Ladezeit

$$t_L = \frac{M_s}{M_L} t_1 \; .$$ (6-16)

Wir besprechen nun die *Regelung von Abweichungen um die Roll-(Gier)-Achse*. Da sich beide Achsen mit dem Umlauf des Satelliten drehen und jeweils nach 6 Stunden ihre Positionen vertauscht haben, soll nur die Rollachse betrachtet werden. Die Stabilisierung dieser Achsen erfolgt durch die Kreiselwirkung mit großem Drehimpuls. Ein Moment um die Rollachse bewirkt damit eine Präzession der Kreiselachse mit einer Winkelgeschwindigkeit Ω, vgl. dazu Gleichung (6-13). Läßt man nur eine maximale Achsenabweichung um den Winkel ε zu, so gilt für die Zeit zwischen 2 Korrekturen:

$$\frac{\varepsilon}{2\pi} = \frac{t_2}{2\pi/\Omega} \qquad \text{oder} \qquad t_2 = \frac{\varepsilon}{\Omega} \; .$$

In diesem Zeitpunkt muß die Lage durch einen Impuls gleicher, aber entgegengesetzter Größe kompensiert werden (wiederum durch Massenausstoß aus Düsen — vgl. Bild 6-18). Im Regelkreis für die Roll- und Gierachsenregelung müssen Maßnahmen vorgesehen werden, um eventuell auftretende Nutationsschwingungen zu dämpfen. Dazu werden u. a. die Massenausstoßdüsen um einen gewissen Winkel gegen die Gierachse versetzt. Die notwendige Kompensation der Störmomente kann weitgehend durch magnetische Verfahren (Wechselwirkung zwischen stromdurchflossener Spule (Solarzellenausleger) und dem Erdmagnetfeld) erfolgen.

Weitere Möglichkeiten der indirekten Regelung der Gierachse ergeben sich mit zusätzlichen Freiheitsgraden für das Schwungrad oder durch die Verwendung von zwei Schwungrädern. Beispiele
— Schwungrad mit einfacher kardanischer Aufhängung,
— Schwungrad mit zweifacher kardanischer Aufhängung (2 Freiheitsgrade).
Beim *Schwungrad mit einfacher kardanischer Aufhängung* (vgl. Bild 6-18) fällt die Kardanachse mit der Rollachse zusammen. Abweichungen um die Rollachse werden hier durch geeignete Nachsteuerung der Kardanachse über Stellmotore kompensiert. Der Auslenkungsbereich ist üblicherweise $\pm 12°$ bis $15°$. Auf die gleiche Weise lassen sich Nutationsschwingungen dämpfen. Die Nutation resultiert in Schwingungen des Kardanrahmens, ihre Kompensation erfolgt durch gegenphasige Steuerung des Kardanrahmens über Stellmotore. Außer dem Schwungrad muß hier jedoch auch die kardanische Aufhängung „entladen" werden; dies kann wieder erfolgen durch Impulse, hervorgerufen durch geeigneten Massenausstoß, oder eventuell durch ein elektromagnetisches Moment. Vergleichbares dynamisches Verhalten läßt sich durch ein Stabilisierungsschwungrad in der Nickachse mit einem zusätzlichen Reaktionsschwungrad in der Gierachse erreichen [23-5].

Die „Entladeeinrichtung" kann entfallen beim *kardanisch aufgehängten Schwungrad mit 2 Freiheitsgraden* (vgl. Bild 6-18). Die Roll- und Gierregelsignale verstellen hier über Stellmotore die jeweiligen Kardanachsen, die Signale werden geeignet aus den Rollsensorsignalen abgeleitet. Das dynamische Verhalten dieser Anordnung ist ähnlich der mit fest eingebautem Schwungrad und Reaktionsdüsen, nur daß sich hier auch Nutationsschwingungen und andere periodische Bahnstörungen ausregeln lassen [23-6].

Ist für die Gierachse ein getrennter Sensor verfügbar, so läßt sich die Verkopplung von Roll- und Gierregelung auflösen, und es kann jede Kardanachse getrennt und unabhängig gesteuert werden, wie dies beim Verfahren mit *3 Reaktionsschwungrädern* der Fall ist. Wesentliche Kennzeichen sind hier Sensoreinheiten, die Informationen über Lageabweichungen in allen drei Achsen liefern, die drei Reaktionsschwungräder, das Regelsystem und die zur Entladung erforderlichen Düsen (vgl. Bild 6-18). Im Prinzip kann man dieses System als die Kombination von drei einzelnen Systemen betrachten, die jeweils Abweichungen um eine Achse ausregeln. Hier wie bei allen Schwungradkonzepten ist die erreichbare Lagegenauigkeit letztlich durch die Genauigkeit der Sensoren bestimmt.

6.8.6 Das Positions- und Lageregelungssystem des Satelliten

Die wesentlichen Komponenten sind: Die Detektoren, die Stabilisierungs- bzw. Reaktionsschwungräder, die Korrekturdüsen und das elektrische Regelsystem. Sie werden üblicherweise redundant ausgeführt. Systembeispiele findet man z. B. in

Als *Detektoren* für die Nick- und Rollachse werden im wesentlichen Infrarot-Erdsensoren verwendet. Auch RF-Signale im Ausleuchtgebiet kommen in Betracht [23-7]. Für Bahneinschuß, Akquisition und Reakquisition sowie für die Ableitung eines Giersignals sind Sonnensensoren, Sternsensoren oder RF-Signale mit unterschiedlichen Polarisationsebenen erforderlich.

Infrarot-Erdsensoren arbeiten im Bereich 14 bis 16 µ, ihre Genauigkeit ist durch die räumlichen Schwankungen der von der Erde ausgehenden Wärmestrahlung auf $\pm 0,05°$ beschränkt. Mit RF-Sensoren lassen sich durch Monopuls- oder Interferometerverfahren noch bessere Werte erreichen, doch ist hier eine Bake im Ausleuchtgebiet erforderlich (Bild 6-19).

Ein übliches Prinzip bei den Sensoren ist: Die durch ein Infrarotteleskop einfallende sehr schwache Strahlung wird z. B. durch Drehspiegel mit einigen Hz moduliert, um eine Verstärkung zu ermöglichen. Meist verwendet man Zweiachsensensoren, bei denen im Erdabbild bei $\pm 45°$ geographischer Breite die Erd/Himmelübergänge auf 4 Bolometer oder Thermoelemente abgebildet werden. Die Abweichungen von der Sollage geben ein Ausgangssignal. Bei spinstabilisierten Satelliten bewirkt die Drehung des Satelliten selbsttätig eine Modulation des Signals.

Die Sonnen- und Sternsensoren messen den Sonnen- bzw. Sternwinkel, bezogen auf eine Satellitenachse.

Die Prinzipien der *Stabilisierungs- bzw. Reaktionsschwungräder* wurden bereits in 6.8.5 ausgeführt. Man verwendet für Stabilisierungsschwungräder Drehzahlen zwischen 1000 U/min und 7000 U/min. Der zur Momentenkompensation ausnutzbare Drehzahlbereich beträgt i. a. $\pm 10\%$ um die Nenndrehzahl. Der Nenndrehimpuls liegt üblicherweise im Bereich 20 bis 50 Nms, bei Reaktionsschwungrädern typisch 1/10 des obigen Drehimpulses [23-8].

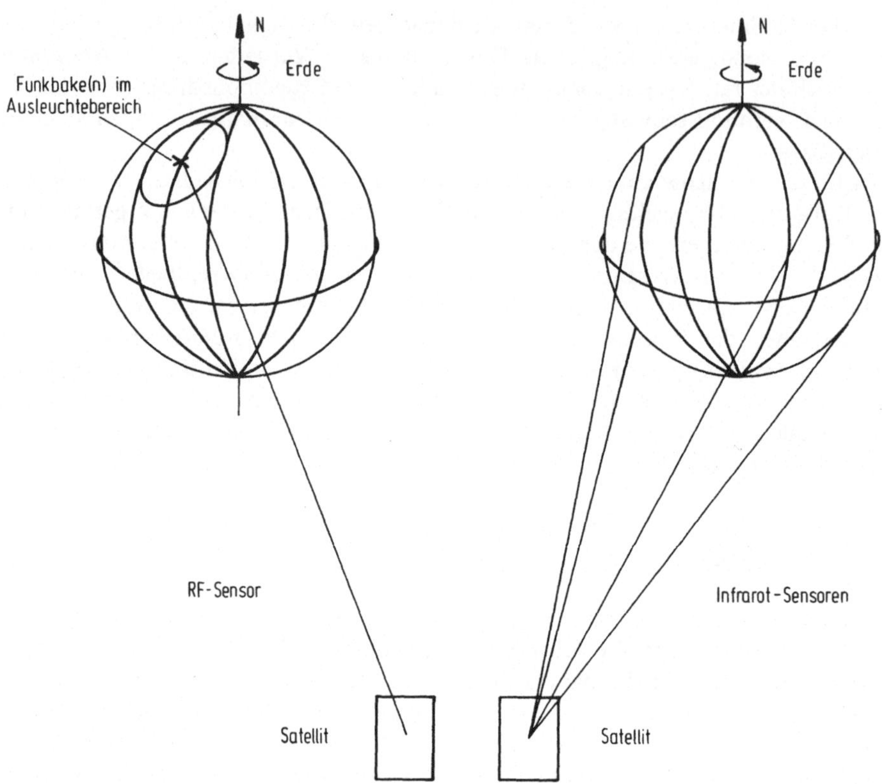

Bild 6-19. Methoden der Lagebestimmung

Geringe Lagerreibung wird durch „magnetische" Lager erzielt, bei denen der Rotor in Radialrichtung zwischen Permanentmagneten schwebt. Gegenüber herkömmlichen Lagern ergeben sich etwa zehnmal kleinere Verzögerungsmomente; das typische Reaktionsmoment liegt bei 0,1 Nm. Der Antrieb erfolgt über kollektorlose Motoren. Er wird z. B. durch fotoelektrische Blenden gesteuert [23-9].

Bild 6-20 zeigt die Anordnung der Korrekturdüsen an Satellitenkörpern für spin- bzw. dreiachsenstabilisierte Satelliten. Damit sind Bahn- und Lagekorrekturen durchführbar. Um einem Satelliten der Masse M den Impuls ΔV zu erteilen, ist eine Masse des Treibstoffes von

$$m = M \frac{\Delta V}{10 \cdot I_{\mathrm{sp}}} \quad \text{mit} \quad \left(\frac{m}{M} < 1 \right) \tag{6-18}$$

erforderlich, wobei I_{sp} der spezifische Impuls des Treibstoffs ist [23-10].

Als Treibstoffe kommen in Frage:

— Kaltgas (0,05 ... 25 N; 500 ... 1000 m/s),
— Heißgas (»0,05 N; 1500 ... 3000 m/s), hierzu gehört Hydrazin,
— Elektrische Antriebe (0,1 ... 10 mN; 10 ... 50 km/s).

Der spezifische Impuls beträgt für Hydrazin 230 s und für Ionenemission 10000 s.

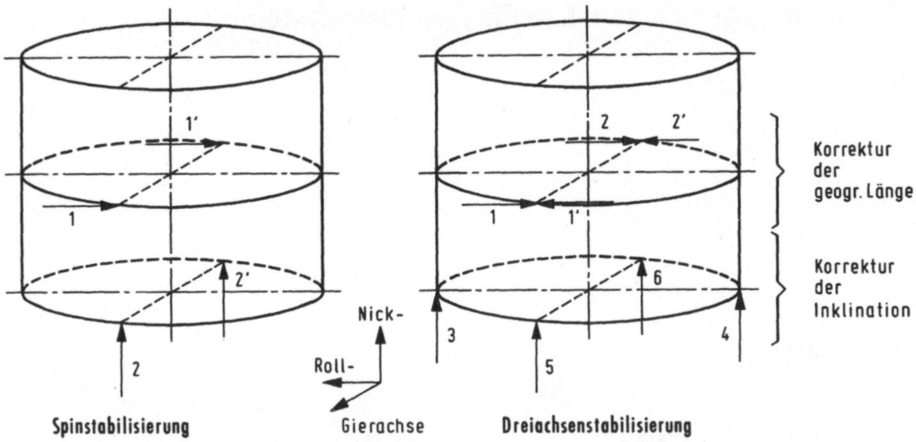

Bild 6-20. Bahnkorrektur und Satellitenachsen

Die Bedeutung dieser Werte wird besonders deutlich, wenn man berücksichtigt, daß ein 850-kg-Satellit für 7 Jahre Betriebszeit für Positions- und Lageregelung z. B. 146 kg Hydrazin benötigt. Bei einfachen elektrischen Antriebssystemen wären nur 58 kg Treibstoff erforderlich. Vom erstgenannten Wert entfallen etwa 85% auf die Nord-Süd-Positionshaltung, ca. 10% auf die Lageregelung und ca. 5% (1 bis 10% je nach Standort und Verfahren) für die Ost-West-Positionshaltung.

Ionentriebwerke [22-6] erfordern einen nennenswerten Zusatzaufwand; sie sind daher vor allem für die Nord-Süd-Positionshaltung gerechtfertigt. Bei den Ionentriebwerken wird z. B. Quecksilberdampf durch ein Hochfrequenzfeld oder eine Gleichspannungsentladung ionisiert und durch ein Hochspannungsfeld stark beschleunigt. Die Ionen gelangen durch Löcher in der Kathode ins Freie, durch Zufügen von Elektronen wird der Strahl neutralisiert. Ionentriebwerke erfordern derzeit eine Vergrößerung der Solarzellenfläche um etwa 10 bis 20%.

7 Planungsgesichtspunkte für Satellitensysteme

7.1 Einführung

7.1.1 Aufgaben der Planung

Gemessen am Stand der Technik sollen zu übertragende Signale durch das System möglichst wenig beeinträchtigt oder verfälscht werden.

Ein Maß für die Beeinträchtigung ist bei analogen Signalen der Geräuschabstand, bei digitalen die Bitfehlerquote. Geeignete Werte, die bei Bedarf überprüft werden, legt das CCI (für Fernmeldeverbindungen über Satelliten zwischen festen Erdefunkstellen) für den Hypothetischen Bezugskreis fest (Bild 7-1). Die Enden des Bezugskreises sind in den Erdefunkstellen die Basisbandschnittstellen. Bei digitaler Übertragung rechnen die Interfaceeinrichtungen zur Anpassung an die terrestrischen Digitalhierarchie [CCITT-Rec. G 732, G 733] noch zum Bezugskreis. Bei Diversityempfang gilt die Umschalteinrichtung zwischen den beiden EFuSt als Basisbandübergabestelle.

Geräuschleistung bei Analogübertragung	Bitfehlerquote bei Digitalübertragung	Zeitprozentsatz
10000 pW	10^{-6}	20 % (140 h) eines
Minutenmittelwert bewertet	Mittelwert über 10 Min.	jeden Monats
50000 pW	10^{-4}	0,3 % (2 h) eines
Minutenmittelwert bewertet	Minutenmittelwert	jeden Monats
1000000 pW	10^{-3}	0,01 % (50 min)
integriert über 5 ms, unbewertet	Minutenmittelwert	eines jeden Jahres

Bild 7-1. Zulässige Werte für die Geräuschleistung bei analoger und die Bitfehlerquote bei digitaler (8-bit-PCM) Fernsprechübertragung in Bezugskreis einer festen Satellitenfunkverbindung (Rec. 353-4 und 522)

Die Angaben bezüglich Geräusch bzw. Bitfehlerquote in Bild 7-1 berücksichtigen auch Anteile, die von Interferenzstörungen anderer Satellitendienste [Rec. 466-2] oder von Richtfunk [Rec. 356-4] herrühren, ferner Anteile, die durch atmosphärische Absorption oder durch Erhöhung der Rauschtemperatur auf Grund von starkem Regen entstehen können. Das statistische Verhalten derartiger Störungen ist bei Frequenzen oberhalb 10 GHz besonders kritisch und damit meist für die Systemauslegung bestimmend.

Aufgabe des Planers ist es, die zulässige Beeinträchtigung der Übertragung so auf die verschiedenen Einflüsse bzw. Funktionseinheiten aufzuteilen, daß sich insgesamt gesehen eine möglichst wirtschaftliche Lösung ergibt. Für ein analoges System ist in 7.1.2 ein Beispiel für die Geräuschaufteilung angegeben.

Bei Digitalübertragung ist zu berücksichtigen, daß eine Verschlechterung des Störabstandes im RF-Übertragungskanal um 1 dB eine Verschlechterung der Bitfehlerquote um rund eine Größenordnung bedingen kann. Deshalb müssen auch mögliche Alterungseffekte in der Systemrechnung berücksichtigt werden. Die Bitfehlerquote ist bestimmt durch die Summe von thermischem Rauschen und Interferenz-„Rauschen" an der Entscheiderschwelle, sowie durch gerätebedingte Degradationen gegenüber dem theoretischen Idealwert.

Nach dem Beispiel 7.1.2 gehen wir in 7.2 bis 7.6 auf wesentliche Details der Planung ein.

7.1.2 Planungsschritte am Beispiel eines FDM-FM-FDMA-Systems

Bei Systemen zur Übertragung analoger Signale kann man unterscheiden:
— belegungsunabhängige Geräusche (insbesondere thermisches Rauschen),
— belegungsabhängige Geräusche (Intermodulation in Funktionseinheiten der Erdefunkstellen und des Satelliten),
— Interferenzgeräusche von anderen Systemen.
Der letztgenannte Anteil betrifft mehrere Systeme, deshalb sind hierzu eine Reihe von CCIR-Empfehlungen notwendig, vgl. 7.3.

Für unser Beispiel nehmen wir vereinfachend an, daß von dem in Bild 7-1 erwähnten Wert der Geräuschleistung von 10 000 pW (am Punkt des relativen Pegels Null, psophometrisch bewertet) je 1000 pW vorgesehen werden sollen für:
— Intermodulationsgeräusche der Sende- und Empfangseinrichtungen der EFuStn einschließlich der Geräuschbeiträge durch nichtentzerrte Gruppenlaufzeit der Gesamtverbindung;
— Interferenzgeräusche durch andere Systeme (Richtfunk, Satellit) im gleichen Frequenzbereich.
Damit bleiben 8000 pW für die thermischen Geräusche der Empfänger plus Intermodulationsgeräusche durch Mehrträgerverstärkung, jeweils im Satellit und EFuSt. Dies entspricht einem Geräuschabstand s_G (d. h. bewertet), der auch im obersten Fernsprechkanal des Basisbandes eingehalten werden muß:

$$s_G = \frac{1\ \text{mW}}{8000\ \text{pW}} = 125000 = 51\ \text{dB}\,. \tag{7-1}$$

Wir wollen mit Hilfe von Gl. (2-17) den benötigten effektiven Kanalhub bestimmen. Die Angabe der Rauschleistung N ist für die Empfänger in Satellitenstrecken oft nicht zweckmäßig, da sie von der radiofrequenten Bandbreite $B = B_{RF}$ abhängt.

Häufig wird daher das Rauschverhalten eines Empfängers nur durch seine Rauschtemperatur beschrieben, und man gibt das Verhältnis von Trägerleistung zu Rauschtemperatur C/T an. Dividieren von Gl. (2-17) mit B_{RF} liefert:

$$s_G = \frac{C}{T}\,\frac{1}{k}\,\frac{1}{b}\left(\frac{\Delta F_{\text{eff}}}{f_m}\right)^2 a_{PS}a_{PE}\,. \tag{7-2}$$

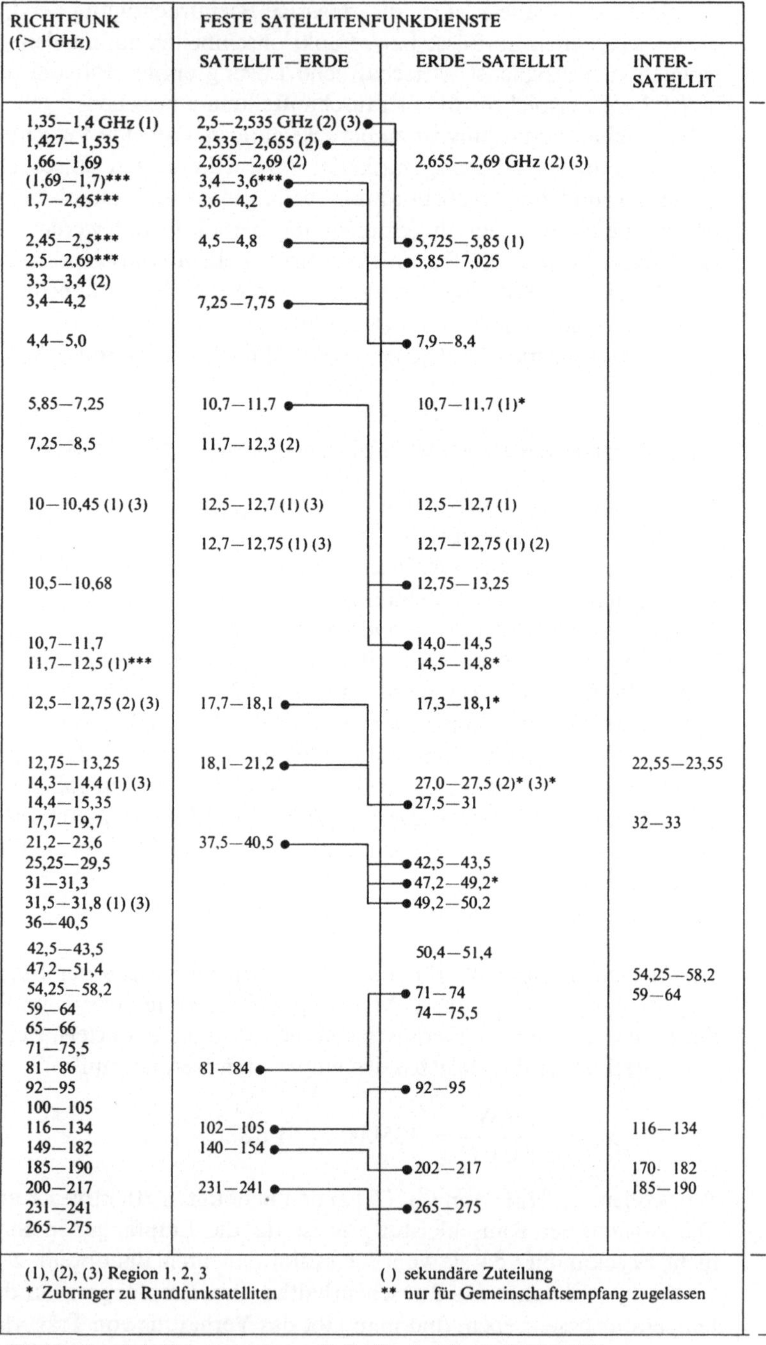

RICHTFUNK (f > 1GHz)	FESTE SATELLITENFUNKDIENSTE		
	SATELLIT—ERDE	ERDE—SATELLIT	INTER-SATELLIT
1,35—1,4 GHz (1)	2,5—2,535 GHz (2) (3)		
1,427—1,535	2,535—2,655 (2)		
1,66—1,69	2,655—2,69 (2)	2,655—2,69 GHz (2) (3)	
(1,69—1,7)***	3,4—3,6***		
1,7—2,45***	3,6—4,2		
2,45—2,5***	4,5—4,8	5,725—5,85 (1)	
2,5—2,69***		5,85—7,025	
3,3—3,4 (2)			
3,4—4,2	7,25—7,75		
4,4—5,0		7,9—8,4	
5,85—7,25	10,7—11,7	10,7—11,7 (1)*	
7,25—8,5	11,7—12,3 (2)		
10—10,45 (1) (3)	12,5—12,7 (1) (3)	12,5—12,7 (1)	
	12,7—12,75 (1) (3)	12,7—12,75 (1) (2)	
10,5—10,68		12,75—13,25	
10,7—11,7		14,0—14,5	
11,7—12,5 (1)***		14,5—14,8*	
12,5—12,75 (2) (3)	17,7—18,1	17,3—18,1*	
12,75—13,25	18,1—21,2		22,55—23,55
14,3—14,4 (1) (3)		27,0—27,5 (2)* (3)*	
14,4—15,35		27,5—31	
17,7—19,7			32—33
21,2—23,6	37,5—40,5		
25,25—29,5		42,5—43,5	
31—31,3		47,2—49,2*	
31,5—31,8 (1) (3)		49,2—50,2	
36—40,5			
42,5—43,5		50,4—51,4	
47,2—51,4			54,25—58,2
54,25—58,2		71—74	59—64
59—64		74—75,5	
65—66			
71—75,5			
81—86	81—84		
92—95		92—95	
100—105			
116—134	102—105		116—134
149—182	140—154		
185—190		202—217	170—182
200—217	231—241		185—190
231—241		265—275	
265—275			

(1), (2), (3) Region 1, 2, 3   ( ) sekundäre Zuteilung
* Zubringer zu Rundfunksatelliten   ** nur für Gemeinschaftsempfang zugelassen

Bild 7-2. Wesentliche Frequenzzuteilungen für Satellitenfunkdienste (WARC 1979)

SATELLITEN-RUNDFUNK	MOBILE SATELLITENFUNKDIENSTE		
	LANDFUNK	SEEFUNK	FLUGFUNK
0,62—0,79 GHz*** nur TV 2,5—2,96***		121,45—121,55 MHz ↑ EPI 242,95—243,05 ↑ EPI 235—322 ↓↑ *** 335,4—399,5 ↓↑ *** 406—406,1 ↑ EPI	
	405,5—406 ↑ Canada*** 406,1—410 ↑ (608—614) ↑ (2) 806—890 ↑↓ (2) (3) } Norwegen 942—960 ↑↓ (3) } + Schweden***		
		1530—1544 ↓ ***	
11,7—12,1 (1) (3)		1544—1545 ↓ Notruf	
12,1—12,2			1545—1599 ↓ 1610—1626.5 ↓↑ ***
12,2—12,5 (1) (2)		1626,5—1645,5 ↑	
12,5—12,7 (2) (3)**		1645,5—1646,5 ↑ Notruf	
12,7—12,75 (3)**			1646,5—1660,5 ↑ 5000—5250 ↓↑ ***
	7250—7375 ↓ *** 7900—8025 ↑ ***		
	14—14,5 GHz ↑ ***		
			15,4—15,7 GHz ↓↑ ***
22,5—23 (2) (3) 40,5—42,5 84—86	(19,7—20,2 GHz) ↓ 20,2—21,2 ↓ (29,5—30) ↑ 30—31 ↑ 39,5—40,5 ↓ 43,5—47 ↓↑ *** (50,4—51,4) 66—71 ↑↓ *** 71—74 ↑ 81—84 ↓ 95—100 ↑↓ 134—142 ↑↓ *** 190—200 ↑↓ *** 252—265 ↑↓ ***		

EPI: Emergency position indicating radio beacons
*** mit Einschränkungen vgl. [70-2]

↑ Erde—Satellit
↓ Satellit—Erde

Betrachtet man eine bestimmte Kanalzahl, so liegt f_m fest. Wir erinnern uns an den in Bild 2-16 gezeigten Zusammenhang zwischen den Störabständen vor und nach der Demodulation. Die Kurven $s_G = f(C/T)$ für die tatsächlich verwendeten Demodulatoren zeigen selbstverständlich den Schwelleneffekt genauso. In [41-1] sind Meßkurven für einen Normaldemodulator (ND) und für einen schwellenwertverbessernden Demodulator (SD) gezeigt. Anhand solcher Kurven wird sichergestellt, daß nur Werte C/T oberhalb der Schwelle gewählt werden. Für einen vorgeschriebenen Wert $s_G = 51$ dB const. (s. o.) gibt es dort für jeden Wert C/T einen zugehörigen Frequenzhub ΔF_{eff}.

Die ersten kommerziellen Systeme bis Intelsat III einschließlich waren „leistungsbegrenzt". Man wählte C/T so nahe an der Schwelle wie möglich und arbeitete entsprechend mit großem Frequenzhub bzw. Modulationsindex. Die notwendige Bandbreite stand zur Verfügung.

Bereits die Satelliten Intelsat IV und IV A erlaubten dagegen Arbeitspunkte C/T, die je nach Trägerart einen Abstand von 2,7 ... 16 dB von der Schwelle eines Normaldemodulators aufweisen [41-1]. Durch entsprechend kleine Werte des Hubs und der Bandbreite wird der „bandbreitenbegrenzte" Satellit gut ausgenutzt.

Der gewählte Wert C/T bzw. C/N wird entsprechend Gleichung (2-37) nach INTELSAT-Vorschriften aufgeteilt. Dabei liegen Werte für den Term $(C/N)_i$ bzw. $(C/T)_i$ zugrunde, welche mit Hilfe von Simulationsprogrammen für verschiedene Trägerbelegungen gewonnen wurden.

Nach erfolgter Aufteilung lassen sich mit Hilfe von Gl. (2-35) die Aufwärts- und Abwärtsstrecke rechnen (benötigte $EIRP$).

7.2 Frequenzbereiche

Auf der *World Administrative Radio Conference 1979* (*WARC '79*) sind die für Satellitenfunkdienste verfügbaren Frequenzbänder, insbesondere unterhalb 15 GHz, wesentlich erweitert worden [72-5]. Die Beschlüsse der WARC '79 traten am 1. 1. 1982 in Kraft; jedoch sind für einen Teil der Vorschriften Ausnahmeregelungen vorgesehen, die sich zum Teil bis 1995 erstrecken. Für feste Satellitenfunkdienste, Intersatellitenfunkdienste, für Satellitenrundfunkdienste sowie für mobile Satellitenfunkdienste sind die neuen Frequenzzuteilungen in Bild 7-2 zusammengestellt [72-2]. Nicht enthalten sind darin Frequenzzuteilungen für Erderkundung, Weltraumforschung, meteorologische Dienste, Amateurfunk, Radionavigation, aeronautische Radionavigation, maritime Radionavigation, Standard-Frequenz- und Zeitaussendungen, „Radio Determination" sowie Weltraumoperationen.

Die Frequenzzuteilungen sind nicht in allen Regionen identisch; gelten sie nur für einzelne Regionen, so ist dies in der Tabelle vermerkt. Die 3 Regionen sind wie folgt abgegrenzt:

Region 1: Europa, Afrika, Asien westlich des persischen Golfes, Sowjetunion und Mongolei.
Region 2: Nord-, Mittel- und Südamerika sowie Grönland.
Region 3: Asien ohne Länder der Region 1, Australien und Südwestpazifik.

Im Regelfall benutzen auch andere Funkdienste die den Satellitenfunkdiensten zugeteilten Frequenzbänder (vgl. dazu z. B. Frequenzzuteilungen für Richtfunk und feste Satellitenfunkdienste in Bild 7-2) [72-1]. Im Regelfalle sind die verschiedenen Funkdienste gleichberechtigt. Die Auslegung der beteiligten Systeme erfolgt so (CCIR-Festlegungen), daß sie sich gegenseitig nicht unzulässig stören (Frequenzbandzuteilung auf primärer Basis). In Ausnahmefällen wird die Benutzung eines Frequenzbandes auf sekundärer Basis gestattet. Solcherweise zugewiesene Dienste dürfen Dienste mit primärer Frequenzzuteilung im gleichen Band nicht stören und können für sich auch keinen Schutz gegen Störungen durch primäre Dienste beanspruchen. Frequenzzuteilungen auf sekundärer Basis sind in Bild 7-2 durch Klammern () gekennzeichnet.

Durch Mitbenutzung von Frequenzbereichen des festen und beweglichen Funkdienstes wurden im Frequenzbereich unterhalb 10 GHz ca. 700 MHz dem festen Funkdienst über Satelliten zusätzlich zugewiesen. Zunächst sind jedoch nur 100 MHz sofort nutzbar.

Um die Verträglichkeit der festen Satellitenfunkdienste mit den übrigen Nutzern der gleichen Frequenzbänder (z. B. Richtfunk) sicherzustellen, gelten für alle Frequenzbänder bis 40,5 GHz Einschränkungen hinsichtlich der von Satelliten an der Erdoberfläche erzeugten Leistungsflußdichte, sowie der von den Erdefunkstellen bei niedrigen Elevationswinkeln abgestrahlten EIRP, vgl. 7.3.

In den Frequenzbereichen des festen Satellitenfunkdienstes bei 12/14 GHz (je 250 MHz) und 20/30 GHz (je 500 MHz) konnten die Exklusivzuweisungen für Europa erhalten bleiben.

In Bild 7-2 sind die paarweise zusammengehörigen Frequenzbänder für die Verbindungen Satellit—Erde und Erde—Satellit entsprechend gekennzeichnet.

Unter den festen Funkdiensten sind auch Frequenzbereiche für die Zubringerverbindungen (feeder links) von der Erde zu Fernsehrundfunksatelliten aufgeführt und besonders gekennzeichnet. Es sind dies insbesondere die Bereiche 10,7 bis 11,7 GHz, 14,5 bis 14,8 GHz, 17,7 bis 18,1 GHz und 27,0 bis 27,5 GHz. Über die genaue Zuordnung der Frequenzen der einzelnen Zubringerverbindungen zu den (teilweise bereits definierten) Fernsehrundfunksatelliten soll Ende 1983 eine Funkverwaltungskonferenz beschließen [72-3]. Ebenfalls 1983 sollen für die Region 2 im 12 GHz-Bereich Frequenzen und Orbitpositionen für den Satellitenrundfunk sowie eine endgültige Abgrenzung der Frequenzbereiche für feste und Rundfunksatellitendienste auf einer regionalen Funkverwaltungskonferenz festgelegt werden [72-3], [72-4].

Erstmals sind auch Frequenzbereiche gleichzeitig sowohl für die Verbindung Erde—Satellit als auch für die Verbindung Satellit—Erde zugeteilt worden; z. B.: 2,655 bis 2,69 GHz, 10,7 bis 11,7 GHz, 12,5 bis 12,75 GHz und 17,1 bis 18,1 GHz. Die Verwendung gleicher Frequenzen für beide Übertragungsrichtungen setzt jedoch geeignete, insbesondere räumliche Entkopplung voraus.

Um Intersatellitenverbindungen noch in diesem Jahrzehnt zu verwirklichen, wurden unterhalb 50 GHz bei 22 GHz und 32,5 GHz zwei je 1 GHz breite Bänder zugeteilt.

Bei den mobilen Satellitenfunkdiensten ist insbesondere auf die zusätzlichen Frequenzbänder bei 7/8 GHz und 20/30 GHz hinzuweisen. In Region 2 und 3 sowie in Schweden und Norwegen ist mobiler Land/Seefunk über Satelliten auch im Frequenzbereich 806 bis 890 MHz vorgesehen. Für Seefunksatellitendienste wurden dem Bedarf entsprechend die Frequenzbänder bei 1,5/1,6 GHz verdoppelt, wobei für Verbindungen Schiff—Satellit für einseitig gerichtete schnelle Datenübertragung zusätzlich ein Frequenzband von 5 MHz vorgesehen wurde:

Verbindung Satellit—Schiff: 1530   bis 1544   MHz
Verbindung Schiff—Satellit: 1626,5 bis 1645,5 MHz.

Detailliertere Planungen von Frequenzen und Orbitpositionen für Weltraumfunkdienste, die sich auf Satelliten im geostationären Orbit abstützen, werden von weiteren weltweiten Funkverwaltungskonferenzen in den Jahren 1985 und 1987 erwartet.

7.3 Gegenseitige Beeinflussung von verschiedenen Diensten in gleichen Frequenzbändern

Da verschiedene Nachrichtensatellitensysteme und Richtfunk gleiche Frequenzbereiche benutzen, muß mit gegenseitigen Beeinflussungen gerechnet werden. Um diese in erträglichen Grenzen zu halten, wurden von CCIR Empfehlungen für verschiedene wesentliche Größen ausgesprochen [73-1]:

— Leistungsdichte von Aussendungen von Nachrichtensatelliten an der Erdoberfläche [Rec. 358],
— effektiv abgestrahlte Leistung der Sender der Erdefunkstellen [Rec. 524],
— Positionsgenauigkeit von Satelliten in der geostationären Bahn [Rec. 481-1],
— Antennendiagramme von Erdefunkstellen [Rec. 465-1],
— effektiv abgestrahlte Leistung (EIRP) von Richtfunksendern, insbesondere falls diese auf die Synchronbahn gerichtet sind [Rec. 406].

Die Empfehlungen für die Grenzwerte der Leistungsflußdichte, die von Nachrichtensatelliten an der Erdoberfläche erzeugt werden dürfen, sind in Bild 7-3 zusammengefaßt [73-2]. Die Grenzwerte für die EIRP der Erdefunkstellen zeigt Bild 7-4.

Frequenzbereich (GHz)	Einfallswinkel in Grad	Grenzwerte der Leistungsflußdichte (dBW/m^2)	Bezugsbandbreite
2,5 — 2,69	0— 5 5—25 25—90	−152 −152+0,75 · (ε − 5) −137	4 kHz
3,4 — 7,75	0— 5 5—25 25—90	−152 −152+0,5 · (ε − 5) −142	4 kHz
8,025—11,7	0— 5 5—25 25—90	−150 −150+0,5 · (ε − 5) −140	4 kHz
12,2 —12,75	0— 5 5—25 25—90	−148 −148+0,5 · (ε − 5) −138	4 kHz
17,7 —19,7	0— 5 5—25 25—90	−115 −115+0,5 · (ε − 5) −105	1 MHz
31 —40,5	vorläufige Festlegung wie für Band 17,7—19,7 GHz		

Bild 7-3. Grenzwerte der Leistungsflußdichte von FSS-Satellitenaussendungen an der Erdoberfläche (Freiraumausbreitung unterstellt)

Erhebungswinkel ε (Grad)	Frequenzbereich 1 ... 15 GHz/4 kHz	Bezugsbandbreite > 15 GHz/1 MHz
< 0	40 dBW	64 dBW
0 ... 5	$(40 + 3\,\varepsilon)$ dBW	$(64 + 3\,\varepsilon)$ dBW
> 5	nicht begrenzt	nicht begrenzt

Bild 7-4. Grenzwerte der EIRP für Erdefunkstellen des festen Satelliten-funkdienstes

Es wurde festgelegt, daß in der Geräuschbilanz eines jeden Systems ein gewisser Prozentsatz, herrührend von Störungen durch andere Systeme, berücksichtigt werden muß, und zwar
— Satellitensysteme untereinander 20 % (dieser Richtwert wird noch durch Zusatz-bedingungen modifiziert, nämlich nur 15 % bei Systemen mit Frequenzmehrfach-ausnutzung, und bei Analogsystemen 400 pW als Obergrenze für die von einem Einzelstörer verursachte Störgeräuschleistung) [Rec. 466-2, 483-1, 523],
— im Satellitensystem, verursacht durch Richtfunk 10 % [Rec. 356-4].
Bei den Langzeitwerten sind dies also 2000 pW bzw. 1000 pW.
Bild 7-5 zeigt schematisch die Nutzsignale und gegenseitigen Störsignale für den Fall, daß interkontinentale Satellitenübertragung, Regionalsatellitensysteme und Richtfunk im gleichen Frequenzbereich (4/6 GHz) arbeiten. Folgende Störungen sind zu berücksichtigen und auf die Einhaltung der CCIR-Empfehlungen zu über-prüfen:
— im 4-GHz-Richtfunkempfänger durch Satellitensender,
— im Satellitenempfänger durch 6-GHz-Richtfunksender,
— im Satelliteneingang durch Sender von Erdefunkstellen anderer Satellitendienste,
— am Empfängereingang der Erdefunkstellen durch Satellitensender des anderen Satellitendienstes,
— am Eingang der 6-GHz-Richtfunkempfänger durch Sender der Erdefunkstellen,
— am Empfängereingang der Erdefunkstellen durch 4-GHz-Richtfunksender.
Die gegenseitigen Störungen der Satellitensysteme untereinander werden in 7.5 be-handelt.
Die verbleibenden Störbeeinflussungen sind im wesentlichen abhängig von den Strahlungsdiagrammen der Erdefunkstellen und Richtfunkstationen, etwa vorhan-denen Polarisationsunterschieden der Strahlung, der relativen Leistungsflußdichte von Nutz- und Störsignal, dem Geräuschunterdrückungsfaktor der beteiligten Empfänger, von der räumlichen Entfernung und von den Ausbreitungsbedingungen zwischen den sich beeinflussenden Stationen. Bei den Ausbreitungsbedingungen ist zu unterscheiden zwischen direkter Ausbreitung (Freiraumausbreitung) — evtl. müssen Beugungseffekte berücksichtigt werden — sowie der Beeinflussung über Streuwege. Dazu gehören troposphärische Streustrahlung, Streustrahlung hervor-gerufen durch Niederschläge und Streustrahlung hervorgerufen durch Flugzeuge. Am kritischsten ist dabei die Streustrahlung, die durch Niederschläge hervorgerufen wird. Sollen diese beherrscht werden, so dürfen sich die Antennenstrahlen der ver-schiedenen Systeme nicht überschneiden.

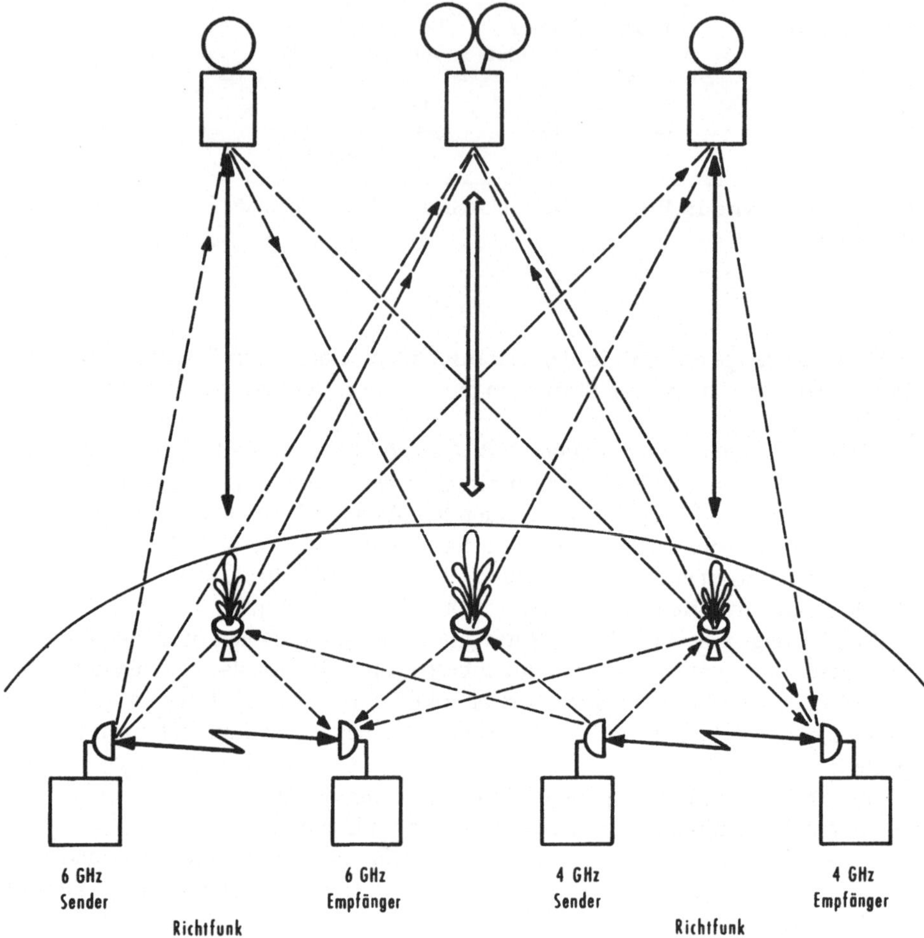

Bild 7-5. Gegenseitige Beeinflussungsmöglichkeiten zwischen Richtfunkstrecken und Satellitensystemen (Mitte: Interkontinentalsystem; rechts und links: Regionalsysteme)

7.4 Koordinierung von Erdefunkstellen und Richtfunkverbindungen

Bei gemeinsamer Benutzung eines Frequenzbandes muß eine Erdefunkstelle mit den im gleichen geographischen Gebiet arbeitenden Richtfunklinien koordiniert werden. Das Koordinationsgebiet umfaßt dabei die gesamte Umgebung der Erdefunkstelle, in der es unter ungünstigen Voraussetzungen zu gegenseitigen Störungen kommen kann. Für Intelsat-Erdefunkstellen kann dieses Gebiet durch einen Radius von mehreren 100 km um die Erdefunkstellen gegeben sein. Nach von CCIR festgelegten umfangreichen Regeln [74-1] kann man das Koordinationsgebiet ermitteln.

Im folgenden soll nur die prinzipielle Vorgehensweise skizziert werden. Ausgehend von den zulässigen Geräuschbeiträgen im gestörten System ist die erforderliche Dämpfung zwischen Störer und Gestörtem zu berechnen und in Entfernung umzusetzen. Dabei ist vom ungünstigsten Fall (keine Winkelentkopplung zwischen Störer

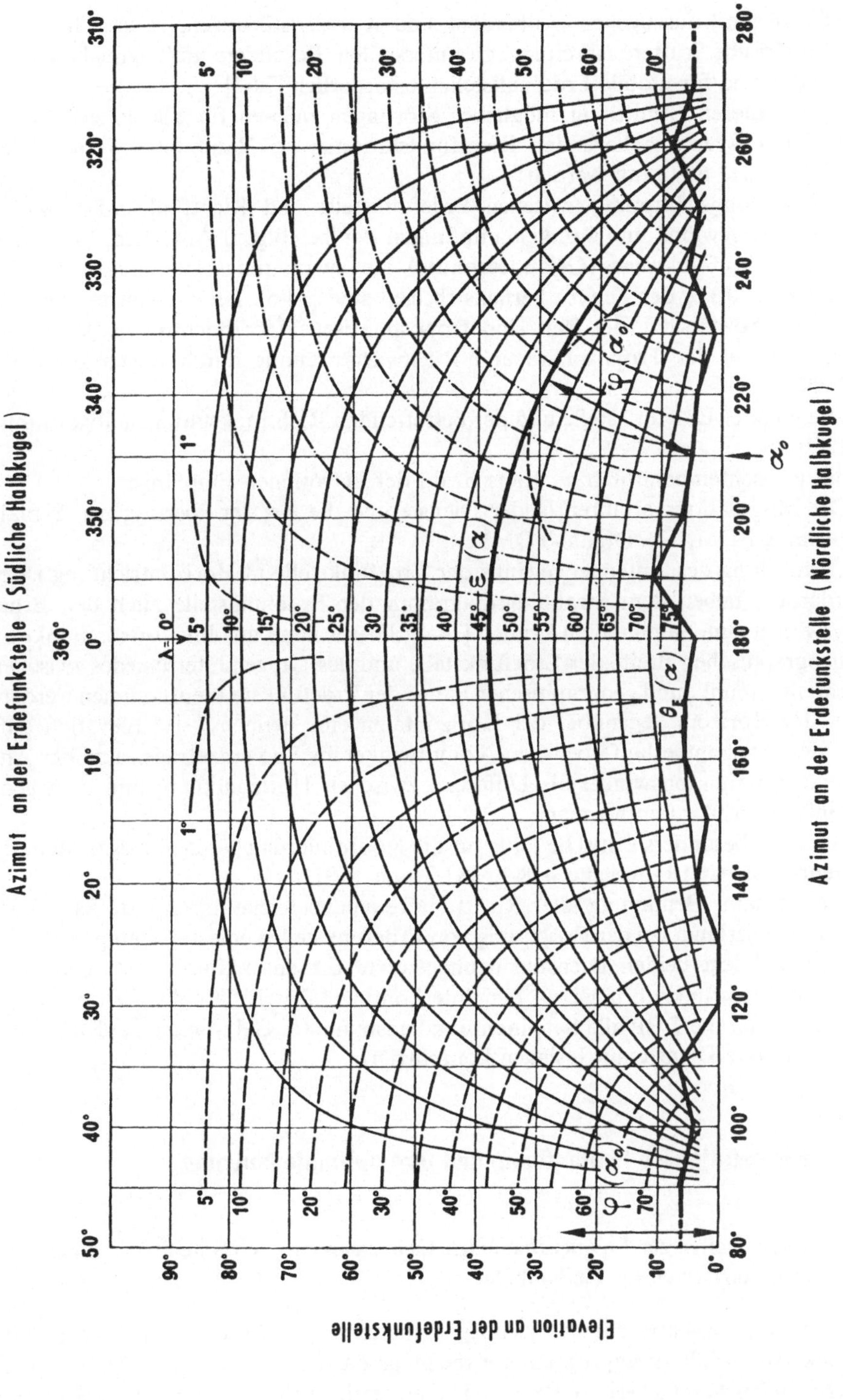

Bild 7-6. Diagramm zur Bestimmung des Erhebungswinkels der Erdefunkstellenantenne

und Gestörtem) auszugehen. Außerdem sind Kurzzeitstörungen, verursacht durch troposphärische Scatterausbreitung, zu unterstellen. Besondere umfangreiche Untersuchungen sind für mobile Erdefunkstellen erforderlich [74-3].

Zur genaueren Ermittlung möglicher Störungen müssen für alle innerhalb des Koordinationsgebietes liegenden Richtfunkstationen an Hand ihrer Systemdaten folgende Werte bestimmt werden:

— Übertragungsdämpfung zwischen Erdefunkstelle und Richtfunkstation, wobei Antennengewinne und Winkeldämpfungen der beteiligten Antennen, die Topographie des Funkweges (Geländeschnitte), die Ausbreitungsbedingungen für 20 % und etwa 0,1 % der Zeit zu berücksichtigen sind [74-5]. Bei der Ausbreitung für kleine Prozentsätze der Zeit sind troposphärische Überreichweiten, Vorwärtsstreuung in der Troposphäre und Rückwärtsstreuung durch Regen zu unterstellen.

— Die von der Erdefunkstelle und der betreffenden Richtfunkstationen abgestrahlte Leistung.

— die Rauschtemperatur bzw. Rauschzahl der betroffenen Empfänger.

— Die Modulationsverfahren beider Dienste und die Art der übertragenen Signale (Analog FDM, TV. Digital-TDM).

Zur Ermittlung des Antennengewinns der Erdefunkstelle in Horizontrichtung ist es erforderlich, neben dem Strahlungsdiagramm der Erdefunkstelle auch den Erhebungswinkel zum Satelliten zu kennen [74-4]. Dieser kann aus Bild 7-6 als Funktion der geographischen Breite der Erdefunkstelle und des Längenunterschiedes zwischen Subsatellitenpunkt und geographischer Länge der Erdefunkstelle entnommen werden. Weist der Horizont gegenüber der Horizontalen eine nennenswerte Elevation auf, so ist der Horizontverlauf über dem Azimutwinkel ins Bild einzutragen und der Antennendiskriminationswinkel als Differenz zwischen Horizontkurve und dem geostationären Orbit zu entnehmen.

Für einige besonders kritische Fälle für die Koordinierung [74-2] gibt es gesonderte Rechenregeln (CCIR-Berichte 448-1, 382-2 und 569).

Die gemeinsame Benutzung aller Richtfunkfrequenzbereiche durch feste Satellitenfunkdienste verlangt bei der Errichtung von Erdefunkstellen eine aufwendige Koordinierung und legt beiden Diensten nennenswerte Einschränkungen auf. Um auch weiterhin Richtfunkzubringer zu den interkontinentalen Erdefunkstellen einsetzen zu können, hat die DBP alle Satellitenfunkdienste im 4/6 GHz-Bereich auf Raisting, alle 11/14 GHz-Dienste auf Usingen konzentriert.

7.5 Die geostationäre Umlaufbahn und ihre optimale Nutzung

7.5.1 Möglichkeiten zur Frequenzbandmehrfachausnutzung von Satellitensystemen in der geostationären Umlaufbahn

Die Übertragungskapazität eines einzigen modernen Nachrichtensatelliten (12 000 Sprechkreise + 2 Fernsehprogramme) reicht bereits aus, das z. Zt. verfügbare Frequenzband bei 4 und 6 GHz zu belegen. Daher werden sowohl innerhalb des Satelliten als auch von verschiedenen Satelliten die gleichen Frequenzbänder immer wieder benutzt („frequency reuse"). Die gleiche Erdefunkstelle kann mit verschiedenen scharf bündelnden Antennen mit Satelliten, die um einige Grad versetzt positioniert sind, getrennt kommunizieren. Dies sei am Beispiel von Bild 7-7 erläutert: Bei der stark belasteten Transatlantikstrecke des Intelsat-Systems sind in dem kurzen Bahnstück, das für die Ausleuchtung des ganzen Atlantikraums von Mexiko bis Kuwait geo-

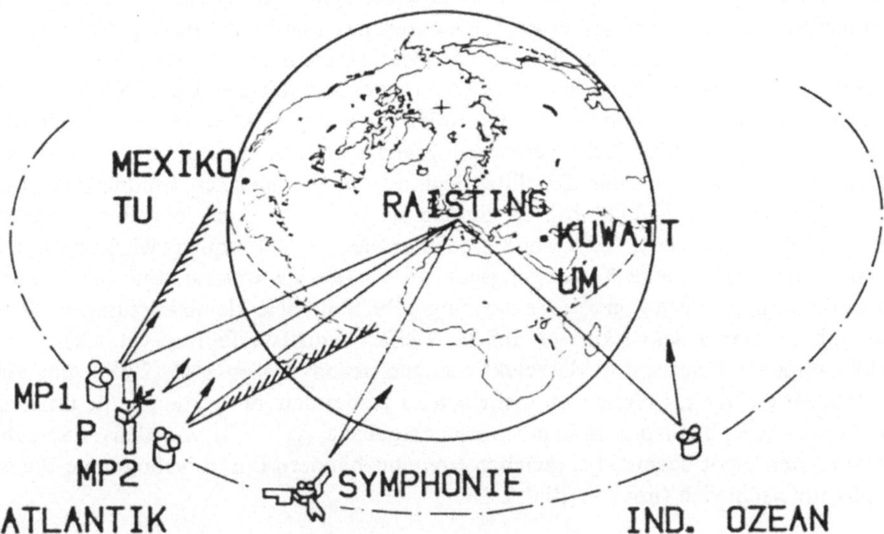

Bild 7-7. Mehrfach-Ausnutzung der Frequenzbänder durch scharf bündelnde Antennen der Erdefunkstellen [20-9]

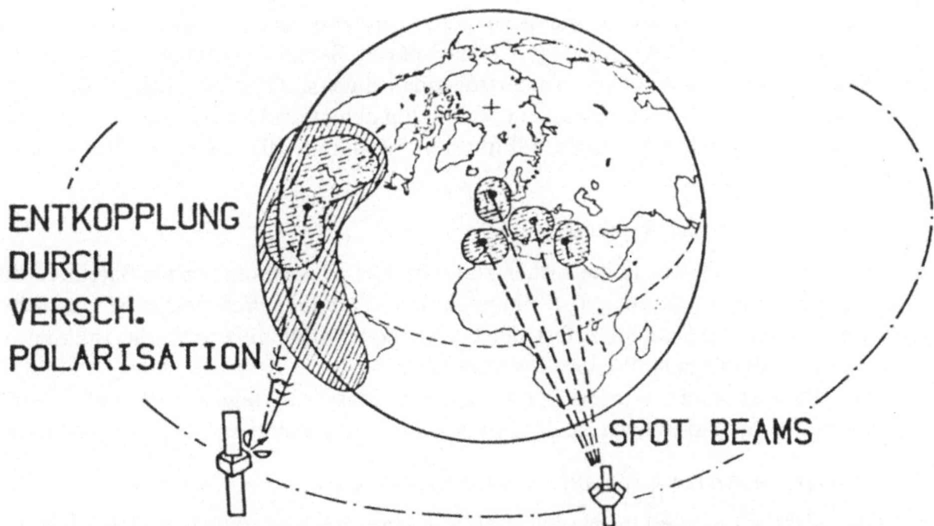

Bild 7-8. Mehrfach-Ausnutzung der Frequenzbänder durch Satellitenrichtstrahlantennen und Polarisationsentkopplung [20-9]

metrisch überhaupt geeignet ist, 3 Betriebssatelliten (und 2 Reservesatelliten) positioniert. Drei der großen Antennen der Erdefunkstelle Raisting bedienen diese 3 Satelliten. Ein wesentlicher Faktor zur optimalen Ausnutzung der geostationären Umlaufbahn ist offenbar die Fähigkeit der Erdefunkstellen, über die Richtwirkung der Antennen die Aussendungen der einzelnen Satelliten zu isolieren. Rücken die Satelliten zu nahe zusammen, muß mit Störungen des gewünschten Signals gerechnet werden. Bedingt durch die Lage der Kontinente sind darüber hinaus günstige und weniger günstige Abschnitte der geostationären Bahn zu berücksichtigen. Für regionale Systeme sind dagegen im Regelfall größere Segmente geometrisch brauchbar.

Hier lassen sich vor allem die Satellitenantennen zur weiteren Entkopplung heranziehen. Mit scharf bündelnden Richtstrahlen (spot beam) kann man eng begrenzte Gebiete auf der Erdoberfläche versorgen. Signale für unterschiedliche Versorgungsgebiete können so von einer Satellitenposition aus mit gleichen Frequenzen abgestrahlt werden (Bild 7-8) [20-9c]. Es können also in einem gegebenen Frequenzband um so mehr Gespräche geführt werden, je öfter die gleiche Frequenz wiederholt, d. h. je mehr unterschiedliche Versorgungsgebiete vorgesehen werden. Für die Zukunft ist es daher naheliegend, große Versorgungsgebiete in viele kleine aufzuteilen. Diese Technik hat aber Rückwirkungen auf die Vielfachzugriffsverfahren (vgl. 4.4).

Orthogonale Polarisation der elektromagnetischen Wellen (vgl. 2.2.2) gibt eine weitere Möglichkeit, Frequenzen mehrfach zu verwenden. So werden heute im Intelsat-System die „hemisphärischen" Ausleuchtgebiete (vgl. 6.3) von den Ausleuchtgebieten der „spot beams" bei gleichen Frequenzbändern durch orthogonale Polarisation unterschieden (links in Bild 7-8).

7.5.2 Faktoren, die die effiziente Ausnutzung der geostationären Umlaufbahn beeinflussen

Ein begrenzender Faktor für die effiziente Ausnutzung der geostationären Umlaufbahn sind die Interferenzstörungen benachbärter Satellitensysteme und ihre Auswirkung auf die Qualität der zu übertragenden Signale. Offensichtlich ist der Grad der Störungen vom Winkelabstand der Satelliten abhängig. Der erforderliche Winkelabstand wird durch verschiedene Faktoren bestimmt, die im folgenden genauer analysiert werden.

Ost-Westbewegung der Satelliten

Auf der WARC 79 wurde die bisher zulässige Ost-Westbewegung für Satelliten der festen Dienste von $\pm 1°$ auf $\pm 0,1°$ eingeschränkt. Der neue Wert wurde bereits früher für Fernsehrundfunksatelliten festgelegt. Für diese wurde außerdem die Inklination der Bahnkurve auf max. 0,1 Grad festgelegt.

Für die 90er Jahre werden bereits weitere Einschränkungen z. B. auf $\pm 0,05°$ diskutiert [75-5]; dadurch würde der Mindestsatellitenabstand um rund 25 % reduziert.

Strahlungscharakteristik der Antennen von Erdefunkstellen

Offensichtlich ist die Diskriminierung von Signalen unterschiedlicher eng benachbarter Satelliten um so günstiger, je schmaler die Halbwertsbreite des Richtdiagramms und damit je größer der Gewinn der Antenne der Erdefunkstelle ist. Man kann zeigen [75-4], daß eine Erhöhung des Antennengewinns um 3 dB bereits zu einer Verringerung des erforderlichen Satellitenabstands um rund 25 % führt.

Besonders kritisch ist außerdem die Höhe der Nebenzipfel des Antennendiagramms, insbesondere in einem Winkelbereich von 1° bis 30° bezogen auf die Hauptstrahlachse. Sind diese Nebenzipfel nicht genügend klein, nimmt die Antenne über sie unerwünschte Signale der Nachbarsatelliten auf.

Zwar hat bereits 1965 CCIR Empfehlungen für die Hüllkurve der Nebenzipfel verabschiedet, doch zeigen praktische Messungen an 18 Antennen von Intelsat-A Stationen, daß diese Empfehlung noch nicht voll eingehalten wird [75-6]. Andererseits sind inzwischen Antennen erprobt, die die CCIR-Empfehlungen bei weitem unterschreiten [75-5]. Daher wird bei CCIR bereits eine Verschärfung der geltenden Forderungen in folgender Weise erwogen [75-6]:

Bei Antennen mit $D/\lambda > 100$ (D = Durchmesser, λ = Wellenlänge) dürfen 90 % der Maximalwerte von Antennennebenzipfeln folgende Einhüllende nicht mehr überschreiten:

$$G = 29 - 25 \lg \Theta . \tag{7-3}$$

Für Antennen mit $D/\lambda < 100$ soll dann gelten:

$$G = 49 - 10 \lg \frac{D}{\lambda} - 25 \lg \Theta . \tag{7-4}$$

Diese Beziehungen sollen entlang der geostationären Umlaufbahn in einen Winkelbereich $|\Theta|$ von 1° bis 20° relativ zum Sollwert und senkrecht zur geostationären Umlaufbahn in einem Winkelbereich $|\Theta|$ zwischen 1° und 3° erfüllt werden. Die Einführung vorstehender Forderungen läßt eine Reduktion des erforderlichen Satellitenmindestabstands um rund 20 % zu [75-1].

Strahlungsdiagramme der Satellitenantennen

Bedienen die Satelliten abgegrenzte unterschiedliche Versorgungsgebiete auf der Erdoberfläche, so lassen sich im Prinzip die Signale für die einzelnen Ausleuchtgebiete nur durch die Richtcharakteristiken der Satellitenantennen entkoppeln. Im praktischen Fall läßt sich insbesondere bei Regionalsystemen durch eine Kombination der Anforderungen an die Strahlungsdiagramme der Erdefunkstellen und der Satelliten eine gute Ausnutzung der geostationären Umlaufbahn erreichen. Dies erfordert Satellitenantennen, die das Versorgungsgebiet möglichst gut ausleuchten, außerhalb des Versorgungsgebietes jedoch einen sehr schnellen Abfall der Energiedichte aufweisen. Dazu sind aufwendige Satellitenantennen (vgl. 6.3.5) sowie eine hohe Ausrichtgenauigkeit der Satellitenantennen (Lagestabilisierung!) erforderlich.

Die WARC '79 hat für die maximal zulässige Abweichung der Hauptstrahlrichtung der Satellitenantenne vom Sollwert 10 % der Halbwertsbreite des Richtstrahls oder max. 0,3° festgelegt [75-1]. Dabei ist der jeweils kleinere Wert einzuhalten. Unabhängig davon bleibt für Fernsehrundfunksatelliten im 12-GHz-Bereich entsprechend den Beschlüssen der WARC '77 die Forderung nach 0,1° Maximalabweichung der Hauptstrahlrichtung, unabhängig von der Halbwertsbreite, bestehen.

Interferenzgeräuschanteile im Satellitensystem

Je höher der Interferenzgeräuschanteil von anderen Satellitensystemen oder Richtfunksystemen am für normale Betriebsbedingungen insgesamt zugelassenen Geräusch ist, desto näher können die Satelliten in der geostationären Umlaufbahn aneinander-rücken. Aus diesem Grunde wurde von CCIR 1978 beschlossen, diesen Geräuschanteil für Satellitensysteme auf 20 % anzuheben [75-7]. Es ist damit zu rechnen, daß in Zukunft der prozentuale Anteil des Interferenzgeräusches noch weiter erhöht werden wird.

Verwendete Übertragungs- und Zugriffsverfahren

Verbesserte Ausnutzung der geostationären Umlaufbahn ergibt sich aus der Optimierung der Übertragungstechnik gleich auf zweifache Weise: Zum einen in einer möglichst hohen Informationsrate je Hertz Bandbreite und zum anderen in einer Reduktion der Störbarkeit (durch geeignete Modulations- und Codierungsverfahren). Insbesondere TDMA mit DSI ergibt zusammen mit der verfahrensbedingten Energieverwischung über das verfügbare Übertragungsband günstige Voraussetzungen.

Homogenität benachbarter Satellitensysteme

Verwenden in benachbarten Satellitensystemen alle Erdefunkstellen große Antennen (z. B. Intelsat A, vgl. Bild 5-2), so wäre bereits heute ein Winkelabstand benachbarter Satelliten von 2° völlig ausreichend. Bei allgemeiner Verwendung kleiner Antennen (z. B. „bush terminals" im Bild 5-5) ergeben sich jedoch Winkelabstände von 5 bis 8°. Wesentlich ungünstigere Verhältnisse ergeben sich jedoch, falls Satellitensysteme mit großen und solche mit kleinen Erdefunkstellen aneinanderstoßen. Hierbei können Winkelabstände von 20° bis 30° und mehr erforderlich werden [75-3]. Dies ergibt sich aus der relativ hohen *EIRP* des Satelliten im System für kleine Erdefunkstellen, die die hochempfindlichen Empfänger des Systems mit großen Antennen mit hohem Störpegel beaufschlagt.

Läßt sich eine Inhomogenität der Satellitensysteme nicht vermeiden (z. B. durch Ausweichen in ein anderes Frequenzband), so sind im Interesse einer guten Orbitausnutzung unterschiedliche Orbitsegmente für unterschiedliche Systeme zu verwenden [75-2].

Koordination verschiedener Systeme

Bei Satellitensystemen, die gleiche Orbitsegmente und gleiche Frequenzbänder benutzen, sollten die Planer der jeweiligen Systeme die wesentlichsten Systemdaten im Interesse einer guten Orbitausnutzung möglichst weitgehend aneinander anpassen, selbst wenn dadurch Abweichungen vom wirtschaftlichen Optimum der einzelnen Systeme erforderlich sind.

Um zu überprüfen, ob eine Koordinierung zwischen Satellitensystemen erforderlich ist, muß nach den Radio Regulations [75-10] die „T-Methode" angewendet werden. Diese Methode unterstellt, daß die Interferenz von anderen Satellitensystemen als eine Erhöhung der internen äquivalenten Link-Geräuschtemperatur betrachtet werden kann. Dabei wird das Interferenzspektrum (unabhängig vom Modulationsverfahren) im belegten Frequenzband mit konstanter maximaler Energiedichte angenommen. Beträgt unter diesen Voraussetzungen die Rauschtemperaturerhöhung im gestörten System weniger als 4 %, so sind keine weiteren Maßnahmen erforderlich. Andernfalls ist eine detaillierte Berechnung anhand der realen Systemdaten und eine vorherige Abstimmung zwischen allen Beteiligten über den Grad der zumutbaren Störung erforderlich.

7.5.3 Zukünftige Entwicklungen

Resultierend aus den vorangegangenen Abschnitten sind in naher Zukunft auf folgenden Gebieten weitere Entwicklungsanstrengungen notwendig:
— Antennen für Erdefunkstellen mit weiter reduzierten Nebenzipfeln,
— Strahlformung von Satellitenantennen verbunden mit einer Erhöhung der Ausrichtgenauigkeit derselben,
— weitere Erhöhung des prozentualen Anteils des durch benachbarte Systeme bedingten Interferenzgeräusches am Gesamtgeräusch,
— bandbreiteneffiziente Modulations- und Zugriffsverfahren einschließlich Energieverwischung.
Langfristig könnten große geostationäre Plattformen mit einer großen Zahl von scharf bündelnden Richtstrahlern mit gleichen Frequenzbändern sowie mit einer Durchschaltung der einzelnen Richtstrahlen mit Hilfe einer Schaltmatrix an Satelliten erheblich zur Verbesserung der Ausnutzung der geostationären Umlaufbahn beitragen [75-4], [75-8]. Selbst Durchschaltungen von regionalen Satellitensystemen zu interkontinentalen Systemen innerhalb der Plattform erscheinen hier möglich.

7.6 Ausbreitungsprobleme

Ausbreitungsfragen sind für die Planung von Satellitensystemen von zweifacher Bedeutung, zum einen hinsichtlich möglicher Zusatzdämpfungen für die Signalübertragung, zum andern hinsichtlich gegenseitiger Störungen verschiedener im gleichen Frequenzband arbeitender Systeme, beispielsweise Scatterausbreitung oder Drehung der Polarisationsebene (und damit gegenseitige Beeinflussung orthogonal polarisierter Systeme). Die für die Signalübertragung gegenüber dem Idealfall zusätzlichen Beeinträchtigungen werden durch galaktisches und kosmisches Rauschen, durch ionisphärische und troposphärische Einflüsse hervorgerufen.

7.6.1 Galaktisches und kosmisches Rauschen

Eine gegen den Zenith gerichtete Antenne nimmt insbesondere unterhalb 1 GHz starke Rauschstrahlung auf, deren Intensität nennenswerten jahreszeitlichen, täglichen und ortsbedingten Schwankungen unterworfen ist. Über der Frequenz nimmt die Rauschleistungsdichte jedoch mit $1/f^2$ ab. Verlauf und Streubereich der Frequenzabhängigkeit wurde bereits in Bild 2-7 aufgezeigt. Dort ist auch zu ersehen, daß sich bei Ausrichtung der Antenne auf die Sonne Rauschtemperaturen von 10^4 bis 10^6 K ergeben, die im Regelfall eine Fernmeldeverbindung zu (vor der Sonne stehenden) Satelliten unmöglich macht. Bild 2-7 zeigt außerdem die durch Absorption in der Atmosphäre bedingten Rauschtemperaturen, die von einer Antenne, unter verschiedenen Elevationswinkeln ε auf den Himmel ausgerichtet, aufgenommen wird.

7.6.2 Ionosphärische Effekte

Zu den ionosphärischen Effekten, die weitestgehend von der Elektronenkonzentration entlang des Funkstrahlweges abhängig sind, gehören [76-6]: Absorptionsdämpfung ($<0{,}1$ dB für $f > 1$ GHz), Faradaydrehung der Polarisationsebene (ca. 100° bei 1 GHz), Brechung ($<1°$ bei 100 MHz), Veränderung des Einfallswinkels (20 Bogenminuten bei 100 MHz), Dispersion (0,4 ps/Hz bei 100 MHz) und Scintillation. Fast alle Effekte nehmen mit $1/f^2$ über der Frequenz ab (Dispersion mit $1/f^3$).

Oberhalb 1 GHz ist die Faradaydrehung der Polarisationsebenen für Frequenzbandmehrfachausnutzung noch von Bedeutung. Diese Drehung weist bei gegebener Frequenz im Regelfall tages- und jahreszeitliche sowie solarzyklische Schwankungen auf, die durch entsprechende Nachführeinrichtungen für die Polarisationsebene in der Erdefunkstelle kompensiert werden können. In kleinen Zeitprozentsätzen sind jedoch starke, nicht vorhersagbare Schwankungen möglich. Spitzenwerte solcher Schwankungen sind: 9° bei 4 GHz, 4° bei 6 GHz und 1° bei 12 GHz.

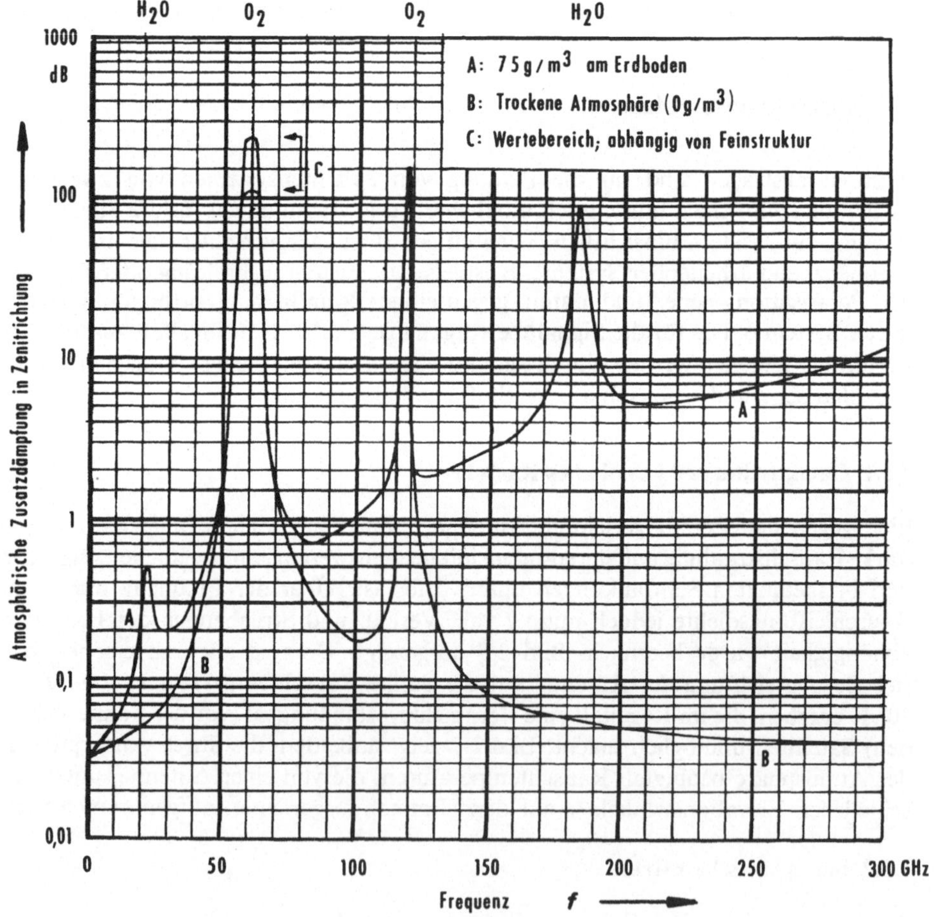

Bild 7-9. Zusatzdämpfung der Atmosphäre als Funktion der Frequenz f in Zenitrichtung

7.6.3 Troposphärische Effekte

Hier sind besonders die Zusatzdämpfung durch Absorption in der Atmosphäre, in Regen und Wolken, die Auswirkungen dieser auf Polarisationsentkopplung sowie Mehrwegeausbreitung und Abschattung zu berücksichtigen.

Bild 7-9 zeigt die Zusatzdämpfung durch Absorption als Funktion der Frequenz bei senkrechtem Strahldurchgang (Zenit) durch die Troposphäre. Wie das Bild zeigt, ist diese Zusatzdämpfung stark vom Wasserdampfgehalt in der Atmosphäre abhängig. Das Bild zeigt die Zusatzdämpfung für trockene Atmosphäre (0 g/m^3) und für einen Wasserdampfgehalt von $7,5$ g/m^3. Außerhalb der Molekülresonanzfrequenzen für Wasserdampf bei 22 GHz und 183 GHz sowie für Sauerstoff bei 60 und 119 GHz ist die Absorption etwa proportional dem Wasserdampfgehalt. Dieser kann zwischen $0,1$ g/m^3 bei kaltem trockenen Wetter und 25 g/m^3 bei feuchtwarmem Wetter schwanken.

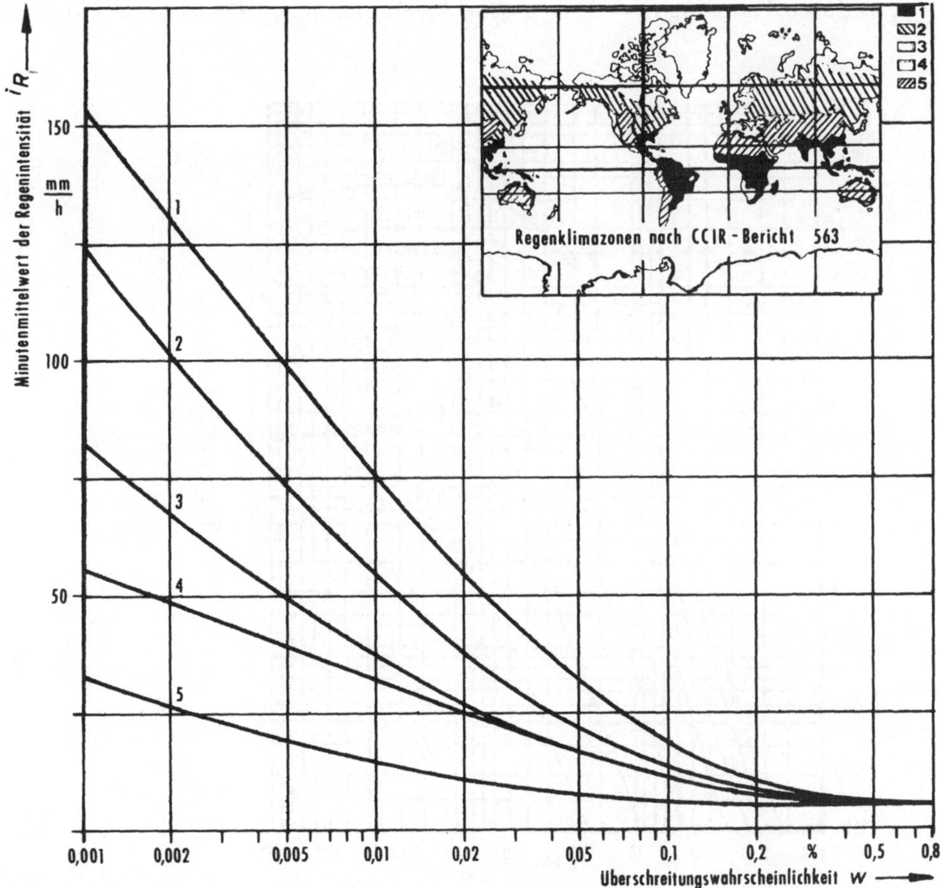

Bild 7-10. Überschreitungswahrscheinlichkeit der Regenintensität i_R in einem durchschnittlichen Jahr für die 5 Regenklimazonen nach CCIR Bericht 563

Aus Bild 7-9 lassen sich die Dämpfungswerte für andere Elevationswinkel ($\varepsilon > 5°$) ermitteln, indem man die dortigen Werte durch den sin des Erhebungswinkels (sin ε) teilt.

Bei der Zusatzdämpfung durch Regen und Wolken ist, besonders die durch Regen von Bedeutung. Sie ist stark abhängig von der Regenintensität und nimmt bis zu etwa 100 GHz stark mit der Frequenz zu. Unterhalb von etwa 5 GHz kann diese Zusatzdämpfung üblicherweise vernachlässigt werden. Bild 7-10 zeigt die Überschreitungswahrscheinlichkeit der Regenintensität i_R für die 5 Regenklimazonen nach CCIR-Bericht 563. Bild 7-11 zeigt die Zusatzdämpfung/km als Funktion der Frequenz und der Niederschlagsmenge. Zur Berechnung der in einer Satellitenverbindung tatsächlich auftretenden Zusatzdämpfung ist zusätzlich zu den aus Bild 7-10 und 7-11 entnommenen Daten noch die Kenntnis der „effektiven Regenpfadlänge" erforderlich. Diese ist abhängig vom Elevationswinkel ε des Strahleinfalls und der Niederschlagsmenge (Regenzellengröße). Sie ist im Bild 7-12 [CCIR Report 564], basierend auf Messungen in Europa und Nordamerika dargestellt.

Als Anhaltspunkt möge dienen, daß bei 12 GHz die in 0,01 % der Zeit überschrittene Zusatzdämpfung ($\varepsilon = 30°$) in gemäßigtem maritimen Klima (z. B. Nordwest-

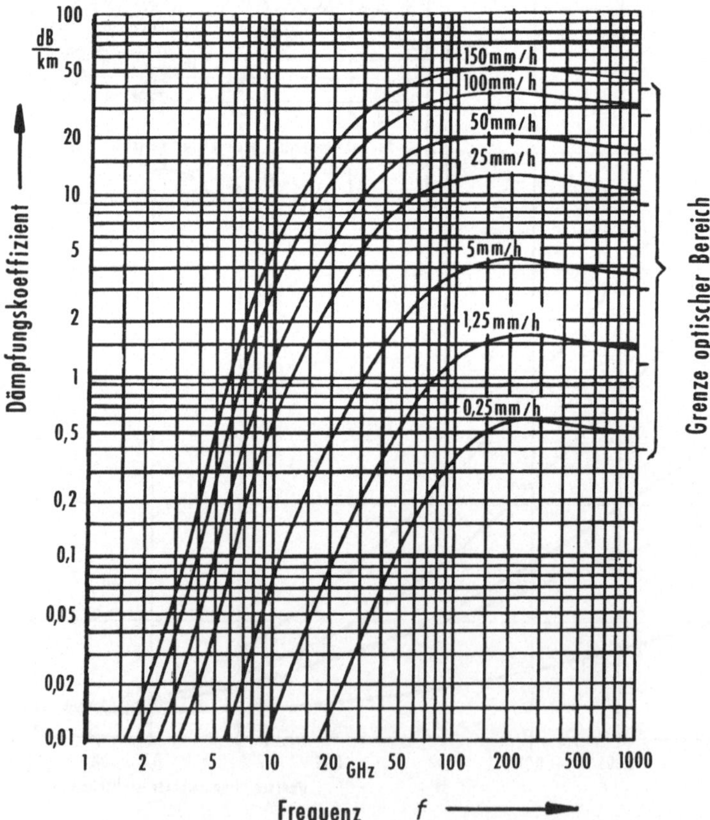

Bild 7-11. Frequenzabhängigkeit des Koeffizienten der Zusatzdämpfung durch Regen

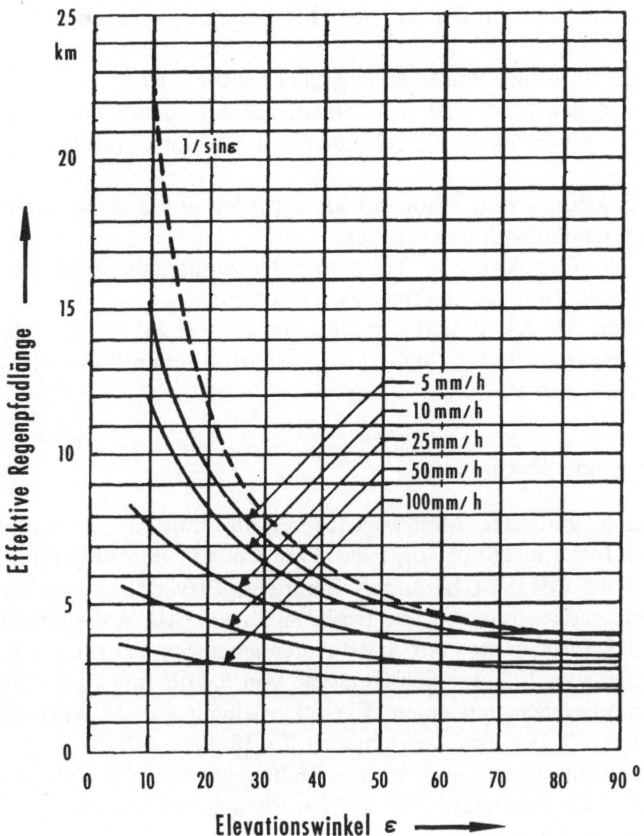

Bild 7-12. Abhängigkeit der äquivalenten Regenpfadlänge vom Elevationswinkel und der Niederschlagsmenge. Gestrichelte Kurve (1/sin ε) gilt für 5 mm/h

europa) etwa 4 bis 5 dB beträgt, in Teilen von Malaysia dagegen rund 20 dB. Für eine Frequenz von 20 GHz ergeben sich dafür Werte von 6 bis 12 dB (Nordwesteuropa) bzw. 60 dB in Malaysia.

Der Einfluß von Wolken ist klein gegenüber dem von Regen; er ist erst bei Frequenzen oberhalb von 30 GHz von Bedeutung. Die Dämpfung ist proportional dem Wassergehalt, der zwischen 0,01 und mehr als 1 g/m^3 schwanken kann.

Brechungs- und Scintillationseffekte durch troposphärische Einflüsse lassen sich für Frequenzen bis 10 GHz und Elevationswinkel > 10° vernachlässigen. Bei höheren Frequenzen und kleineren Erhebungswinkeln können schnelle Schwundeinbrüche bis zu einer Tiefe von 20 dB auftreten (Mehrwegeausbreitung!).

7.6.4 Polarisationsentkopplung

Der Grad der Degradation der Polarisationsentkopplung durch Regen und Wolken ist noch nicht zuverlässig vorauszusagen. Er ist abhängig vom Klima, von der Frequenz, vom Elevationswinkel und von der Art der Polarisation. Grundsätzlich läßt sich jedoch feststellen:

— Die Degradation ist für zirkulare Polarisation größer als für lineare.
— In Klimata, in denen Regen (und nicht Eiswolken) vorherrschend sind, ist für höhere Frequenzen ($f > 6$ GHz) gute Korrelation mit der Absorptionsdämpfung gegeben.
— Liegen Eiswolken vor, können sich schon bei kleinen Werten der Absorptionsdämpfung erhebliche Depolarisationen ergeben.
— Oberhalb 40 GHz ist die Depolarisation gegenüber der Zusatzdämpfung durch Regen von geringerer Bedeutung (Ausnahme: Eiswolken).

Als Anhaltspunkt für gemäßigtes Klima und Elevationswinkel von 20° bis 30° möge gelten, daß im Frequenzbereich 20 bis 30 GHz die Polarisationsentkopplung in 0,01 % der Zeit 20 dB unterschreitet.

7.6.5 Mehrwegeausbreitung und Abschattung

Reserven für Abschattung und/oder Mehrwegeausbreitung müssen für mobile Satellitenfunkdienste (Land und maritim) vorgesehen werden. Für maritime mobile Satellitenfunkdienste ($f \sim 1{,}6$ GHz) ist besonders für kleine Elevationswinkel eine Schwundreserve für Mehrwegeausbreitung zu berücksichtigen. Als Anhaltspunkt möge dienen, daß für eine Schiffsantenne mit 20 dB Antennengewinn bei ruhiger See und einen Elevationswinkel von 10° eine Schwundtiefe von 5,4 dB in 1 % der Zeit überschritten wird. Bei rauher See und einem Elevationswinkel von 5° wird eine Schwundtiefe von 4,8 dB in 1 % der Zeit überschritten [CCIR Rec. 4/286].

Für mobile Satellitenlandfunkdienste muß sowohl Mehrwegeausbreitung als auch Abschattung berücksichtigt werden. Basierend auf Messungen bei 860 MHz bzw. 1550 MHz zusammen mit dem Satelliten ATS-6, bei der die Antenne des mobilen Teilnehmers einen Antennengewinn von 5 dB aufwies, ergaben sich folgende Anhaltspunkte [76-1]: Für eine Orts- und Zeitwahrscheinlichkeit von je 90 % ist für ländliche und Vorortgebiete eine Systemreserve von 10 bis 15 dB, für städtische Gebiete von wenigstens 30 dB erforderlich. Besonders kritisch sind hier Straßenzüge, die quer zur Satellitenrichtung laufen. Die Erhebungswinkel des Satelliten lagen dabei im Bereich 19° bis 43°.

Für Fernsehrundfunksatellitensysteme in Frequenzbändern im 500 MHz- und 2 GHz-Bereich sind nach vorliegenden Messungen zum Mobilfunk vergleichbare Werte erforderlich [Rec. 4/286].

8 Beispiele von Nachrichtensatellitensystemen

8.1 Kanadisches Regionalsystem

In [33-2] ist die Literatur zu diesem Kapitel zusammengefaßt.

8.1.1 Das System

Kanada ist mit etwa 10 Mio. km^2 das zweitgrößte Land der Erde. Mit einer Ost-West-Ausdehnung von über 5000 km, einer Nord-Süd-Ausdehnung von über 3000 km und seinen weit zerstreuten Siedlungen ist das Land für ein Nachrichtensatelliten-system prädestiniert. In den arktischen Regionen liegen dagegen die meisten Boden-schätze wie Öl, Gas, Mineralien. Erst durch das Nachrichtensatellitensystem wurden zu diesen Plätzen zuverlässige Fernmeldeverbindungen geschaffen.

Bereits am 11. Jan. 1973 hat daher Kanada mit dem ANIK-A-Satelliten (Anik, d. h. Bruder, Eskimosprache) sein regionales Nachrichtensatellitensystem in Betrieb genommen.

Das System wird von der TELESAT Canada, einer von der Regierung unter Be-teiligung der Betriebsgesellschaft gegründeten kanadischen Gesellschaft betrieben. Besonders hervorzuheben ist dabei, daß Stationen nördlich des 76. Breitengrades in Betrieb sind. Eine weitere Erdefunkstelle wird nahe dem 80. Breitengrad aufgebaut.

Für die Mehrmedienführung des Weitverkehrs im Süden des Landes werden 960 im Frequenzmultiplex aufbereitete Sprechkanäle frequenzmoduliert über einen Transponder mit 36 MHz Bandbreite übertragen. Außerdem werden über gleichartige Transponder Fernsehprogramme mit Begleittönen übertragen. 8 feste und verschie-dene mobile Erdefunkstellen sind für die Einspeisung von Fernsehprogrammen vor-gesehen. In Zukunft wird dieser Dienst durch die Übertragung von digitalen Signalen mit rund 91 Mbit/s (entspricht 1.344 8-bit-PCM-codierten Sprechkanälen) mittels PSK über Anik C ergänzt. (54-MHz-Transponder). Im gleichen Transponder werden in Zukunft 2 TV-Signale mit ihren Begleittönen übertragen.

Für die Verbindungen zu den nördlichen Gebieten werden für mittlere Verkehrs-aufkommen FM-Träger mit 12 bis 60 Sprechkanälen im Mehrträgerbetrieb über einen Transponder verwendet. Für den großen Teil der Verbindungen mit geringem Verkehrsaufkommen wird SCPC-Betrieb mittels Deltamodulation (37 bzw. 40 kbit/s) und PSK eingesetzt.

Über die Verbindung Allan Park—Harrietsfield über einen 36-MHz-Transponder wurde bereits 1976 von TELESAT ein TDMA-System mit 61,248 Mbit/s eingesetzt.

Dadurch konnten die 240 Sprechkreise (FDMA) auf 400 erhöht werden. Die im Frequenzmultiplex aufbereiteten Signale werden direkt in PCM umgesetzt und mit QPSK übertragen. Die verwendeten Erdefunkstellen haben unterschiedliche G/T-Werte. Um eine Beeinträchtigung der Übertragungskapazität zu vermeiden, werden die Signale, die für die kleinere Erdefunkstelle bestimmt sind, konvolutionell mit einer Rate 3/4 codiert und entsprechend in der kleineren Erdefunkstelle mit einem Schwellwertdecoder decodiert.

Darüber hinaus werden in die nördlichen Regionen Fernsehprogramme verteilt, wobei abhängig von den Empfangseinrichtungen unterschiedliche Signalqualitäten verfügbar sind. Seit ANIK C ist auch der Fernsehheimempfang möglich (Antennendurchmesser 1,2 bis 1,8 m).

8.1.2 Die Satelliten

Am Jahresende 1981 bestand das Raumsegment aus drei Satelliten des Typs ANIK A und einem ANIK B-Satelliten. Im Jahre 1982 wurde es durch Satelliten der Typen ANIK C und D ergänzt.

Die ANIK-A-Satelliten (ab 1972) sind spinstabilisiert und verwenden eine mechanisch entdrallte Antenne, die sende- und empfangsseitig (6/4 GHz) ganz Kanada ausleuchtet. Je Satellit sind 12 Transponder mit einer nutzbaren Bandbreite von 36 MHz vorhanden. ANIK-B dient zum einen zur Ergänzung der ANIK-A-Satelliten im 6/4 GHz-Band (12 Transponder mit einer Bandbreite von 36 MHz) und zum andern dem Versuchsbetrieb im 14/12 GHz-Band. Der Ende 1978 gestartete Satellit ist dreiachsenstabilisiert.

1982 löste eine neue Generation von Nachrichtensatelliten, ANIK C (14/12 GHz) und ANIK D (6/4 GHz), die seitherigen Satelliten ab. Beide sind spinstabilisiert mit entdrallter Plattform, beide verwenden praktisch den gleichen Satellitenbus (HS 376, vgl. 6.2). In beiden Fällen wird durch lineare orthogonale Polarisation das Frequenzband doppelt ausgenutzt. Der Antennenreflektor besitzt einen Durchmesser von 183 cm, er ist mit 2 reflektierenden Schichten versehen (je für die beiden orthogonal polarisierten Wellen), vgl. 6.3.6.

Empfangsseitig wird im Satelliten ein Richtstrahl mit 2 orthogonal polarisierten Wellen verwendet, der den südlichen Teil Kanadas vom Atlantik bis zum Pazifik ausleuchtet. Mit $G/T = 3$ dB (1/K) besitzt der Satellitenempfänger eine relativ hohe Empfindlichkeit. Sendeseitig werden 4 Richtstrahlen verwendet. Die beiden östlichen Richtstrahlen verwenden die eine Polarisationsebene, die beiden westlichen die andere. Die RF-Kanäle der beiden östlichen bzw. der beiden westlichen Richtstrahlen können entweder je zur Hälfte den einzelnen Richtstrahlen zugeschaltet werden oder je zusammen beide Richtstrahlen bedienen. Für diesen Fall reduziert sich die verfügbare $EIRP$ auf Grund der Leistungsteilung (3 dB) und des erforderlichen back-off (5,5 dB) auf 39,5 dBW. Die Ausrichtgenauigkeit in Ost-West-Richtung wird durch das Kontrollsystem zur Antennenentdrallung, die in Nord-Süd-Richtung durch Kippen der Antenne erreicht. In beiden Richtungen wird die Antenne auf eine erdgebundene Bake nachgeführt. Durch Ortsveränderung der Bake kann die Antennenausrichtung verändert werden. Die ANIK D-Satelliten leuchten sende- und empfangsseitig ganz Kanada aus. Auch hier arbeitet die eine Hälfte der Transponder auf den Antennenerreger für horizontale Polarisation, die andere Hälfte auf den für vertikale Polarisation.

8.1.3 Die Erdefunkstellen

Entsprechend den unterschiedlichen Benutzeranforderungen ergeben sich im TELE-SAT-System sehr unterschiedliche Erdefunkstellen. Mit Ausnahme der Grenzland-TV- und der Heimempfangs-TV-Anlagen sind alle anderen Stationen redundant ausgeführt. Für hohes Verkehrsaufkommen bei 6/4 GHz werden in Allan Park und Lake Cochiwan Erdefunkstellen mit 30 m-Spiegel und ungekühlten parametrischen Verstärkern verwendet. Zur Antennennachführung ist ein Step-Track-Verfahren vorgesehen. Als einzige Stationen des gesamten Netzes sind sie rund um die Uhr besetzt. Für mittleres Verkehrsaufkommen werden bei 6/4 GHz-Anlagen mit 8 m- oder 10 m-Spiegel sowie ungekühlten parametrischen Verstärkern verwendet. Diese Antennen sind nicht automatisch nachführbar. Für schwaches Verkehrsaufkommen werden auf Grund praktischer Erfahrungen neue Stationen nur noch mit 4,5-m-Spiegeln ausgerüstet. Transportable Stationen mit zerlegbarem 3,6-m-Spiegel (2 SCPC-Sprechkreise, TV-Senden und -Empfangen) lassen sich mit kleinen Flugzeugen (z. B. der Twin Otter) befördern.

Erdefunkstellen für ANIK C im 14/12 GHz-Bereich müssen nicht mit Richtfunk koordiniert werden. Sie können daher direkt in den Ballungszentren, z. B. auf dem Dach der Fernsprechvermittlungsstelle aufgestellt werden. Bei Regen muß mit nennenswerten Zusatzdämpfungen gerechnet werden. Für TV-Übertragung ist dafür in der Abwärtsstrecke eine Systemreserve von 7 dB, bei digitaler Datenübertragung (91 Mbit/s) von 12 dB vorgesehen. Die Möglichkeiten einer dämpfungsabhängigen Sendeleistungsregelung und der Nachführung der Polarisationsebenen befinden sich noch im Überlegungsstadium; auf Raumdiversityempfang wurde verzichtet.

Da der Übergabepunkt zur Vermittlung entsprechend der amerikanischen Digitalhierarchie (DS 3) bei 44,7 Mbit/s liegt, enthält die Erdefunkstelle zusätzlich plesiosynchrone Multiplexer und Demultiplexer. Dies ergibt zusätzlich die Möglichkeit, digitale Dienstkanäle und andere Überwachungssignale einzublenden.

8.1.4 Der Betrieb des Systems

Zur Bahnverfolgung sowie zur Aussendung von Telekommandosignalen und den Empfang von Telemetriesignalen der Satelliten wird die Station Allan Park verwendet. Neben der Sende-/Empfangsanlage mit 30-m-Spiegel (Breitbandweitverkehrsverbindungen) stehen dafür zwei weitere Sende/Empfangsanlagen mit 8-m- bzw. 4,5-m-Spiegel zur Verfügung. Von dieser Station besteht eine direkte Datenleitung zum Satellitenbetriebszentrum (Telesat Satellite Control Centre) in Ottawa, von dem aus die Satelliten überwacht werden.

Die Überwachung des gesamten Netzes der Erdefunkstellen (Network Operations Centre) erfolgt von Allan Park aus. Außer den beiden Stationen Allan Park und Lake Cochiwan (rund um die Uhr bemannt) sind nur noch die Stationen Harrietsfield und Frobisher Bay während normaler Dienststunden bemannt. Alle anderen Stationen sind jedoch sämtlich mit Fernwirkeinrichtungen ausgerüstet, die soweit möglich über Datenleitungen oder sonst über Dienstkanäle des Satellitensystems mit einer Bezirkszentrale (herausgehobene Erdefunkstelle) verbunden sind. Diese Bezirkszentralen sind wiederum mit dem Überwachungszentrum in Allan Park verbunden, dort ist eine Übersicht über den gesamten Netzzustand vorhanden.

Um die Verfügbarkeit des Systems groß zu halten, sind in den Erdefunkstellen alle wesentlichen Funktionseinheiten redundant ausgeführt (Umschaltung von Hand oder über Telekommando möglich). Bei der Überwachung der Erdefunkstellen in den schwer zugänglichen nördlichen Bezirken hat man gute Erfahrungen mit örtlichem Personal, meist ohne Fachkenntnisse, gemacht. Im Reparaturfall erleichtern die modulare Bauweise und die Fehlererkennungseinrichtungen der Anlage eine schnelle Wiederinbetriebnahme. Wegen der sehr schwierigen Transportverhältnisse werden z. T. kritische Ersatzeinschübe in einem lokalen Depot in der Erdefunkstelle bereitgehalten. Schwierige Reparaturen und routinemäßige Überprüfungen der Anlagen werden jedoch nur vom technischen Personal der Telesat durchgeführt.

8.2 Systeme für Fernseh- und Rundfunkdirektempfang von Satelliten

Literatur zu diesem Kapitel: [34-...] sowie [91-...].

8.2.1 Übersicht

In Kapitel 4 haben wir die für Fernmeldenetze über Satelliten benötigten Vielfachzugriffsverfahren betrachtet. Eine völlig andere Problemstellung ergibt sich, wenn von wenigen Quellen (Rundfunkanstalten) eine Anzahl von Fernseh-/Rundfunkprogrammen über Satelliten zu den Heimempfängern übertragen werden sollen.

Während zunächst ein Empfang durch relativ große Erdefunkstellen und terrestrische Weiterverteilung per Kabel an die Heimempfänger als bester Kompromiß erschien, steht seit etwa Mitte der siebziger Jahre auf Grund der technologischen Fortschritte der Direktempfang im Vordergrund. In der Folge besprechen wir die technischen Grundlagen derartiger Systeme. Dagegen gehen die durch den Satellitendirektempfang aufgeworfenen medienpolitischen und rechtlichen Fragestellungen über den Rahmen des vorliegenden Buches hinaus; hier sei auf [20-9] verwiesen. Praktische Erfahrungen mit Systemen zur *Fernsehverteilung* und für *Fernsehdirektempfang* liegen u. a. aus Japan [34-2], [34-3] und Kanada [34-1d], [20-9] vor. Inzwischen wird weltweit am Aufbau und an der Planung von Fernsehrundfunksatellitensystemen für Direktempfang (direct broadcasting satellites, DBS) gearbeitet. Die wesentlichen Aspekte solcher Systeme werden in [34-1] ausführlich und aktuell dargestellt. Dabei sind u. a. mehrere Tagungsbeiträge dem Aufbau und den wesentlichen Komponenten der ab 1985 in den Einsatz gehenden Fernsehrundfunksatelliten TV-SAT/TDF 1 (Bundesrepublik Deutschland/Frankreich) gewidmet. Da der Fachbericht [34-1] leicht zugänglich ist, konnte das vorliegende Kapitel 8.2 und die zugehörige Literatur [34-...], [91-...] wesentlich knapper gehalten werden als ursprünglich vorgesehen. Die Fragen der Planung, der Technik und des Betriebs von Fernsehrundfunk-Satellitensystemen werden nachstehend jedoch soweit diskutiert, daß die spezifischen Unterschiede zu Fernmeldesatellitensystemen erkennbar werden.

In diesem Zusammenhang gehen wir in 8.2.4 auf die (Nur-)Empfangseinrichtungen für direkten TV-Satellitenempfang ein, während die zur Übertragung der Programme zum Satelliten benötigten sendenden Erdefunkstellen nicht näher behandelt werden; im letzteren Fall begnügen wir uns mit der Angabe einiger Beispiele aus der Literatur:

— Große Erdefunkstelle (13-m-Spiegel) für Senden/Empfangen und Satelliten-Housekeeping: 34-2a].
— Transportable Erdefunkstelle (4,5-m-Spiegel) für Senden/Empfangen: [34-2b].
— Mobile Erdefunkstelle (2,5-m-Spiegel, 2 kw Klystron) für Senden/Empfangen: [34-2c].

8.2.2 Festlegung der Versorgungsgebiete

In Kapitel 7 wurden die durch die Internationale Funkverwaltungskonferenz (World Administrative Radio Conference, WARC) getroffenen Vereinbarungen betr. Frequenzbänder usw. ausführlich erläutert. Während sich die Länder der Region 2 (Amerika) demnächst auf einen Plan einigen wollen, wurden für die Regionen 1 (Europa, Afrika und gesamte Sowjetunion) und 3 (Asien) bei der WARC 1977 Festlegungen getroffen, die seit 1979 in Kraft getreten sind. Die Details dieser Bestimmungen sind aus [70-2] zu entnehmen. Unter Verzicht auf Sonderfälle sollen die wesentlichen Bestimmungen nachstehend kurz zusammengefaßt werden:

— Auf der geostationären Bahn sind für die Satelliten der einzelnen Staaten bzw. Staatengruppen Orbitpositionen mit einem Winkelabstand von sechs Längengraden (oder ganzzahligen Vielfachen davon) festgelegt. In eine Orbitposition teilen sich mehrere Staaten, z. B. auf 19° West: BR Deutschland, Österreich, Schweiz, Italien, Frankreich, Luxemburg, Belgien und die Niederlande.
— Vorgesehen ist der Frequenzbereich 11,7 bis 12,5 GHz; er ist in 40 Kanäle mit einem Abstand von jeweils 19,18 MHz eingeteilt. Als Regelfall wurden jedem Staat 5 Kanäle innerhalb von 400 MHz Bandbreite zugewiesen. Dadurch ergeben sich — verglichen mit 800 MHz — kostengünstigere Realisierungsmöglichkeiten. Zwischen Kanälen desselben Staates liegen jeweils mindestens drei Kanalabstände.
— Um bei dem gegebenen Kanalabstand die vorgesehene Kanalbandbreite von 27 MHz realisieren zu können, sind aufeinanderfolgende Kanäle jeweils orthogonal polarisiert; in Region 1 zirkular (rechts- bzw. linksdrehend).
— Einem Land A ist es freigestellt, die von ihm für Satellitenrundfunk nicht benutzten eigenen Kanäle (A ...) für terrestrischen Richtfunk zu nutzen. Es muß nur sichergestellt sein, daß dadurch in einem anderen Land B der Empfang seiner Kanäle (B ...) nicht beeinträchtigt wird. Dagegen braucht z. B. im Land A der ungestörte Empfang der Kanäle B nicht gewährleistet zu sein.
— Für jedes Land wurde über den Öffnungswinkel seiner Satellitenantenne ein näherungsweise elliptisches Versorgungsgebiet definiert. Innerhalb dieses Gebietes wird während 99% der Zeit wenigstens eine Leistungsflußdichte von -103 dBW/m^2 erreicht. Die Versorgungsbereiche für Mitteleuropa [34-5] sind in Bild 8-1 dargestellt.

8.2.3 Systemplanung

Eine ausführliche Darstellung der Planungsverfahren findet sich in [70-1]. Den aktuellen Stand der Planungsgrundlagen faßt [34-1a] zusammen.

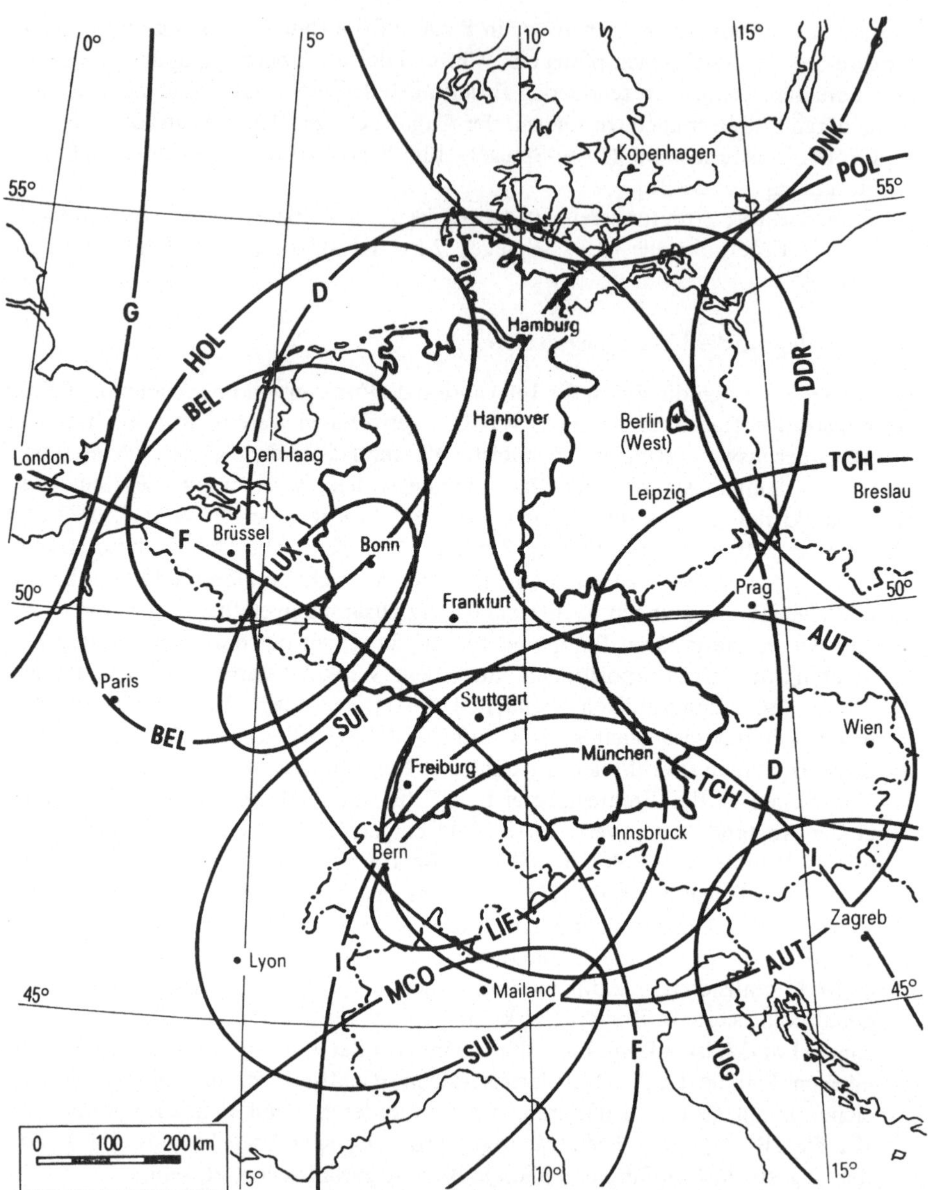

Bild 8-1. Empfangsgebiete der Satelliten verschiedener europäischer Länder

Bekanntlich wird beim Fernsehen als Modulationsverfahren die Restseitenbandmodulation verwendet, also ein Verfahren, das wie die Einseitenbandmodulation keinen Modulationsgewinn bringt. Um die Empfangsantennen möglichst klein zu halten, wurde für den Fernsehdirektempfang von Satelliten Frequenzmodulation vorgesehen; die dadurch erreichte Störabstandsverbesserung wiegt schwerer als die jetzt notwendige Modulationswandlung (Nachteil!) im Empfänger. Der erreichbare

Modulationsgewinn ist durch die o. g. Kanalbandbreite $B_{HF} = 27$ MHz und die Videobandbreite $f_M = 5$ MHz vorgegeben. Man verwendet einen Frequenzhub $\Delta F = B_{HF}/2$, der durch ein Fernsehsignal mit $U_{BAS} = 1$ V_{SS} erzeugt wird. Es ergibt sich ein Modulationsgewinn von 17,7 dB. Unter den gegebenen Voraussetzungen reicht für die Heimempfangseinrichtung eine Güte von 6 dB/K aus.

Der Rand der Versorgungsgebiete für den Direktempfang ist durch den Abfall auf -3 dB, bezogen auf die Mitte, definiert. Am Rand wird der Leistungsflußdichtewert von -103 dBW/m^2 gerade noch eingehalten. Durch den Abfall um weitere 8 dB wird der Rand eines wesentlich größeren Gebietes definiert, in welchem also ein Wert von -111 dBW/m^2 wenigstens zur Verfügung steht. Wie wir in 8.2.4 noch besprechen werden, kann man mit entsprechend größerem Aufwand den Empfang auch in diesem größeren Gebiet sicherstellen. Ein beliebtes Beispiel ist der Empfang des Luxemburg-Satelliten: Der Durchmesser des Parabolspiegels einer Heimempfangsanlage in Straßburg müßte ca. 0,9 bis 1 m, in Stuttgart ca. 1,5 m und in Dresden ca. 5 m betragen [34-6]. Wegen der möglichen Beeinflussungen durch andere Systeme ist es natürlich nicht garantiert, daß man durch entsprechend erhöhten Aufwand auch entsprechend viele Programme störungsfrei empfangen kann. In [34-7] wird die Euphorie in dieser Richtung ziemlich gedämpft. Immerhin wird der *spill over* zweifellos dazu beitragen, die Kommunikation über die Grenzen von Ländern hinweg zu verbessern.

Für den Empfang mit relativ einfachen Empfangseinrichtungen innerhalb der Versorgungsgebiete wurden relativ hohe Leistungsflußdichten vorgesehen; eine Energieverwischung durch eine zusätzliche Frequenzmodulation mit einem Hub von 600 kHz$_{SS}$ ist notwendig. Dreieckförmige Verwischungssignale dieser Art können im terrestrischen Empfänger durch eine einfache Schaltung mit Dioden („Klemmschaltung") noch leicht aus dem Bildinhalt entfernt werden. Durch die Verwischung wird die Leistungsdichte in einem 4 kHz breiten Empfangsband um 22 dB verringert.

8.2.4 Empfangseinrichtungen

Für die Empfangseinrichtungen werden zwei Ausführungen bevorzugt vorgeschlagen [34-5]:

— Zum Empfang der Kanäle des eigenen Landes innerhalb des Versorgungsgebietes (Leistungsflußdichte -103 dBW/m^2) genügt eine Güte $G/T = 6$ dB/K. Der derzeit kostengünstigste Kompromiß zwischen Empfängerrauschmaß und Antennengröße führt auf eine Parabolantenne mit 90 cm Durchmesser. Als Anschaffungspreis einer solchen Anlage bei entsprechender Massenfertigung wurde in der Tagespresse häufig ein Wert von etwa DM 1000 angegeben. Nach Ansicht vieler Experten wird sich dieser Preis kaum halten lassen; so wird in [34-6] z. B. als ein realistischer Wert ein Preis etwa vergleichbar dem eines Farbfernsehgeräts angegeben.

— Trotz der Beeinflussungsprobleme wird in den meisten Fällen der störungsfreie Empfang mehrerer Kanäle der Nachbarländer möglich sein, wenn nur die Güte der Empfangseinrichtung entsprechend erhöht wird. Um mit einer Leistungsflußdichte von -111 dB/m^2 auskommen zu können, muß die Güte $G/T = 14$ dB/K realisiert werden. Hier werden Spiegel mit 1,8 m Durchmesser verwendet.

Die benötigten Geräte unterscheiden sich je nach Typ der Empfangsanlage (Einzel-, Gemeinschafts- oder Kabelfernseh-Antennenanlage). Aus Kostengründen strebt man ein modulares Konzept an. Bild 8-2 zeigt schematisch Beispiele verschiedener Anlagen [34-5]. Alle Ausführungen benötigen eine Außenbaugruppe, die aus der Parabolantenne und einer unmittelbar daran befestigten Umsetzerbaugruppe besteht. Sollen Kanäle unterschiedlicher Polarisationsrichtung empfangen werden können, so müssen zusätzlich eine Polarisationsweiche und eine zweite Umsetzerbaugruppe vorhanden sein. Über ein Koaxialkabel (bzw. bei Empfang zweier Polarisationen evtl. über zwei) wird die Innenbaugruppe erreicht. Im einfachsten Fall besteht sie aus einem Aufsatzgerät (set-top) oder aus einer bereits im Fernseher integrierten Baugruppe. Die Innenbaugruppen für die verschiedenen Anlagenausführungen sind stark unterschiedlich; hier soll Bild 8-2 lediglich eine Übersicht über verschiedene Möglichkeiten geben.

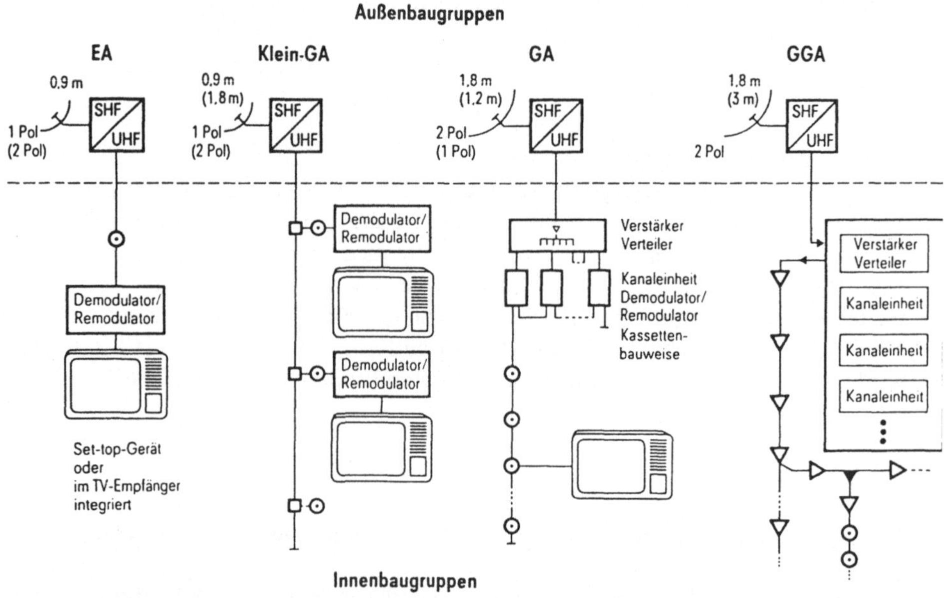

Bild 8-2. Empfangseinrichtungen verschiedener Anlagenausführungen [34-5]

Bild 8-3 zeigt einen Übersichtsschaltplan der Außen- und Innenbaugruppen einer Empfangsstelle für Gemeinschaftsantennenanlagen [34-5].

Es sollen nun noch einige technische Details angesprochen werden. Dazu beschreiben wir zunächst die Technik der in Japan entwickelten Heimempfänger, mit denen vor einigen Jahren umfangreiche Betriebsversuche zusammen mit den kanadischen CTS-Satelliten und dem experimentellen japanischen Rundfunksatelliten durchgeführt wurden [34-8].

Die Empfänger verwenden je nach erforderlicher Empfangsqualität Antennen mit Durchmessern zwischen 0,6 m und 1,2 m. Die Anlage mit 1,2-m-Spiegel erreicht einen G/T-Wert von 13,5 dB, wobei das Empfängerrauschmaß etwa 4 dB beträgt.

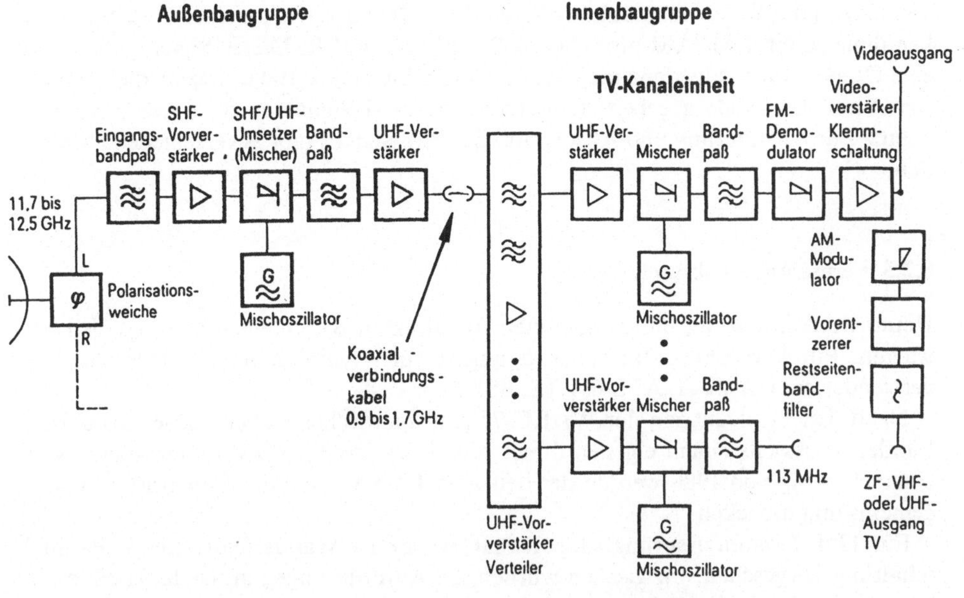

Bild 8-3. Übersichtsschaltplan einer Rundfunksatelliten-Empfangsstation [34-5]

Der direkt an die Antenne angeflanschte rauscharme Empfänger (Abmessungen $50 \times 100 \times 300$ mm) verwendet einen Spiegelreflexionsmischer, der in planarer Technik zusammen mit der Vervielfacherdiode des Oszillators direkt in den Hohlleiter eingebaut ist. Die 1. Zwischenfrequenz liegt dabei je nach Einsatzfall im Frequenzbereich um 400 bis 500 MHz bzw. um 1,25 GHz, wobei ZF-Bandbreiten von ca. 200 MHz bzw. 500 MHz verwendet werden. Als Oszillatoren werden Bipolartransistoroszillatoren mit dielektrischen Resonatoren bei 1/3 bzw. 1/4 der RF-Endfrequenz verwendet. Die ursprünglich verwendeten Gunndiodenoszillatoren wurden wieder verlassen. Nach einer ZF-Verstärkung von ca. 50 dB wird das Empfangssignal dem beim Fernsehgerät untergebrachten Modulationswandler zugeführt. Dort erfolgt eine Umsetzung in die 2. ZF (130 MHz oder 70 MHz), FM-Demodulation mit anschließender Modulationswandlung und Umsetzung in das VHF-Band. Das Trägerenergieverwischungssignal wird dabei durch die aus der Fernsehtechnik bekannte Klemmschaltung um rund 35 dB unterdrückt. Die Abmessungen des Modulationswandlers sind ca. $70 \times 230 \times 190$ mm, die Gleichstromleistungsaufnahme von Modulationswandler und rauscharmen Vorverstärker beträgt ca. 4 W.

In [34-9] wird über die inzwischen erreichten Verbesserungen berichtet. Neben dem o. g. rauscharmen Mischer werden GaAs-FET-Vorverstärker und nachfolgende einfache Mischer untersucht.

Die Demodulator-Remodulator-Einheit kann in konventioneller Weise aufgebaut werden: Getrennte FM-Demodulation und anschließende Restseitenband-Amplitudenmodulation. Neben dieser sog. indirekten Modulationswandlung werden auch Methoden zur direkten Umsetzung des FM-Signals (12-GHz- oder ZF-Bereich) in ein AM-Signal (UHF-, VHF-Bereich) unter Umgehung des Basisbandes diskutiert.

Dabei wird das frequenzmodulierte Signal (im UHF-Bereich) an einer Diskriminator-kennlinie in ein FM-/AM-moduliertes Signal verwandelt. Dieses Signal gelangt auf eine Diode, deren Impedanz im Takt der AM schwankt. Gleichzeitig wird ein Misch-signal auf die Diode gegeben: Umsetzung des AM-Signals in die gewünschte Fre-quenz. Zur Ausfilterung und Absorption des FM-Signals gibt es verschiedene Metho-den.

8.2.5 Fernsehrundfunksatelliten

Heute werden leistungsfähige Satelliten für direkten Satellitenempfang speziell ent-wickelt. Für Fernsehrundfunkübertragungsversuche wurden verschiedene Satelliten verwendet, u. a. Anik A, ATS-6, CTS, BSE.

Nach den Festlegungen der WARC 77 sind inzwischen verschiedene europäische Länder an jeweils einem eigenen direct broadcast satellite (DBS) interessiert. Nach einem Vertrag von 1980 werden der deutsche TV-SAT und der französische TDF 1 gemeinsam entwickelt.

Für TDF 1 waren ursprünglich je Kanal zwei aktive Wanderfeldröhren in Parallel-schaltung vorgesehen. Inzwischen wurden die Anforderungen an beide Satelliten im Sinne einer Vereinheitlichung modifiziert: Jeder Satellit wird jetzt 4 Kanäle mit jeweils nur einer Röhre und einen 5. Kanal mit zwei Röhren (eine in kalter Redun-danz) haben.

Am Beispiel des geplanten deutschen Satelliten TV-SAT D 3 soll die Raumstation dargestellt werden. Bei einer Masse von etwa 1000 kg hat dieser Satellit eine Höhe von 6 m. Im weiteren sollen einige wichtige Baugruppen der Nutzlastelektronik genauer betrachtet werden [34-10]. Beim Halbleiter-Kanalverstärker sind die Mikro-wellenschaltungen der einzelnen Verstärkermoduln, die als Streifenleitungsschaltun-gen auf Aluminiumoxidkeramik-Substraten mit integrierten Tantalnitrid-Wider-ständen ausgeführt sind und Galliumarsenid-Feldeffekttransistoren enthalten, von besonderem Interesse. Die Breite der Substrate beträgt 7 mm, die der Leiterbahnen aus Gold an den Verbindungsstellen 580 µm. Die zweistufigen Moduln haben eine Verstärkung von 17 dB bzw. 11 dB. Um den Ausgangspegel konstant zu halten, werden Dämpfungsglieder mit PIN-Dioden verwendet. Sie stellen den Strom über eine Regelschleife so ein, daß bei Eingangspegel- und Temperaturschwankungen von 32 dB bzw. 10 K die Konstanz der Ausgangspegel 0,2 dB beträgt.

Die Sendeverstärker müssen eine Ausgangsleistung von 260 W liefern. Man konnte diese Forderung durch Weiterentwicklung der in der Satellitentechnik bewährten Wanderfeldröhre erfüllen. Ein für diese Röhren hoher Wirkungsgrad von 44 % bis 46 % konnte durch Übergang von den bisher üblichen zwei oder drei auf fünf Kollek-torstufen erreicht werden. Die Verlustleistung wird direkt in den Weltraum abge-strahlt.

Das Stromversorgungsgerät für die Wanderfeldröhre muß unter Weltraumbedin-gungen aus dem nur grob stabilisierten Bordnetz mit 50 V (+2 %, −3 %) hochstabile Spannungen bis zu 7,6 kV erzeugen. Diese Spannungswerte gehen ebenso wie die spezifizierten Stabilitäten von etwa 0,5 % deutlich über bisherige Forderungen hinaus. Das Stromversorgungsgerät hat einen Wirkungsgrad von über 90 %. Es enthält etwa 1000 Bauelemente und hat eine Masse von weniger als 8 kg.

Der Ausgangs-Multiplexer besteht aus Tiefpaß-Bandpaß-Kombinationen, die an einem Sammelhohlleiter angekoppelt sind. Die Einzelsignale werden den Filtereingängen zugeführt und gelangen vom Sammelhohlleiter zur Sendeantenne. Durch Versilberung der aus Invar hergestellten Teile konnten die Verluste pro Kanal deutlich unter dem vorgeschriebenen Wert von 0,8 dB gehalten werden. Dennoch entsteht eine Verlustleistung von 30 W bis 40 W pro Kanal. Daher sind Wärmerohre (heat pipes) erforderlich, mit denen die Verlustwärme zu Radiatoren geführt wird, die sie in den Weltraum abstrahlen.

An den wesentlichen Baugruppen von DBS wird in aller Welt intensiv gearbeitet. Es soll hier noch auf einige Literaturstellen verwiesen werden:
— Hochleistungswanderfeldröhren [34-11].
— Antennen [34-12]. Als aussichtsreiche Kandidaten für zukünftige DBS werden besonders Rechteckrillenhornstrahler angesehen.

8.2.6 Spezielle Übertragungsverfahren

Entsprechend den WARC-Festlegungen ist ein Kanal mit einem durch Videosignal plus Tonunterträger frequenzmodulierten Träger belegt. Statt dessen können auch Tonrundfunkprogramme übertragen werden, speziell in digitaler Form [91-1]. Auf lange Sicht könnten andere Fernsehübertragungsverfahren in Betracht kommen; z. B. wird an digitalen Verfahren mit Redundanzminderung gearbeitet. Zu Begleittonübertragung bei Fernsehen vgl. [91-2].

8.3 Tracking and Data Relay Satellite System (TDRSS)

Von den vier Satelliten des Typs TDRS (Tracking and Data Relay Satellite) sind zwei im Spaceflight Tracking and Data Network (STDN) der NASA zur möglichst kontinuierlichen Verbindung zwischen Raumflugkörpern (Satelliten, Shuttle, . . .) und der TDRSS-Erdefunkstelle in White Sands (New Mexico) vorgesehen. Ein weiterer arbeitet als kommerzieller Nachrichtensatellit („Advanced Westar", vgl. Anhang Tabelle 3). Der vierte ist als gemeinsame Reserve im Orbit geplant.

Wenn auch der erste Start am 5. 4. 1983 nicht ganz glückte — der Satellit verfehlte zunächst die geostationäre Bahn —, so markiert dieses Datum doch einen wichtigen Entwicklungsschritt: Auf Grund seiner Mehrfachfunktion und Bauart (Bild 8-4, vgl. auch Bild 6-8) kann man den TDRS als den Übergang zu den Geo-Plattformen (vgl. 9.2) betrachten.

Anhand von Bild 8-4 sollen die Funktionen näher beschrieben werden [39-1]; die *Zahlen* beziehen sich auf die Bildlegende. Die Antennen *1, 2* und *4* sind in zwei Achsen kardanisch aufgehängt und steuerbar. Die entfaltbaren Antennen *1* und *4* (Graphit-Epoxy-Konstruktion, Schirmmaschengitter aus Molybdän) erlauben den unabhängigen Duplex-Datenverkehr (max. 6 Mbit/s) mit zwei Raumflugkörpern. Verbindungen mit kleineren Bitraten gehen über das phased array *8*. Hier können zum Empfang bis zu 20 unabhängig nachführbare Richtstrahlen gebildet werden. Da zwölf der Wendelantennen mit Diplexern und Leistungsverstärkern (5,6 dBW) ausgerüstet sind, läßt sich außerdem ein rechnergesteuerter Senderichtstrahl (Strahlbreite 8°) bilden, über den Verbindungen zu mehreren Satelliten zeitlich nacheinander erledigt werden. Der Empfang von bis zu 20 Datenströmen (0,1 bis 50 kbit/s) von verschiedenen Objekten ist als SSMA-System (Trägerfrequenz 2,2875 GHz, Bandbreite 5 MHz) organisiert. Durch Umsetzung des Empfangssignals jeder Wendelantenne mit einer anderen Trägerfrequenz wird ein FDM-Signal erhalten, das mit einer Bitrate von max. 300 Mbit/s zur TDRSS-Erdefunkstelle gesandt wird. Dort erst erfolgt durch 20 Strahlformungsnetzwerke und umfangreiche Rechneranwendungen die Auswertung der von den Raumflugkörpern herrührenden Empfangssignale.

Für den Betrieb als „Advanced Westar" besitzt TDRS 12 C-Band- und 4 Ku-Band-Transponder; der Ku-Band-Betrieb benutzt Antennen und andere Baugruppen, die auch beim Datenrelaisbetrieb benötigt werden. Gleichzeitige Verwendung des Satelliten als Datenrelais und im kommerziellen Ku-Band-Betrieb ist daher nicht möglich.

Die Empfangs- und Sendeteile der Ku-Band-Transponder (12/14 GHz, Bandbreite 226 MHz, WFR-Sender mit 30 W) sind über eine Schaltmatrix 4×4 verknüpft; das resultierende SS-TDMA (Rahmen 750 µs) hat 1000 Mbit/s Übertragungskapazität. Die Referenzstation synchronisiert auf die Schaltmatrix, die übrigen Stationen auf die Referenzstation („closed loop"). Alle Verbindungen verwenden FEC (Regelfall Rate 7/8, Sonderfälle Rate 1/2). Anfänglich sind als Erdefunkstellen vorgesehen: 6 mit 54 Mbit/s, 20 mit 10,8 Mbit/s und 80 mit 1,544 Mbit/s.

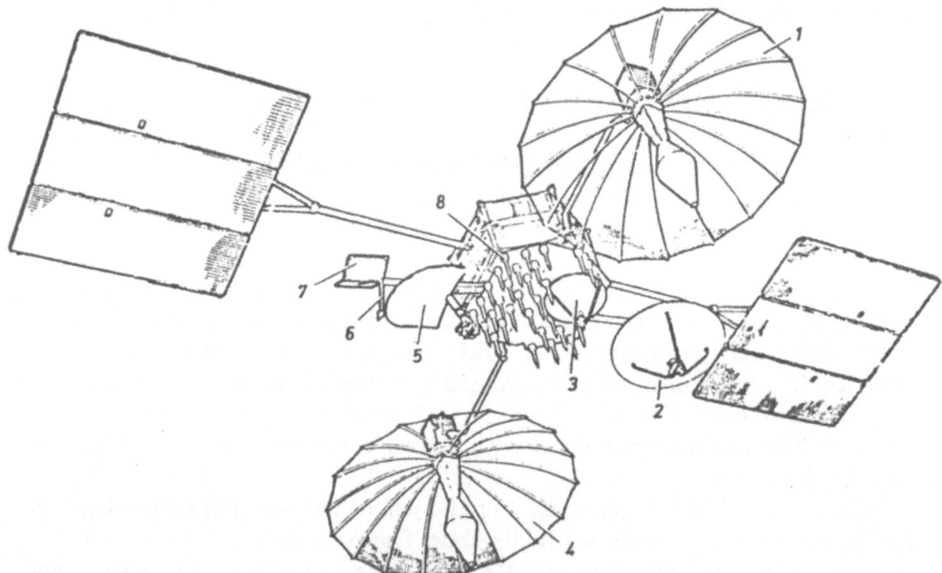

Bild 8-4. Tracking and Data Relay Satellite (TDRS). *1* und *4* Steuerbare 4,9-m-Parabolantennen zur Nachrichtenübertragung und Bahnverfolgung im S-Band (Gewinn ca. 38 dB) und Ku-Band (Gewinn ca. 54 dB). 2 Steuerbare Ku-Band-Antenne für Abwärtsstrecke. *3* Starre Ku-Band-Antenne für Aufwärtsstrecke (am Satellitenkörper befestigtes 1,1-m-Parabol mit Zweifachhornerreger). *5* Starre C-Band-Antenne (am Satellitenkörper befestigt; elliptische Apertur, Multihornerreger). *6* Rundstrahlende S-Bahn-TM-TC-Antenne. *7* Sonnensegel. *8* S-Band-Antenne (phased array aus 30 am Satellitenkörper montierten Wendelantennen; Gewinn je Einzelstrahler 13 dB bei einem Gesichtsfeld von ± 13 °).

9 Zukünftige Entwicklungen

9.1 Absehbare Entwicklungstrends

Verfolgt man die Entwicklung der Nachrichtensatelliten hinsichtlich ihrer Anzahl, Masse, Leistung und Lebensdauer über die letzten zwanzig Jahre, so lassen sich aus den Steigerungsraten für die verschiedenen Kennwerte Trends für die Entwicklung in der Zukunft ableiten.

Die Anzahl der geostationären Satelliten ist zunehmend im Steigen begriffen. Die gerechte Verteilung der Orbitpositionen ist darüber hinaus zu einem politischen Problem geworden, das die außerordentliche Funkverwaltungskonferenz 1985 zu lösen hat. Wege zur optimalen Ausnutzung des geostationären Orbits wurden in 7.5 aufgezeigt. Langfristig werden geostationäre Plattformen mit einer großen Anzahl scharf bündelnder Antennen und Durchschaltemöglichkeiten zwischen regionalen und interkontinentalen Nachrichtensatellitensystemen zu einer optimalen Ausnutzung des geostationären Orbits beitragen.

Die Satellitenmasse wuchs von 36 kg bei den ersten Nachrichtensatelliten auf ca. 1000 kg bei Intelsat V bzw. über 2000 kg bei TDRS an. Die maximal mögliche Satellitenmasse wird bestimmt durch die verfügbare Trägerkapazität. Bei der europäischen Trägerrakete Ariane liegt diese heute bei ca. 1000 kg, sie soll in der Ausführung Ariane IV bis 1986 auf rund 2000 kg gesteigert werden. Anfang der 90er Jahre werden die USA mit dem Space Shuttle und dem Orbital Transfer Vehicle (OTV) Satelliten von 3500 bis 7000 kg starten können. Bild 9-1 zeigt die Entwicklung der Satellitenmasse in der Vergangenheit und die Zukunftstrends auf. Selbst Projekte mit 15000 kg werden bereits diskutiert.

Für die kommerzielle Nutzung der Nachrichtensatelliten ist deren *Lebensdauer* von größter Bedeutung. Während die ersten Satelliten nur eine nominale Lebensdauer von 1,5 Jahren aufwiesen, wurde diese inzwischen auf 7 bis 10 Jahre gesteigert. Die Grenzen der Lebensdauer liegen im wesentlichen einmal in der Zuverlässigkeit des Transponders und zum anderen im Treibstoffbedarf für die Bahnstabilisierung. Die Zuverlässigkeit des Transponders basiert auf geeigneten Redundanzkonzepten für die verschiedenen Funktionseinheiten sowie auf strenger Qualifikation der verwendeten Bauelemente einschließlich der Wanderfeldröhren. Auch bei optimaler Anwendung dieser Maßnahmen läßt sich bei vernünftigem Aufwand die Lebensdauer nicht beliebig erhöhen. Beim Treibstoffbedarf ist zu bedenken, daß für einen 1000-kg-Satelliten 20 bis 25 kg Treibstoff pro Jahr benötigt werden, um die verschiedenen Bahnstörungen auszugleichen und den Satelliten mit $\pm 0,1$ zu positionieren. Eine Verringerung dieses Aufwands, der bei 10 Jahren Funktionsdauer etwa 25 % der

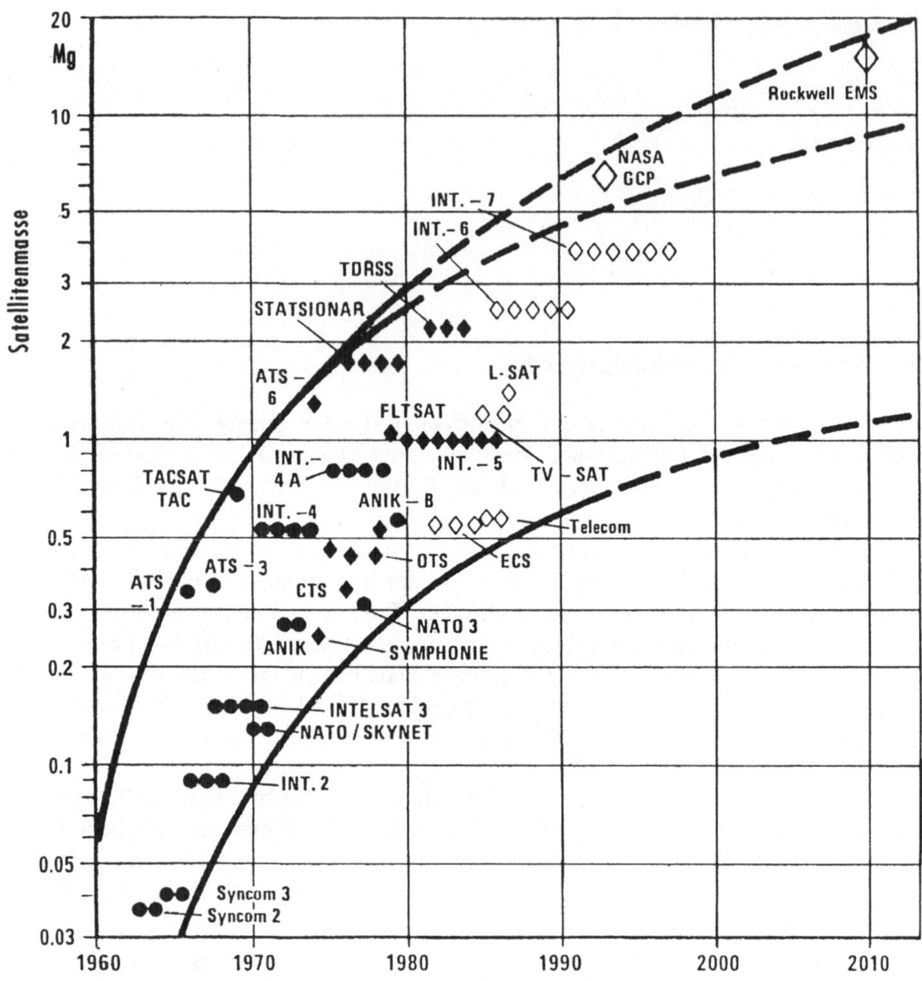

Bild 9-1. Entwicklungstrend geostationärer Nachrichtensatelliten. (Mit freundlicher Genehmigung von Herrn Dr. D. E. Koelle, MBB.)

Satellitenmassen erfordert, ist nur durch *Ionentriebwerke* möglich, die den Treibstoffbedarf auf $^1/_{10}$ verringern [22-6].

Zunehmende Ausnutzung des geostationären Orbits sowie die Erzeugung relativ hoher Leistungsflußdichten an der Erdoberfläche (z. B. für den satellitengestützten mobilen Landfunk) bedingen zunehmend größere und aufwendigere Satellitenantennen. Während der Durchmesser der Antennenspiegel derzeitiger Nachrichtensatelliten (INTELSAT IV A, V) im Bereich von 1 bis 2,5 m liegt, hat der Spiegeldurchmesser bei Satelliten für mobile Dienste 5 m erreicht, beim Experimentalsatelliten ATS-6 sogar 9 m. Bild 9-2 zeigt als Trend für zukünftige Entwicklungen eine deutlich ansteigende Tendenz zu Antennen bis 300 m Durchmesser bei Satelliten für öffentliche Fernmeldedienste.

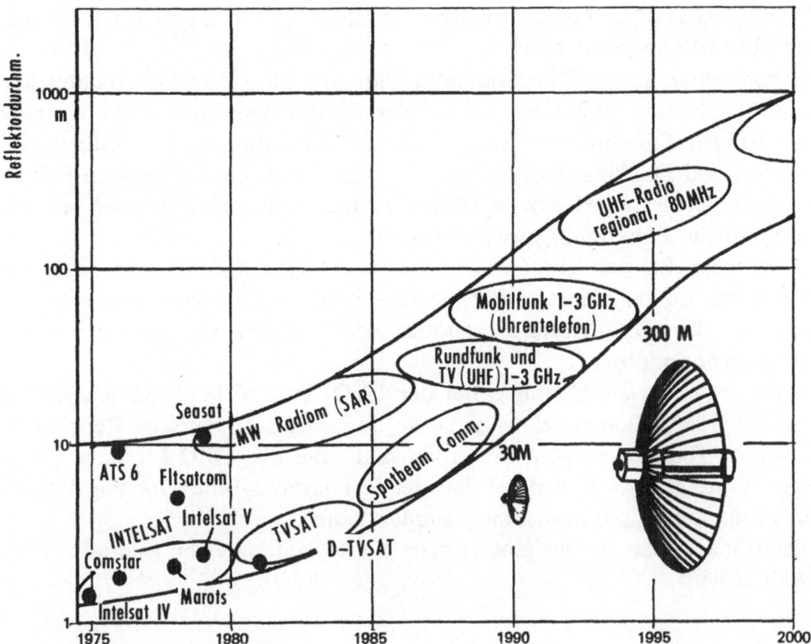

Bild 9-2. Erwarteter Entwicklungstrend für Satellitenantennen. (Nach D. E. Koelle, MBB; in [20-9].)

In den folgenden Abschnitten werden einzeln Aspekte der zukünftigen Entwicklung insbesondere hinsichtlich ihrer Bedeutung für zukünftige Kommunikationsnetze nochmals vertieft.

9.2 Geostationäre Plattformen

Die wachsende Zahl von Satelliten in der geostationären Umlaufbahn führte dazu, daß man zukünftig an eine Zusammenfassung einzelner Systeme zu großen Telekommunikationsplattformen denkt [68-1].

Eine solche Fernmeldeplattform besteht aus einer zentralen Serviceeinheit für die Bahn- und Lageregelung, TM/TC und die Energieversorgung, sowie aus mehreren Nachrichtensatelliten-Nutzlasten. Die einzelnen Elemente — Nutzlasten, Zentrale Serviceeinheit, Antriebssystem — werden nacheinander in die Umlaufbahn transportiert, so daß trotz Erhöhung der Nutzlastkapazität des Gesamtsystems keine Leistungserhöhung bei den verfügbaren Trägersystemen notwendig ist.

Der Zusammenbau der einzelnen Elemente findet in der Umlaufbahn statt. Dabei werden zur Zeit verschiedene Alternativen untersucht:

— Plattformmontage in einer niedrigen Erdumlaufbahn (LEO): Getrennter Start der einzelnen Plattform-Module, Montage der Plattform in der niedrigen Umlaufbahn, Rendezvous und Docking von Plattform und Antriebsstufe und Transfer der Plattform in die Geostationäre Umlaufbahn.

— Plattformmontage in der Geostationären Transferbahn (GTO), wobei die Sequenzen der LEO-Montage entsprechen.

— Plattformmontage in der Geostationären Umlaufbahn (GEO): Getrennter Start der einzelnen Plattformmodule (wobei jedes Modul über eine eigene Antriebseinheit verfügt), Einschuß der Module in die Geostationäre Umlaufbahn und Rendezvous und Docking der einzelnen Module in der Geostationären Bahn.

Eine Bewertung der verschiedenen Methoden ist hier nicht möglich, doch soll kurz auf zwei wesentliche Punkte hingewiesen werden:

— *Antriebssysteme.* Bei der LEO- wie bei der GTO-Montage wird für die spätere Positionierung in die Geostationäre Umlaufbahn ein einziges Antriebssystem benötigt. Bei der GEO-Montage benötigt jedes Element ein eigenes Antriebssystem (Apogäummotor).

— *Sichtbedingungen bei der Montage.* Bei der LEO- bzw. GTO-Montage sind die Kontaktzeiten zum Boden relativ kurz, so daß eine automatische Rendezvous- und Docking-Technik entwickelt werden muß. Bei der GEO-Montage besteht ständiger Kontakt zum Boden, so daß der Rendezvous- und Docking-Vorgang in Echtzeit gesteuert und kontrolliert werden kann.

Über Geostationäre Plattformen gibt es bereits eine umfangreiche Literatur, die in [68-...] gesichtet wird.

9.3 Satellitensysteme für mobilen Landfunk

Die umfangreichen Frequenzbandzuteilungen für mobilen Landfunk auf der WARC 1979 zeigen die Entwicklungsrichtungen auf diesem Gebiet auf. Da mobile Landfunkstationen nur sehr geringen Antennengewinn und mäßige Sendeleistung aufweisen, ergeben sich für den Satelliten zwangsläufig sehr hohe abzustrahlende Sendeleistungen. Notwendige Satellitenantennengröße, der Aufwand für die Erzeugung der erforderlichen Sendeleistung sowie die mit zunehmender Frequenz ansteigenden Zusatzdämpfungen (z. B. durch Niederschläge) als Randbedingungen führen für die absehbare Zukunft auf Frequenzbereiche von 800/900 MHz bzw. 7/8 GHz.

Bei Mobilfunkverbindungen spielen für die Verfügbarkeit der Verbindung Abschattungsverluste (keine optische Sicht zwischen Sender und Empfänger) und Mehrwegeausbreitung eine entscheidende Rolle. Umfangreiche Untersuchungen mit Hilfe des Satelliten ATS-6 bei Satellitenerhebungswinkeln zwischen 19° und 43° und Frequenzen von 860 MHz bzw. 1550 MHz ergaben [37-4], daß die Abschattungsverluste stark von der lokalen Umgebung sowie von der Bewegungsrichtung des Fahrzeugs relativ zum Satelliten abhängen. In städtischen Bereichen ergaben sich für eine Orts- und Zeitwahrscheinlichkeit von je 95% 30 dB Abschattungsverluste, in ländlichen Gebieten sowie in locker bebauten Vorortsgebieten weniger als 10 dB. Beide Werte sind praktisch für alle betrachteten Satellitenerhebungswinkel und für beide Frequenzen etwa gleich. Bei praktischen Versuchen zur Mobilfunkübertragung über ATS-6 (1,55/1,65 GHz) wurden zusätzlich mit Hilfe von Toncode-Ranging-Verfahren Positionsbestimmungen durchgeführt [37-1].

Um den steigenden Bedarf an terrestrischer Mobilkommunikation zu befriedigen, werden z. Z. in USA, Europa und Japan Kleinzellensysteme eingeführt. Dabei steigt gegenüber herkömmlichen Systemen der Aufwand für die Feststationen erheblich an,

so daß im wesentlichen nur Ballungsgebiete flächendeckend versorgt werden können.
Für eine flächendeckende Versorgung dünn besiedelter Gebiete großer Länder bieten
auf Satelliten abgestützte Mobilfunksysteme wirtschaftliche Vorteile; sie stellen dabei
eine Ergänzung der bei 900 MHz zu betreibenden Kleinzellensysteme in Ballungs-
gebieten dar.

Planungen für solche Satelliten-Autotelefonsysteme in USA, Kanada, Japan und
Schweden sind bereits weit fortgeschritten.

Für USA wurde ein im UHF-Band (1550/1650 MHz) arbeitendes Satellitensystem
vorgeschlagen [37-2], [37-3], bei dem der Satellit mit 69 Richtstrahlen die kontinen-
talen USA völlig ausleuchtet. Jeder Richtstrahl weist eine Halbwertbreite von 0,5°
auf und überträgt 111 Kanalpaare mit 30 kHz-Raster. Zur Entkopplung verwenden
die jeweils räumlich benachbarten Richtstrahlen insgesamt drei unterschiedliche
Frequenzbänder. Bei 108 Sprechkreisen und 3 Duplexorganisationskanälen je Zone
lassen sich 2850 Gespräche/HVSt abwickeln, was einer Gesamtsystemkapazität von
etwa 200 000 Teilnehmern entspricht. Die Satellitensendeleistung im 800/900 MHz-
Bereich beträgt 12 kW, der Antennendurchmesser 43 m. Die jährlichen Satelliten-
kosten wurden zu 58 Mio $ geschätzt. Die Verbindung von der Vermittlungsstelle
zum Satelliten wird im 11/14 GHz-Bereich abgewickelt.

Japanische Vorschläge unterstellen für Satelliten-Autotelefone den 8 GHz-Bereich.
In einer Studie [37-7] wurden zwei Vorschläge gemacht:
— System 1. Ein 900-kg-Satellit mit 8 GHz-Mehrfachstrahlantenne (8,7 m) leuchtet
   in 20 Zonen die gesamten japanischen Inseln aus und erlaubt den Anschluß von
   bis zu 400 000 Autotelefonen. Die Verbindungen zwischen Vermittlungsstellen
   und Satellit („feeder links") werden im 20/30 GHz realisiert.
— System 2. Hier wird in den Städten ein terrestrisches Netz vorausgesetzt, das
   durch den Satelliten ergänzt wird. Ein Richtstrahl leuchtet ganz Japan aus; das
   System erlaubt bis zu 50 000 Fahrzeuge.

Als Abschluß soll noch ein von der NASA für die neunziger Jahre vorgeschlagenes
System erwähnt werden. Man rechnet mit ca. 25 Millionen Benutzern auf dem Gebiet
der USA. Jeder hat seine eigene Erdefunkstelle — in Form und Größe einer Arm-
banduhr [37-8]!

9.4 Direktverbindungen zwischen Satelliten

Läuft eine Weitverkehrsverbindung über zwei verschiedene geostationäre Satelliten,
so muß das Teilstück zwischen diesen heute noch mit Hilfe einer dritten Erdefunkstelle,
die beide Satelliten „sieht", realisiert werden. Die Möglichkeit, diesen „douple hop"
mit Hilfe einer Direktverbindung zu vermeiden, ist ein Beispiel dafür, daß bei kommenden Satellitengenerationen leistungsfähige Übertragungskanäle direkt von Satellit
zu Satellit eine große Rolle spielen werden. Zwei technische Realisierungen kon-
kurrieren hier:
— Für Mikrowellenverbindungen in den vorgesehenen Frequenzbereichen (Bild 7-2)
   sind leistungsfähige Wanderfeldröhren in Entwicklung [98-2].
— Die Verbindungen können mit Laserübertragungsstrecken realisiert werden [98-3].
Bereits die einfache Möglichkeit, durch „intersatellite links" (ISL) z. B. Regional-

satelliten der USA und Europa direkt, also unter Umgehung von INTELSAT-Verbindungen oder Seekabeln, zu verbinden, wirft tiefgreifende wirtschaftliche und politische Probleme auf [98-4]. Es besteht deshalb keinerlei Aussicht, daß der in [98-5] gemachte Vorschlag eines weltweiten Netzes, das als Fundament ausschließlich ISL verwendet, jemals in dieser reinen Form realisiert werden wird. Da der Vorschlag aber sozusagen die klassische Idee von A. C. Clarke [21-1] in das ISL-Zeitalter fortschreibt, soll er den Abschluß unserer Einführung in die Nachrichtenübertragung über Satelliten bilden (Bild 9-3).

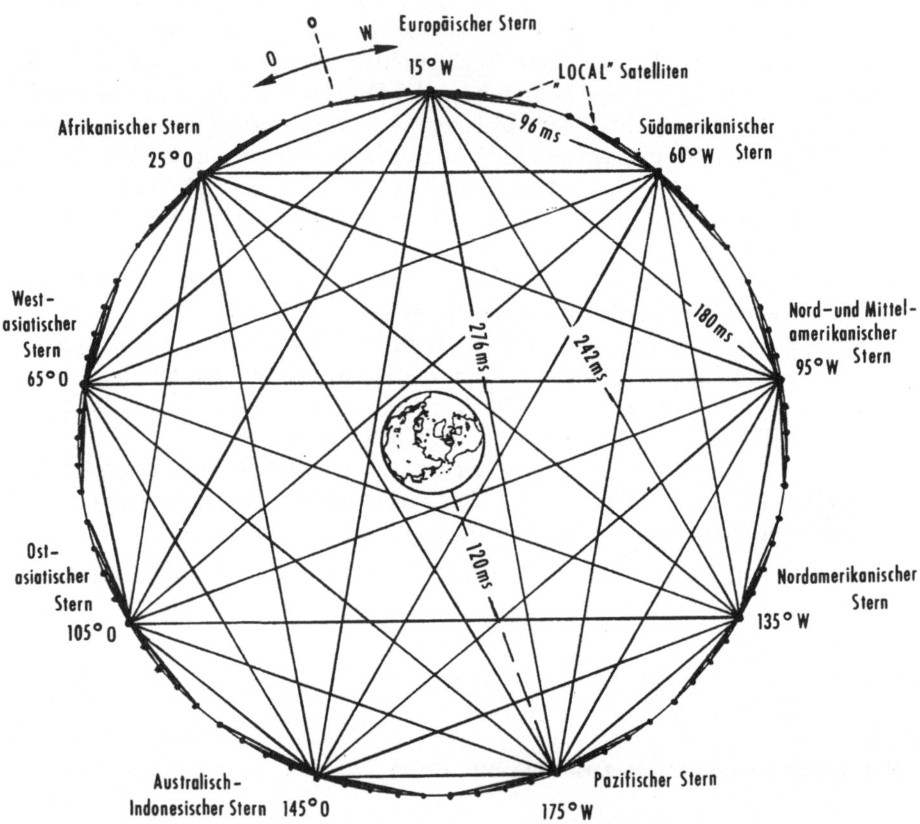

Bild 9-3. Weltweites Netz nach Golden [98-5] mit ISL zwischen 9 „STAR"-Satelliten. „LOCAL"-Satelliten beliebiger Art (Regionalsysteme, mobile Dienste, usw.; ggf. auch subsynchrone Bahnen) sind ebenfalls über ISL an den nächsten Stern angeschlossen

Anhang

Die Zahl der im Betrieb befindlichen und geplanten Nachrichtensatellitensysteme nimmt ständig zu. Einige wurden im Text bereits beschrieben, so z. B. INTELSAT. Der Anhang enthält vor allem Kenndaten weiterer kommerzieller und militärischer Systeme. Von vielen Ländern werden Regionalsatelliten betrieben und geplant; Tabelle 3 gibt hierzu eine Übersicht mit Literaturstellen, in denen gegebenenfalls Details nachgelesen werden können.

Einige häufig vorkommende Mißverständnisse beim Literaturstudium lassen sich durch Tabelle 1 vermeiden. In der Nachrichtensatellitentechnik werden neben den üblichen, international genormten Frequenzbandbezeichnungen häufig auch Buchstabenbezeichnungen zur Kennzeichnung der Frequenzbänder verwendet. Sie gehen auf die Radartechnik zurück und wurden im 2. Weltkrieg als Geheimcode zur Frequenzbandbezeichnung verwendet (IEEE Radar Standard 521). Daneben werden in den verschiedenen Firmen für Hohlleiterbauteile eigene Buchstabenbezeichnungen verwendet, die sich an die Frequenzbereiche für die verschiedenen Hohlleitertypen anlehnen. Sie korrespondieren im allgemeinen mit den offiziellen Hohlleiterbezeichnungen nach IEC und EIA. Als Beispiel dafür sind Frequenzbandbezeichnungen verschiedener Hersteller angegeben.

Tabelle 1. Bezeichnungen für Satelliten-Frequenzbereiche

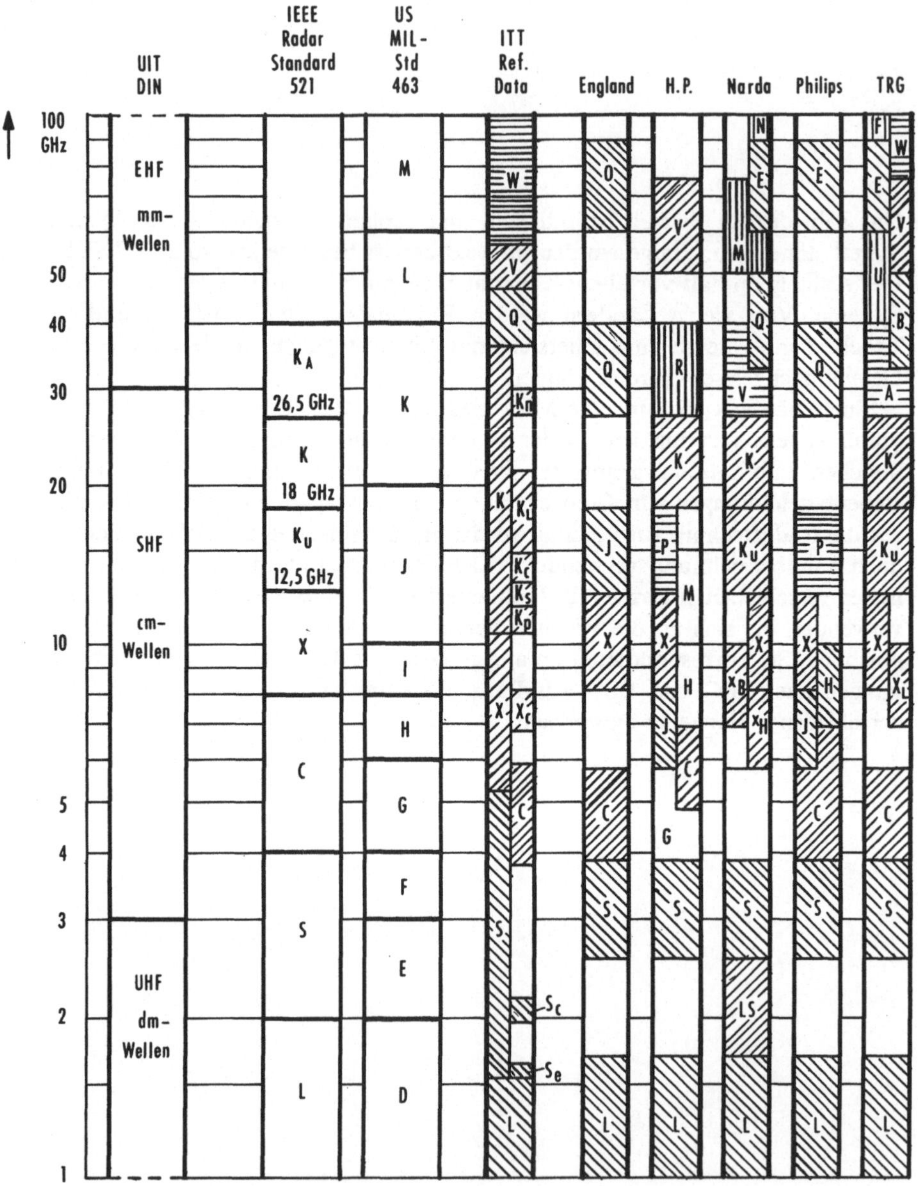

Spaltenüberschriften: UIT DIN — IEEE Radar Standard 521 — US MIL-Std 463 — ITT Ref. Data — England — H.P. — Narda — Philips — TRG

Frequenzachse (GHz): 100 GHz, 50, 40, 30, 20, 10, 5, 4, 3, 2, 1

UIT DIN:
- EHF / mm-Wellen
- SHF / cm-Wellen
- UHF / dm-Wellen

IEEE Radar Standard 521:
- K_A
- 26,5 GHz
- K
- 18 GHz
- K_U
- 12,5 GHz
- X
- C
- S
- L

US MIL-Std 463:
- M
- L
- K
- J
- I
- H
- G
- F
- E
- D

ITT Ref. Data:
- W
- V
- Q
- K_n
- K_L
- K_C
- K_S
- K_p
- X_C
- C
- S_C
- S_e
- L

England:
- O
- Q
- J
- X
- C
- S
- L

H.P.:
- V
- R
- P
- M
- H
- J
- C
- G
- S
- L

Narda:
- N
- E
- M
- Q
- V
- K
- K_U
- X
- B
- H
- S
- LS
- L

Philips:
- E
- Q
- K
- P
- X
- H
- J
- C
- S
- L

TRG:
- F
- W
- E
- V
- U
- B
- A
- K
- K_U
- X
- X_L
- C
- S
- L

Tabelle 2. Satellitensysteme der UdSSR
(Angaben nach [30-9], [36-1], [30-1], u. a.)

Satellitentyp bzw. System	1. Start (Träger)	Frequenzbereich [GHz] aufwärts/abwärts	Kurzbeschreibung (Anzahl Satelliten)	Anwendung
Molnija I	1965	4/1 0,8/1	12-h-Bahn, ca. 65° Inklination Masse ca. 1000 kg, Sendeleistung bei 4 GHz ca. 40 W Aufbau vgl. Bild 3-2 (Bis Ende 1981: 52)	Regional: Fernsehprogramm- verteilung über Orbita-1-Erdefunkstellen (12-m-Spiegel); Fernsprechen
Molnija II	1971	6/4	Bahn und äußerer Aufbau wie Molnija I Masse ca. 1250 kg	Einsatz nur bis 1977
Molnija III	1974 (Soyuz A-2-e)	6/4	Bahn und äußerer Aufbau wie Molnija I Masse ca. 1500 kg (1980/81 wurden 5 gestartet)	Regional: Fernsehprogramm- verteilung über Orbita-2-Erdefunkstellen (25-m-Spiegel); Fernsprechen; Daten International (INTER- SPUTNIK-System)
Raduga (Regenbogen), auch Statsionar genannt	1975 (Zonda D-1-e)	6/4	Geostationär Dreiachsenstabilisiert Masse b. Start 5000 kg, 6 Transponder (10 Satelliten)	INTERSPUTNIK und Regionalsystem
Gorizont (Horizont)	1978	6/4	Ähnlich Raduga 2 Transponder 40 W und 8 W (4 Satelliten)	Regional: Fernsehprogramm- verteilung, alternativ Fernsprechen und Daten
Ekran (Schirm), auch Statsionar-T genannt	1976 (Zonda D-1-e)	6,2/0,714	Geostationär Dreiachsenstabilisiert Masse b. Start 2000 kg, Sendeleistung 200 W (7 Satelliten)	Fernsehdirektversorgung Empfang mit einfachen Yagi-Antennen
Loutch	1981	14/11	Geostationär	Regional und INTERSPUTNIK
Kosmos (?)		UHF	Kreisförmige Bahn h = 1500 km, i = 74° Masse ca. 40 kg Vermutlich Batteriebetrieb (1980/81 6 Starts mit jeweils 8 Satelliten)	Militärisches System Schmalbandübertragung
Gals (?) (Stift)	1979	8/7		Militärisches System
Wolna (?) (Welle)	1980	1,6/0,24—0,4		Verbindungen mit Flugzeugen u. Schiffen, mobiler Landfunk

Tabelle 3. Bestehende und geplante Regionalsatellitensysteme mit eigenen Satelliten
(Anmerkungen: UdSSR siehe Tabelle 2. — Alle Satelliten in dieser Tabelle sind geostationär. — Reine
Fernsehrundfunksatelliten wie z. B. TV-SAT/TDF-1, vgl. 8.2.5, sind nicht aufgeführt.)

Land bzw. Betreiber	SATELLIT	1. Start	Anzahl Satelliten (Stabilisierung)	Band bzw. Frequenz [GHz]	Hauptauftragnehmer (Bemerkungen) [Literatur] ⟨9. AIAA, paper …⟩
Arab. Liga	ARABSAT	1983	2 (3-A)	C, S	Aerospatiale mit Ford Aerospace ⟨0469⟩
Australien	AUSSAT	1985	3 (spin)	14/11	Hughes ⟨0524⟩
Brasilien BR	SBTS	1985	2		SPAR mit Hughes
Deutschland	DFS	1986	1 (3-A)	14/11; 14/12; 30/20	[33-6]
ESA	L-SAT	1986	1 (3-A)	17/12; 14/12; 30/20	British Aerospace ⟨0551⟩
Eutelsat	ECS	1983	2 (3-A)	14/11	British Aerospace [33-4] ⟨0468⟩
Frankreich	TELECOM 1	1983	2 (3-A)	6/4; 14/12; 8/7	Matra ⟨0523⟩ ⟨0619⟩
Großbritannien	UNISAT	1986		17/12; 14/12	Brit. Aerosp./Marconi/ Brit. Telecom
Indien	INSAT	1982	2 (3-A)	6/4	(34 Erdefunkstellen) ⟨0522⟩
Indonesien	PALAPA A	1976	2 (spin)	C	Hughes (Anfangs 40 Erdefunkstellen, später weitere 82 kleinere) ⟨0473⟩
	PALAPA B	1983	2 (spin)	C	Hughes
Italien	ITALSAT	1986—88	1 (3-A)		(Präoperationell) ⟨0540⟩
Japan	CS 1	1977	1 (spin)	K, C	(CS = Communications Satellite) ⟨0441⟩
	CS 2	1983	2	K, C	
	CS 3	1987—88	1		
Kanada	ANIK A	1972	3 (spin)	6/4	
	ANIK B	1978	1 (3-A)	6/4; 14/12	[33-2]
	ANIK C	1982	3 (spin)	14/12	Hughes
	ANIK D	1982	2 (spin)	6/4	Spar Aerospace
Kolumbien	SATCOL	1985	2	C	⟨0519⟩
Mexiko	MEXSAT	1985	1	C, K	
Schweden	TELE-X	1986		17/12; 14/12	Saab mit Eurosatellite
USA					(Viele Regionalsysteme; nachstehend Auswahl)
	WESTAR	1983	5 (3-A)	C, Ku	TRW
	G-STAR	1984	2 (3-A)	Ku	RCA Astroelectronics ⟨0493⟩ ⟨0521⟩
	SPACENET	1984	3 (3-A)	C, Ku	RCA Astroelectronics ⟨0520⟩
	GALAXY	1984	3 (spin)	C	Hughes
	TELSTAR 3	1984	3 (spin)	C	Hughes ⟨0552⟩
	SBS	1980	3 (spin)	Ku	Hughes ⟨0465⟩ ⟨0511⟩

Tabelle 4. Militärische Fernmeldesatelliten der USA

Breitband-Fernmeldeverbindungen

DSCS II (TRW)	15 spinstabilisierte geostationäre Satelliten, gestartet ab 1971 mit Titan III-C. Masse 520 kg BOL. X-Band.
DSCS III (General Electric)	Geplant insgesamt 12 dreiachsenstabilisierte geostationäre Satelliten, gestartet ab 1982 mit Titan III-C oder Shuttle. Orbitpositionen 12° W, 135° W, 175° O, 65° O. 4 Betriebssatelliten, 2 in-orbit-Reserve. Masse 1100 kg BOL; 837 kg EOL. X-Band. Mehrstrahlenantennen erlauben Variation der Ausleuchtgebiete. 61-Element-Empfangsantenne mit 121 variablen Leistungsteilern/Phasenschiebern erlaubt fallweise Erzeugung von Nullstellen im Antennendiagramm ("beam nulling", Maßnahme gegen jamming).
DSCS III-U	"Upgraded version" von DSCS III, geplant für Ende der achtziger Jahre. Zusätzlich Betrieb bei 30/20 GHz, verbesserte anti-jamming-Eigenschaften, evtl. on-board-processing usw.

Taktische Verbindungen und mobile Stationen

FLTSATCOM (TRW)	5 dreiachsenstabilisierte geostationäre Satelliten, gestartet ab 1978 mit Atlas-Centaur. Masse 862 kg. 23 Kanäle (UHF, X-Band), 12 Schmalband-Transponder (Bandbreiten 5 kHz bis 500 kHz).
LEASAT (Hughes)	Geplant 4 spinstabilisierte geostationäre Satelliten, gestartet ab 1984/85 mit Shuttle. Masse 1427 kg BOL. UHF und X-Band, 9 Schmalband-Transponder (Bandbreiten 25 kHz oder 500 kHz).
TACSATCOM II	Geplantes System ab 1990. Hauptsächlich EHF-Bereich (Aufwärtsstrecke 45 GHz, Abwärtsstrecke z. B. 40, 20 oder 7 GHz), mit on-board-processing und voraussichtlich beam nulling. Verbesserte anti-jam-Eigenschaften.

Strahlungsfeste Ausrüstung

AFSATCOM	System mit relativ jamming-resistenten und in sehr begrenztem Umfang strahlungsfesten Übertragungseinrichtungen an Bord verschiedener Satelliten. U. a. hat die U.S. Air Force für die Führung und Leitung der Nuklearstreitkräfte 12 Kanäle in FLTSATCOM zur Verfügung.
SSS	Das Strategic Satellite System (SSS) ab Mitte der achtziger Jahre soll hohe jamming-Sicherheit, Strahlungsfestigkeit und Schutz gegen Killersatelliten vor allem durch Verwendung einer großen Bahnhöhe (ca. 176000 km) erreichen. Geplant sind Kreisbahnen mit gewisser Inklination. Verschiedene Frequenzbereiche, hauptsächlich UHF/SHF.
SSS-U	"Upgraded version" von SSS ab etwa 1990. Hauptsächlich im EHF-Bereich. Wahrscheinlich Interoperabilität mit TACSATCOM II.

Tabelle 5. Kenndaten der Satelliten ECS (ECS-F2), Telecom 1 und DFS
(Angaben zu DFS mit freundlicher Genehmigung des DFS-Konsortiums; Stand Ende März 1983),

	ECS	Telecom 1	DFS
Nutzlast			
Kanalzahl, Band- breite und RF- Leistung pro Frequenzbereich	11/14 GHz: 12 Kan./80 MHz/20 W 12/14 GHz: 2 Kan./80 MHz/20 W	4/6 GHz: 6 Kan./40, 120 MHz/8,5 W 7/8 GHz: 3 Kan./40 MHz/20 W 12/14 GHz: 9 Kan./36 MHz/20 W	11/14 GHz: 5 Kan./90 MHz/20 W 12/14 GHz: 10 Kan./44 MHz/20 W 20/30 GHz: 2 Kan./90 MHz/27 W
Kanalnutzung	9 Kan. aus 14	4 Kan. aus 6 (6 GHz) 2 Kan. aus 3 (8 GHz) 6 Kan. aus 9 (12 GHz)	3 Kan. aus 5 (11 GHz) 7 Kan. aus 10 (12 GHz) 1 Kan. aus 2 (20 GHz)
Ausleuchtung	3 Spot (11 GHz) 1 Eurobeam (14 GHz) 1 Eurobeam (12/14 GHz) 1 Eurobeam (11 GHz)	2 Hörner (7/8 GHz) 1 Horn (6 GHz) 1 Spot (4/12 GHz) 1 Spot (4 GHz)	1 Spot (20/30 GHz) 1 Spot (11/12/14 GHz)
EIRP	Euro 34,8—42,7 dBW Spot 40,8—48,3 dBW ESS 39,8—48,0 dBW	28,5 dBW (4 GHz) 47,5 dBW (12 GHz) 35,0 dBW (4 GHz Sp)	min. 49,9 dBW (12 GHz) min. 49,8 dBW (11 GHz) min. 50,5 dBW (20 GHz)
Güte G/T	—5,3 dB (1/K) —2,0 dB (1/K)	5,0—8,0 dB (1/K) (14 GHz)	min. 9,6 dB (1/K) (14/12 GHz) min. 8,9 dB (1/K) (14/11 GHz) min. 7,7 dB (1/K) (30/20 GHz)
Energieversorgung[a]			
Bus	geregelt, (50 V ± 1) V	ungeregelt 26 V—42 V	ungeregelt 26 V—42 V
Batterien	2 × 32 Zellen × 24 Ah	2 × 28 Zellen × 24 Ah	2 × 28 Zellen × 35 Ah
Massenbilanz [kg]			
Nutzlast	111,5	141,4	170,0
Energieversorgung[a]	169,8	149,2	201,0
Struktur/Thermal	116,2	110,5	119,0
AOCS	47,3	40,5	44,0
TM/TC	22,8 (ohne S-Band)	30,0	35,0
Verkabelung	27,2	27,4	30,0
Antriebssystem(e)	57,7	65,0	78,0
Sonstige Subsysteme	5,0	5,0	5,0
Treibstoffe + Gas (BOL)	108,5	131,4	145,0
Apogäumstreib- stoffe	407,0	466,6	551,0
Reserve	21,0	3,0	22,0
Satellit beim Start	1094,0	1170,0	1400,0

Leistungs- verbrauch [W]	Equinox EOL	Eklipse	Equinox EOL	Eklipse	Equinox EOL	Eklipse
Repeater	662	662	725	725	900	900
TM/TC	29	29	31	31	45	45
AOCS und BAPTA	72	72	55	52	60	60
Thermal	74	8	54	15	200 (Spitze)	35
Pyrotechnik/Antrieb	—	—	—	—	8	8
Energieversorgung	20	20	19	25	142	94
Batterie Ladung	76	—	60	—	160	—
Gesamtverbrauch	933	791	944	848	1515	1142

Leistung Solargenerator [W]						
	998	—	973	—	1675	—

[a] Hierzu gehören Solarzellenausleger, Bus, Batterien, BAPTA

Literaturverzeichnis

Vorbemerkung

Die Numerierung der Literaturstellen folgt nicht der Numerierung der Kapitel. Vielmehr wurden nach dem nachfolgenden Schema (s. Seite 187) 9 Hauptgruppen mit jeweils 10 Untergruppen für die Einordnung der Literaturstellen gebildet. Jede Literaturstelle kann ggf. an beliebiger Stelle im Buch angezogen werden.

Durch das gewählte Ordnungsschema stehen von der Thematik her verwandte Literaturstellen weitgehend beieinander. Das Literaturverzeichnis läßt sich damit auch unabhängig benutzen.

Um Platz zu sparen, wurden für wichtige Verlage, Zeitschriften und Fachtagungen übliche Abkürzungen verwendet bzw. z. T. neu eingeführt. Dadurch ergibt sich insbesondere bei den vielen Stellen aus Tagungsbänden eine wesentliche Vereinfachung. Beispiel: Eine Arbeit ist im Tagungsband (conference proceedings) der 9th AIAA Conference on Digital Satellite Communications 1982 San Diego als paper 82-0458 auf den Seiten 135 bis 141 veröffentlicht. Hier genügt eine der folgenden Angaben: 9. AIAA, paper 82-0458, oder 9. AIAA, 135-141.

Abkürzungen

AEÜ	Archiv für Elektronik und Übertragungstechnik
AIAA	American Institute of Astronautics and Aeronautics. Von AIAA regelmäßig veranstaltet: AIAA Communications Satellite Systems Conference. Das Literaturverzeichnis enthält u. a. Stellen aus: 1. AIAA (1966); 7. AIAA (1978), 8. AIAA (1980), 9. AIAA (1982).
AWST	Aviation Week and Space Technology
BSTJ	Bell System Technical Journal
Bull. SEV	Bulletin des Schweizer Elektrotechnischen Vereins
CTR	Comsat Technical Review
EASCON	Eastern Conference
EMC	European Microwave Conference (Jährlich wiederkehrende Veranstaltung. 1. EMC (1971); 10. EMC (1980), 11. EMC (1981), usw.)
ENW	Elektrisches Nachrichtenwesen
ESA SP	European Space Agency Symposium Proceedings
Hanser	München/Wien: Carl Hanser Verlag
ICC	International Conference on Communications (Angabe des Jahrs der Konferenz, z. B. 1981: ICC '81)

ICDSC   International Conference on Digital Satellite Communications
                          (Es war 1. ICDSC 1969; 4. ICDSC 1978; 5. ICDSC 1981. 6. ICDSC
                          ist 1983 in Phoenix, Ariz.)
Ing. d. DBP   Der Ingenieur der Deutschen Bundespost
McGraw-Hill   New York: McGraw-Hill Book Company
MSN   Microwave Systems News
NEC-RD   NEC Research and Development (Nippon Electric Corp.)
NTC   National Telecommunication Conference
NTG   Nachrichtentechnische Gesellschaft
NTG-Empf.   NTG-Empfehlung
NTG-Fachber.   NTG-Fachberichte. Berlin/Offenbach: VDE-Verlag
NTZ   Nachrichtentechnische Zeitschrift
Oldenbourg   München/Wien: R. Oldenbourg Verlag
Prentice-Hall   Englewood Cliffs, N. J.: Prentice-Hall, Inc.
Springer   Berlin/Heidelberg/New York: Springer-Verlag
TB. Fernmeldepraxis   Taschenbuch der Fernmeldepraxis
                          (Berlin: Fachverlag Schiele und Schön)
Unterrichtsbl.   Unterrichtsblätter der Deutschen Bundespost, Ausgabe B Fernmelde-
                          wesen
Wiley   New York/London: John Wiley and sons
ZPF   Zeitschrift für das Post- und Fernmeldewesen

Schema

1 Basiswissen

10 Raumfahrt, Satelliten (allg.)
11 Nachrichtentechnik
12 Nachrichtenübertragung
13 Nachrichtenvermittlung
14 Nachrichtenverarbeitung
15 Integrierte Netze
16 Höchstfrequenztechnik
17 Passive Bauelemente
18 Aktive Bauelemente
19 Verschiedenes

2 Grundlagen der Nachrichtensatellitentechnik

20 Gesamtdarstellungen
21 Bahnen, Bahnstörungen
22 Bahneinschuß, Antriebe
23 Bahn- und Lageregelung
24 Funkfeld, Ausleuchtgebiete
25 Antennen
26 Modulation
27 Kanalcodierung
28 TM/TC
29 Verschiedenes

3 Satellitensysteme

30 Gesamtdarstellungen
31 INTELSAT
32 Russische Systeme
33 Regionalsysteme
34 Fernsehrundfunk
35 Seefunksatellitensysteme
36 Militärische Systeme
37 Mobile Systeme
38 TDRSS
39 Verschiedenes

4 Vielfachzugriffsverfahren

40 Gesamtdarstellungen
41 FDM-FM-FDMA
42 TDMA
43 CDMA, SSMA
44 SCPC
45 Frequenzmehrfachausnutzung
46 Verf. mit Paketvermittlung
47 SS-TDMA
48 „scanning spot beam"
49 Verschiedenes

5 Erdefunkstellen

50 Gesamtdarstellungen
51 Beispiele von Erdefunkst.
52 Nachführverfahren
53 Antennen
54 Empfangszug
55 Sendezug
56 Betrieb v. Erdefunkstellen
57 Betriebsmessungen
58 Stromversorgung
59 Verschiedenes

6 Satelliten

60 Gesamtdarstellungen
61 Beispiele v. Satelliten
62 Aufbau und Struktur
63 Satellitenantennen
64 Transponder
65 On-board processing
66 Stromversorgung
67 Temperaturregelung
68 Geo-Plattformen
69 Verschiedenes

7 Planung von Satellitensystemen

70 Gesamtdarstellungen
71 Planungsgrundlagen
72 Frequenzbereiche
73 Beeinflussung von Diensten
74 Koordinierung mit Richtfunk
75 Nutzung geostationäre Bahn
76 Ausbreitungsprobleme
77 Kosten
78 Zuverlässigkeit
79 Verschiedenes

8 Netze mit Satelliten

80 Gesamtdarstellungen
81 Fernsprechnetz
82 Computernetze
83 Netze m. Paketvermittlung
84 ISDN
85 Videokonferenz u. ä.
86 Zeichengabe
87 Verschlüsselung
88 Terrestrischer Zubringer
89 Verschiedenes

9 Übertragungsfragen

90 Gesamtdarstellungen
91 Fernseh- u. Tonübertragung
92 Spektrumsformung
93 Digital speech interpol.
94 Echounterdrückung
95 Kanaleigenschaften
96 Redundanzminderung
97 Adaptive Antennen
98 Intersatellite links
99 Verschiedenes

Literatur

[10-1] Hartl, Ph.: Fernwirktechnik der Raumfahrt. Springer 1980.

   2 Kohler, P.: Les satellites — maîtres du monde. Paris: Hachette 1978.

   3 Porter, R. W.: The versatile satellite. Oxford: Oxford university press 1977.

   4 Rupp, H.: Nachrichtenverbindungen zu interplanetarischen Raumsonden. Berichte aus Wissenschaft und Technik. Forschung '73. Fischer Taschenbuch Verlag Oktober 1972.

   5 Dance, B.: Kommunikation mit interplanetaren Raumflugkörpern. Nachrichtenelektronik (1978) 9, 289—294.

   6 Jansky, D.: World atlas of satellites. London: Artech 1983.

[11-1] Steinbuch, K.; Rupprecht, W.: Nachrichtentechnik. Springer 1982.
     a Band I: Schaltungstechnik
     b Band II: Nachrichtenübertragung
     c Band III: Nachrichtenverarbeitung

   2 Herter, E.; Röcker, W.; Lörcher, W.: Nachrichtentechnik. Hanser 1981.

[12-1] Holbrook, B. D.; Dixon, I. T.: Load rating theory for multichannel amplifiers. BSTJ (1939), 624—644.

   2 Hölzler, E.; Thierbach, D.: Nachrichtenübertragung. Springer 1966.

   3 Donnevert, J.: Richtfunkübertragungstechnik, Oldenbourg 1974.

   4 Landstorfer, F.; Graf, H.: Rauschprobleme der Nachrichtentechnik. München: Oldenbourg 1981.

   5 Standard Elektrik Lorenz AG: Übertragungseinrichtungen. Druckschrift 1416a·177, 2,5·U+U.

[13-1] Herter, E.; Lörcher, W.: Nachrichtenvermittlung. Hanser. (Erscheint voraussichtlich 1984.)

[14-1] Umfangreiche Literaturzusammenstellung zum Thema Nachrichtenverarbeitung in [11-2].

[15-1] Hartmann, H. L.: Nachrichtensysteme — Dienstintegration in zukünftigen Kommunikationsnetzen. Stuttgart: Teubner 1982.

[16-1] Zinke, O.; Brunswig, H.: Lehrbuch der Hochfrequenztechnik. Springer.
     a Band I: Koppelfilter, Leitungen, Antennen. 1973.
     b Band II: Elektronik und Signalverarbeitung. 1974.

   2 Meinke, H.; Gundlach, F.: Taschenbuch der Hochfrequenztechnik. Springer 1968. (Neubearbeitung in Vorbereitung).

[17-1] Hohlleiter
     a DIN 47301 Bl. 1 ff.: Begriffe der Hochfrequenz-Leitungstechnik.
     b Janssen, W.: Hohlleiter und Streifenleiter. Heidelberg: Hüthig 1977.

   2 Entschladen, H.; Nagel, U.: Mikrowellen-Streifenleitungstechnik — ein Leitungssystem für integrierte Mikrowellenschaltungen. Elektronik-Anz. 9 (1977) 4, 31—38; 5, 34—37; 6, 20—22; 8, 19—22.

   3 Helszajn, J.: Nonreciprocal microwave junctions and circulators. New York: Wiley Interscience 1975.

   4 Caswell, W. E.; Schwartz, R. F.: The directional coupler. IEEE Trans. MTT-15 (1967), 120—123.

   5 Matthaei, G. L.; Young, L.; Jones, E. M. T.: Microwave filters, impedance matching networks and coupling structures. New York: McGraw-Hill 1964.

   6 Filter allgemein
     a Sleven, R. L.: Minimum distortion filters for satellite communications. Microwave J. (May 1972) 67—72.
     b Sleven, R. L.; et al.: Bandstop filter design for ultra-low loss and high power. 2. EMC, Vol. 1, paper 3.2.4.
     c Pfitzenmaier, G.: Tabellenbuch Mikrowellenbandpässe. München: Siemens 1972.
     d Cuccia, C. L.; Bowes, J. D.: Bandpass filters: Vital elements in efficient MW communications spectrum usage. MSN 6 (1976) Aug./Sept., 50—62.
     e Müller, F. E.: Mikrowellenfilter in Richtfunksystemen. NTZ 31 (1978), 520—526.

   7 Dual-mode-Filter
     a Williams, A. E.; Atia, A. E.: Dual mode canonical waveguide filters. IEEE Trans. MTT-25 (1977) Dec., 1021—1026.

b Pfitzenmaier, G.: An exact solution for a 6-cavity dual-mode elliptic bandpass filter. International Microwave Symp. Digest IEEE-MTTS 1977, 400—403.

c Kudsia, C. M.: Manifestations and limits of dual-mode filter configurations for communications satellite multiplexers. 9. AIAA, paper 82-0496.

8 Vgl. [64-3].

9 Sethares, J. C.: Magnetostatics promise analog processing at microwave frequencies. MSN 11 (1981) 3, 82—99.

[18-1] Übersichtsaufsätze Mikrowellenröhren

a Donnevert, J.: Die Wanderfeldröhre. Unterrichtsbl. 35 (1982) 7, 303—317.

b Guenard, P.: Mikrowellenröhren und ihre Anwendungen. NTZ 31 (1978) 8, 572—579.

c Pujes, J. P.: TWTs and Klystrons for satellite relay telecommunications systems. 9. AIAA, paper 82-0543.

2 Klystrons

a Murata, S.; et al.: A 14 GHz 2 kw-klystron for earth stations of broadcasting satellite systems. 6. EMC, 405—409.

b Sato, H.; et al.: 14 GHz 2 kw earth station klystron. NEC-RD 44 (Jan. 1977), 6—8.

3 Wanderfeldröhren

a Aoki, T.; et al.: A 30 GHz 20 W helix travelling wave tube. NEC-RD 65 (April 1982).

b Knorr, B. F.: Microwave tubes for communications satellites of the western world. Microwave Journal 1981, August.

c Collomb, J.; et al.: Performance results and interface considerations for a 200—230 W, 12 GHz DBS TWT. 9. AIAA, paper 82-0497.

4 Roy, D. K.: Tunelling and negative resistance phenomena in semiconductors. Oxford: Pergamon Press 1977.

5 Galliumarsenid-Feldeffekttransistoren

a Hamilton, R. J.; Osbrink, N. K.: A GaAs FET primer: Understanding these vital devices. MSN 12 (1982) 10, 115—130.

b Manufacturers describe GaAs FET applications; glossary; GaAs FET matrix. MSN 12 (1982) 10, 133—165.

c Vgl. [34-8].

6 Pöbl, K.: Mikrowellenhalbleiter — Schlüsselbauelemente der Telekommunikation. telcom report 4 (1981) 1, 66—71.

[20-1] Miya, K. (edit.): Satellite communications engineering. Tokio: Lattice Co. 1975.

2 Miya, K. (edit.): Satellite communications technology. Tokio: KDD engineering and consulting, Inc. 1982.

3 Spilker, J. J., Jr.: Digital communications by satellite. Prentice-Hall 1977.

4 Bhargava, V. K.; Haccoun, D.; Matyas, R.; Nuspl, P. P.: Digital communications by satellite: Modulation, multiple-access and coding. Wiley 1981.

5 Pares, J.; Toscer, V.: Les systèmes de télécommunications par satellites. Paris: Masson 1975.

6 Aschmoneit, E. K.: Vom „Echo" zur „Symphonie". Kleine Entwicklungsgeschichte der Nachrichtensatelliten. Funkschau 48 (1976), 707—710, 761—763, 799—800.

7 Uhlitzsch, R.: Anatomie einer Erdefunkstelle. Frankfurt: Suhrkamp 1969.

8 Rupp, H.: Die Nachrichtensatellitentechnik als Ergänzung zur herkömmlichen Übertragungstechnik. Ing. d. DBP 17 (1968) 116—122, 146—157.

9 Kaiser, W.; Lohmar, U. (Hrsg.): Kommunikation über Satelliten. Springer 1981.

10 Stöhr, W.: Entwicklung und heutiger Stand der Satellitentechnik. In: 100 Jahre Fernsprecher in Deutschland, Sonderdruck des Heftes 1/1977 des „Archivs für deutsche Postgeschichte", S. 171—192.

11 Gould, R. G.; Lum, Y. F.: Communications satellite systems: An overview of the technology. IEEE Press 1976.

12 Unger, J. W. H.: Literature survey of communication satellite systems and technology. IEEE Press 1976.

13 Brown, M. P.: Compendium of communication and broadcast satellites: 1958—1980. IEEE Press 1981.

14 Special issue on satellite communications. RCA Review 41 (1980) 3 (September).

15 Special issue on satellite communications. Proc. IEEE 65 (1977) 3 (March).

16 Cuccia, C. L. (edit.): The handbook of digital communications. MSN 9 (1979) 11.
17 Beiheft „Beiträge zur Raumfahrt". Siemens-Z. 44 (1970).
18 Satelliten-Funksysteme. NTG-Fachber. 52 (1975).
[21-1] Clarke, A. C.: Extraterrestrial relays. Wireless World 1945, 305—308.
   2 Paul, H.: Bahnstörungen bei geostationären Nachrichtensatelliten. Bull. SEV. 59 (1968) 215—224.
   3 Vgl. [20-5].
[22-1] N.N.: U.S. launch vehicles/International launch vehicles. AWST (1981) March 9, 144—145.
   2 Special issue: Cost reduction in space operations, Pt. I space transportation. Acta Astronautica 8 (1981) 11—12, 1173—1250.
   3 Lenorovitz, J. M.: Fast launch rate planned to meet Ariane contracts. AWST (1982) June 21, 66.
   4 Koelle, D. E.: Welches Trägersystem braucht Europa für die neunziger Jahre? Luft- und Raumfahrt 2 (1981) 3, 72—76.
   5 Vgl. [77-1].
   6 Ionentriebwerke
     a Löb, H.: Elektrische Raketentriebwerke. Luft- und Raumfahrt (1981) 1, 3—12.
     b Krülle, G.: Hochfrequenz-Ionentriebwerk RIT-10 für ersten deutschen Direktfernsehsatelliten TV-SAT. DFVLR-Nachrichten Heft 31 (Nov. 1980), 28—33.
     c Finke, R. C. (edit.): Electric propulsion and its application to space missions. New York: AIAA 1981.
   7 Porcelli, G.: Shuttle-to-geostationary orbital transfer by mid-level thrust. 9. AIAA, 82-0439.
   8 Grimes, D. W.: Delta mission planning in the shuttle transition era. 9. AIAA, 82-0556.
   9 Koelle, D. E.; Reichert, R. G.: Future heavy cargo space transportation systems. Z. Flugwiss. Weltraumforschung 5 (1981) 2, 69—77.
[23-1] European Space Agency: Attitude and orbit control systems. ESA SP-128.
   2 Markland, C. A.: The impact of mission requirements on attitude and orbit control of broadcast satellites. ESA SP-122.
   3 Siemens AG, AEG-Telefunken, Standard Elektrik Lorenz AG: Fernsehverteilsatellit. Studie zu dem nationalen Forschungsprogramm 1966.
   4 Meer, J. T.: Intelsat IV nutation dynamics. In: Progress in Astronautics and Aeronautics Vol. 33, 57—84. Cambridge (Mass.): MIT Press 1974.
   5 Lebsock, K. L.: High pointing accuracy with a momentum bias attitude control system. 7. AIAA, 269—277.
   6 Hammond, M. J.: Aspects of the design and functional testing of a double gimballed wheel control system. ESA SP-128, 279—292.
   7 Goeschel, W.; Schrempp, W.: Payload mass increase for future communication satellites by new attitude control and propulsion methods. ESA SP-122, 173—179.
   8 Reaktionsschwungräder
     a Standing, J. M.; Sheppard, J. S.: Design development and qualification of a 2 Nms reaction wheel. ESA SP-128, 369—374.
     b Harrison, A. J.: Optimized 50 Nms momentum wheel utilizing magnetic repulsion bearings. ESA SP-128, 369—374.
   9 Sindlinger, R. S.: Magnetic bearing momentum wheels with magnetic gimballing capability for three axis active attitude control and energy storage. ESA SP-128, 395—404.
  10 Vgl. [20-5].
  11 Poubeau, P. C.: Development of satellite flywheels utilizing magnetic bearings with passive radial centering-concepts and results. 7. AIAA, 285—296.
  12 Broquet, J.; et al.: The antenna pointing systems for large communication satellite. 9. AIAA, paper 82-0444.
[24-1] Jacobs, E.; Stacey, J. M.: Earth Footprints of Satellite Antennas. IEEE Trans. AES-7 (1971) 2, 235—242.
   2 Millington, G.: Geostationary-satellite earth coverage. Proc. IEE 122 (1975), 131—134.
   3 Allnutt, J. E.: Nature of space diversity in microwave communications via geostationary satellites: a review. Proc. IEE 125 (1978) 5, 369—376.

4 Kinal, G.: Hand calculators plot satellite spot antenna coverage. MSN 12 (1982) 7, 111—114.

[25-1] Wood, P. J.: Reflector antenna analysis and design. Stevenage: Peter Peregrinus Ltd. 1980.

2 Koch, G.: Antennenprobleme beim Weltraumfunk. NTG-Fachber. 43 (1972), 101—123.

3 Clarricoats, P. J. B.; Poulton, G. T.: High-efficiency microwave reflector antennas — a review. Proc. IEEE 65 (1977) 10, 1470—1504.

4 Trentini, G. V.: Übersicht der heute in der Technik verwendeten stark bündelnden Mikrowellenantennen. Frequenz 29 (1975) 6, 158—164 und 29 (1975) 7, 192—199.

5 Rudge, A. W.; Adatia, N. A.: Offset-parabolic-reflector antennas: a review. Proc. IEEE 66 (1978) 12, 1592—1618.

6 Fasold, D.; Pecher, H.: Berechnung und Auslegung von Rechteckrillenhornstrahlern. Mikrowellen Magazin (1981) 1, 39—52.

7 Antennen '82. NTG-Fachber. 78 (1982).

8 Berner, H.: Wesentliche Eigenschaften und Besonderheiten von Antennen im GHz-Bereich. UKW-Berichte 15 (1975) 4, 194—205.

9 Ruze, J.: Antenna tolerance theory — a review. Proc. IEEE 54 (1966) 633—640.

10 Kühne, F.: Eine neuartige Satellitenbodenstation, die SAFE-Antenne. NTG-Fachber. 32 (1967), 34—37.

11 NTG-Empf. 1301: Begriffe aus dem Gebiet der Antennen.

12 Mehrstrahlenantennen

a Scott, W. G.; Luh, H. S.; Matthews, E. W.: Design tradeoffs for multibeam antennas in communication satellites. ICC '76, 4-1—4-6.

b Eaves, R. E.; Kolba, D. P.: Multiple beam EHF antenna/receiver configuration for unified satellite communications uplink coverage. 9. AIAA, paper 82-0485.

13 Stutzmann, W. L.; Thiele, G. A.: Antenna theory and design. Wiley 1981.

14 Streifenleitungsantennen

a James, J. R.; Henderson, A.; Hall, P. S.: Microstrip antenna performance is determined by substrate constraints. MSN 12 (1982) 8, 73—84.

b Menzel, W.: Eine 40-GHz-Mikrostreifenleitungsantenne. mikrowellen magazin 7 (1981) 4, 466—469.

c Solbach, K.: Aufbau und Skalierung einer 32-Element-Microstrip-Antennen-Gruppe. mikrowellen magazin 7 (1981) 4, 461—465.

15 Love, A. W.: Reflector antennas. Wiley 1978.

[26-1] Hölzler, E.; Holzwarth, H.: Pulstechnik. Springer.

a Bd. 1 Grundlagen. 1981
b Bd. 2 Anwendungen und Systeme. 1976.

2 Steele, R.: Delta modulation systems. London: Pentech Press 1975.

3 Bocker, P.: Datenübertragung. Springer.

a Bd. 1 Grundlagen. 1976.
b Einrichtungen und Systeme. 1977.

4 Schwarz, J. W. et al.: Modulation techniques for multiple access to a hardlimiting satellite repeater. Proc. IEEE 54 (1966) 763—776.

5 Angello, P. S., et al.: MSK and offset keyed QPSK through band limited satellite channels. 4. ICDSC, 58—65.

6 Kühne, F.: Gegenkopplungsdemodulation von frequenzmodulierten Signalen. AEÜ 21 (1967) 383—390 und 507—518.

7 Best, R.: Theorie und Anwendungen des Phase-locked Loops. Stuttgart: AT-Fachverlag 1976.

8 Preemphase bei Fernsprechübertragung: Rec. 275.

9 Preemphase bei Fernsehübertragung: Rec. 405.

10 Demodulation bei PSK, Trägerableitung, usw.

a Vgl. [20-3], [20-4]

b Fujino, T.; Umeda, Y.: Effects of jitter and cycle slipping of phase reference upon unique word missed detection in QPSK systems. 9. AIAA, paper 82-0451.

c Kurihára, H.; Katoh, K.; Komizo, H.; Nakamura, H.: Carrier recovery circuit with low cycle skipping rate for CPSK/TDMA systems. 5. ICDSC, 319—326.

d Imbeaux, J. C.: Performances of the delay-line multiplier circuit for clock and carrier recovery in digital satellite transmissions. 5. ICDSC, 311—318.

e Ascheid, G.; Meyr, H.: Synchronisation bei bandbreiten-effizienter Modulation. NTG-Fachber. 84 (1983), 107—114.

11 Foley, J.: FFT demodulation for a multiple channel MFSK frequency hopped data transmission system. 9. AIAA, paper 82-0483.

12 Ungerböck, G.: Bandbreiten-effiziente Codierung und Modulation. NTG-Fachber. 84 (1983), 143—154.

[27-1] Übersichtsdarstellungen

a Vgl. [20-3], [20-4].

b Forney, G. D., Jr.: Coding and its application in space communications. IEEE spectrum 7 (1970) june, 47—58.

2 Dolainsky, F.: Das Kanal-Codier-System convolutional encoder/sequential decoder. NTG-Fachber. 40 (1971), 156—167.

3 Verschiedene Decoder

a Yasuda, Y.; Hirata, Y.; Ogawa, A.: Optimum soft decision for Viterbi decoding. 5. ICDSC, 251—258.

b Clark, R. T.; McCallister, R. D.: Development of an LSI maximum-likelihood convolutional decoder for advanced forward error correction capability on the NASA 30/20 GHz program. 9. AIAA, paper 82-0459.

4 Lee, L.-N.: Error-correction coding for commercial satellite channels. ICC '81, 2.5.1.—2.5.4.

5 Rowbotham, T. R.; Niwa, K.: The application of low-bit-rate encoding techniques to digital satellite systems. 5. ICDSC, 265—272.

6 Rydbeck, N.; Sundberg, C. E.: Mehrere Artikel über Codierung bei TDMA. Ericsson Technics 31 (1975) 4, 217—246; 32 (1976) 1, 3—56; 32 (1976) 3, 195—247.

7 Acampora, A. S.: Channel coding for digital communication satellites. 7. AIAA, paper 78-600.

8 Chakraborty, D.; et al.: Application of maximum likelihood sequence detection in nonlinear satellite channels. 5. ICDSC, 285—294.

9 Furuya, Y.; et al.: A practical approach toward maximum likelihood sequence estimation for bandlimited nonlinear channels. 5. ICDSC, 295—302.

[28-1] Schlemper, E.: Aufbau und Leistungsfähigkeit eines integrierten Telemetrie- und Telekommandosystems an Bord von Satelliten. NTG-Fachber. 52 (1975), 146—154.

2 Beutel, G.; Lampert, E.; Mayer, K.: Empfang der Telemetriesignale von Raumsonden. NTG-Fachber. 52 (1975), 233—241.

3 Dupraz, J.; d'Hollander, J.: Telemetriesender im S-Band für Satelliten. ENW 49 (1974), 265—267.

4 Krefft, M.: Ein 4-GHz-Empfänger für Telekommando und Ranging-Signale. mikrowellen magazin 5 (1979) 1, 19—25.

5 Collette, R. C.; Herdan, B. L.: Design problems of spacecraft for communication missions. Proc. IEEE 65 (1977) 3, 342—356.

6 Eckhardt, G.: Erdefunkstelle zum Steuern und Testen des OTS-Satelliten. NTZ 31 (1978) 8, 587—591.

7 Öhl, H.; Gößl, H.: Die Eigenschaften der Antennen der zentralen Deutschen Bodenstation (ZDBS). mikrowellen magazin 4 (1978) 1, 10—14.

[30-1] Bulloch, Ch.: Die kommerzielle Nutzung von Satelliten. Interavia (1981) 3, 212—214.

2 Mehrere Artikel in DFVLR-Nachrichten. 36 (1982) Juni, 1—19.

a Häberle, H.: Unternehmenspolitische Ziele der DFVLR auf dem Gebiet der Satellitenkommunikation und -ortung.

b Majus, J.: Neue Übertragungsdienste in den öffentlichen Netzen — Anforderungen an Nachrichtensatelliten.

c Clausen, H.; Dodel, H.; Landauer, G.; Lang, H.: Breitbandkommunikation über Satellit — DFVLR-Projekte erproben neue Dienste.

d Treytl, P.: Projekt TV-SAT — Neue Wege zur flächendeckenden Rundfunkversorgung.

e Hagenauer, J.: Digitale Nachrichtenübertragung bei zeitvariablen Störungen.

3 Dodel, H.: Zukünftige Telekommunikationsdienste. Astronautik (1982) 1, 8—11.
4 Themenheft: Der Einsatz von Satelliten für Nachrichtentechnik. NTZ 35 (1982) 4.
5 Vorlaender, J.: Funkdienste für den Weltraum-Funkverkehr. Unterrichtsbl. 35 (1982) 5, 223—234.
6 Beakley, G. W.: Satellite communications soars in the '80s. MSN 12 (1982) 1, 45—67.
7 Edelson, B. I.; Marsten, R. B.; Morgan, W. L.: Greater message capacity for satellites. IEEE spectrum (1982) 3, 56—64.
8 Koelle, D. E.: Die Entwicklung geostationärer Nachrichtensatelliten. Rundfunktechn. Mitt. 25 (1981) 5, 219—226.
9 Heinrich, G.: Fernmeldesatelliten-Report 1980/81. Fernmeldepraxis 59 (1982) 24.

[31-1] N.N.: Die technischen und wirtschaftlichen Probleme der INTELSAT. mikrowellen magazin 4 (1978) 1, 18—21.
2 Intelsat I und II: Vgl. [20-8].
3 Intelsat III: Themenheft ENW 45 (1970) 4.
4 Intelsat IV, IV A.
 a Literaturübersicht zu Intelsat IV in [20-12].
 b Vgl. [20-13].
5 Intelsat V, V A.
 a Vgl. [20-2].
 b Rush, R. J.; Johnson, J. T.; Baer, W.: Intelsat V spacecraft design summary. 7. AIAA, 8-20.
 c Barberis, N. J.; Hoeber, C. F.: Design summary of the advanced INTELSAT V spacecraft. 9. AIAA, paper 82-0537.
 d Dest, L. R.; Magnusson, S. E.: In-orbit operation and test of INTELSAT V satellites. 9. AIAA, paper 82-0464.
 e Robusto, M. J.: INTELSAT V transmission system models used for analysis, optimization and operational control. 9. AIAA, paper 82-0494.
6 Intelsat VI.
 a Hughes Aircraft Company: Intelsat VI program. August 1981.
 b Ghais, A.; et al.: Summary of Intelsat VI communications performance specifications. CTR 12 (1982) 2, 399—430.
 c Schnicke, W. R.; Binckes, J. B.; Martin, J. E.: Ten-year life Intelsat VI spacecraft. 9. AIAA, paper 82-0517.
7 Intelsat VII.
 a Siehe [30-8].
 b Vgl. [65-...], [68-...], [98-...].
 c Schnicke, W. R.; et al.: Future global satellite systems for Intelsat. 9. AIAA, paper 82-0541.
8 Zukünftige Entwicklung des INTELSAT-Netzes.
 a Nadkarni, P.; Perillan, L.; Chasia, H.: Planning for growth in satellite systems — the Intelsat experience. ICC '81, 58.1.1—58.1.5.
 b Chasia, H.: Intelsat's utilization of orbit, spectrum and technology to meet system requirements in the 1990's. 9. AIAA, paper 82-0470.

[32-1] Molnija.
 a Fortushenko, A. D.: The soviet communication satellite Molnija 1. Telecom. J. 32 (1965) 422—424.
 b Brown, M. P.: The USSR domestic system (Molnija/Orbita). In [20-11], 29—32.
 c Ingenhaag, K. H.; Schwarz, B.: Molnija — Inlands-Nachrichtensatelliten der UdSSR. Funkschau 48 (1976) 23, 78—80.
2 Schwarz, B.; Ingenhaag, K. H.: Das Intersputnik-System. Funkschau 48 (1976) 21, 56—61.
3 Borodich, S. V.: Development of satellite communications and broadcasting in the Soviet Union. Telecom. J. 45 (1978) 10, 547—552.
4 N.N.: Geostationäre Nachrichtensatelliten der UdSSR. mikrowellen magazin 4 (1978) 2, 131—133.

5 N.N.: Moderne Technik für das Nachrichtenwesen der UdSSR. mikrowellen magazin 8 (1982) 2, 103.

6 N.N.: Four new soviet satcoms planned. AWST (1977) Nov. 21, 19.

7 Capuano, D.: Satellite — ology soviet style. Telecommunications 13 (1979) 10, 88—90, 104, 110.

8 Konstantin, E. A.: Fernmeldesatelliten der UdSSR. Interavia (1977) 12, 1258.

[33-1] Übersichten über die wichtigsten Regionalsatellitensysteme gibt 9. AIAA. Vgl. dazu Tabelle 3 im Anhang.

2 Kanadisches System.
a Themenheft IEEE Communications 19 (1981) 1, 3—42.
b Vgl. [20-9].

3 SBS
a Curry, W. H., jr.: SBS system evolution. CTR 11 (1981) 2 (Fall), 267—292.
b Churan, G. G.; Leavitt, W. E.: Summary of the SBS satellite communications performance specifications. CTR 11 (1981) 2 (Fall), 421—432.
c Themenreihe: SBS, off and running. Comsat Magazine 9 (1982), 5—19.

4 Gänßmantel, H.: ECS — Europäisches Nachrichtensatelliten-System. mikrowellen magazin 6 (1980) 4, 254—259.

5 Blachier, B.; et al.: Telecommunication payload of TELECOM 1 satellite. Commutation et Transmission 3 (1981) 4 (Dez.), 55—68.

6 Deutsche Bundespost: Spezifikationen für ein Deutsches Fernmelde-Satellitensystem (DFS). 1982.

[34-1] Rundfunk-Satellitensysteme. (Vorträge der NTG-Fachtagung 19.—21. 10. 1982 in Saarbrücken.) NTG-Fachber. 81 (1982), 35 Beiträge, u. a.:
a Mägele, M.: Planungsgrundlagen für Rundfunksatelliten im 12-GHz-Band. 18—30.
b Khakzar, H.: Kritische Betrachtung der auf der WARC-Konferenz 1977 beschlossenen Rundfunk-Satelliten-Systemwerte. 31—38.
c Süverkrübbe, R.: Derzeitiger Stand weiterer Rundfunksatellitenprojekte. 49—53.
d Thorpe, D. G.: Direct broadcast satellites: the canadian experience. 260—262.

2 Invited session: Satellites broadcasting in Japan. Proc. Int. Microwave Symp. Washington 1980 (IEEE MTT-S). 9 Beiträge, u. a.:
a Imai, N.; et al.: Main transmit and receive station in japanese BSE program. 281—283.
b Konishi, Y.; et al.: Performance characteristics of a transportable transmit and receive station of A-Type for Japan's medium-scale broadcasting satellite for experimental purpose (BSE). 284—286.
c Hayashida, H.; et al.: 14/12 GHz band mobile-type earth station for japanese broadcasting satellite communication. 287—289.
d Konishi, Y.: Satellite broadcasting receiver — present and future. 293—295.

3 Berichte über das japanische BSE (broadcasting satellite experiment).
a Arai, K.; et al.: BSE in-orbit performance and operational summary. 9. AIAA, paper 82-0461.
b Iwasaki, K.; et al.: Results of the BSE experiment. 9. AIAA, paper 82-0503.
c Shimoseko, S.; et al.: Analytical results of BSE beam pointing and attitude control performance. 9. AIAA, paper 82-0550.

4 Martin, E. R.: A direct broadcast satellite service for the U.S. — System description and trade-offs. 9. AIAA, paper 82-0502.

5 Zwilling, H.: Rundfunkempfang direkt über Satelliten. telcom report 4 (1981) 4, 285—289.

6 Firmendruckschrift: Fernsehen via satellit. Esslingen: Hirschmann 1981.

7 Licht, H.: Kritische Betrachtung zum geplanten Satellitenrundfunk in der Bundesrepublik Deutschland. telcom report 4 (1981) 1, 58—65.

8 Joshida, H.; et al.: 12 GHz TV receiver for direct reception from broadcasting satellites. NEC RD 50 (1978) July, 42—50.

9 Siehe [34-2 d].

10 Büchs, J. D.: Direktsendende Satelliten zur Ausstrahlung von Fernseh- und Hörfunkprogrammen aus dem Weltraum. mikrowellen magazin 7 (1981) 2, 176—180.

11 Latza, E.; Malzahn, P.: Hochleistungs-Senderöhren für TV-Satelliten. NTZ 33 (1980) 11, 732—734.

12 Fasold, D.; u. a.: Entwicklungsstand der Sendeantennen des Satelliten TV-SAT. NTZ 35 (1982) 9, 592—595.

13 Pöbl, K.: Kommerzielle monolithische GaAs-Verstärker für Fernsehantennenverstärker und für den Einsatz in TV-SAT-Empfangsanlagen. mikrowellen magazin 8 (1982) 3.

14 Traister, R. J.: Build a personal earth station for worldwide satellite TV reception. Blue Ridge Summit, Pa.: TAB Books Inc., 1982.

15 Petry, H.-P.: Extrem rauscharmer 12-GHz-Synchronempfänger für TV-Satelliten-Empfangsanlagen. AEÜ 36 (1982) 11/12, 419—425.

[35-1] Mahler, R.: Eine internationale Organisation verhilft der Satellitenkommunikation im Seefunk zum Durchbruch. ZPF (1981) 11, 30—37.

2 Takahashi, T.: The INMARSAT system and its future development. 9. AIAA, paper 82-0472.

3 Lipke, D. W.; et al.: Marisat-A maritime satellite communications system. CTR 7 (1977) 2, 351—391.

4 Mehrere Artikel betr. Marecs usw. in ESA Bull. 28 (1981) Nov., 6—29.

5 Brenner, H.; Ledig, W.; Wünnenberg, H.: Kommunikation über Satelliten für den Schiffsverkehr. Siemens-Z. 52 (1978) 4, 216—220.

[36-1] N.N.: Militärische Fernmeldesatelliten. Interavia (1980) 4, 351—353.

2 DSCS I
Kucheman, H. B.; et al.: The Initial Defense Communications Satellite program. 1. AIAA, paper 66-267.

3 DSCS II
Wright; McLellan: Defense Satellite Communications System — an operational system. ICC '77, 281—285.

4 DSCS III
Ellington, T. D.: DSCS III — Becoming an operational system. IEEE Trans. COM-28 (1980) 9, 1499—1504.

5 Dayton, A. D.; Jain, P. C.: Milsatcom architecture. IEEE Trans. COM-28 (1980) 9, 1456—1459.

6 McKee, W. P., jr.: Architectural considerations for the Defense Communications System of 2004. IEEE Comm. Magazine 20 (1982) 7, 5—12.

7 Moskowitz, S.: Military communications systems hop on digital bandwagon. Microwaves (1979) 5, 14—23.

8 Tuck, J. S.: Military satellite communications systems EASCON '79, 612—616.

9 Sanli, N.; et al.: The NATO III satellite communications system control. 9. AIAA, paper 82-0487.

[37-1] Castruccio, P. A.: The technical and economic role of space technology in terrestrial mobile communications. IEEE Trans. VT-30 (1981) 2 (May), 77—84.

2 Anderson, R. E.; et al.: Satellite-aided mobile communications: experiments, applications and prospects. IEEE Trans. VT-30 (1981) 2 (May), 54—61.

3 Knouse, G. H.; Castruccio, P. A.: The concept of an integrated terrestrial/land mobile satellite system. IEEE Trans. VT-30 (1981) 3 (Aug.), 97—101.

4 Hess, G. C.: Land mobile satellite excess path loss measurements. IEEE Trans. VT 29 (1980) 2 (May), 290—297.

5 Knouse, G. H.: Terrestrial/land mobile satellite considerations. NASA plans and crucial issues. IEEE Trans. VT-29 (1980) 4 (Nov.), 370—374.

6 Brisken, A. F.; et al.: Land mobile communications and position fixing using satellites. IEEE Trans. VT-28 (1979) 3 (Aug.), 153—170.

7 Gabel, J.: Japan plant Satelliten-Autotelefone. NTZ 34 (1981) 3, 178.

8 N.N.: Wrist-radio satcom studied. MSN 8 (1978) 10, 17—18.

[38-1] N.N.: TDRSS — Satellitengestütztes Nachrichten- und Datenübertragungssystem. Messerschmitt-Bölkow-Blohm Information Raumfahrttechnik (1981) 2—3, 8—27.

[39-1] Rosetti, C.: Prospects of Navsat — A future worldwide civil navigation-satellite system. ESA-Bulletin 30 (1982), 54—59.

2 Melton, W. C.: Global positioning system measures time of arrival. MSN 12 (1982) 1.

[40-1] Siehe [20-1], [20-2], [20-3], [20-4].

[41-1] Koch, E.: Übertragungsparameter für frequenzmodulierte Fernsprechträger der Intelsat IV- und IV A-Satellitensysteme. TB. Fernmeldepraxis 1976, 276—291.

2 Berk, G.; et al.: An FDMA system concept for 30/20 GHz high capacity domestic satellite service. 9. AIAA, paper 82-0447.

[42-1] AEG-Telefunken, Siemens AG, Standard Elektrik Lorenz AG: Vielfachzugriffsverfahren im Zeitmultiplex. 12 Aufsätze in Frequenz 25 (1971) Hefte 10, 11, 12.

2 Eckhardt, G.; Häberle, H.; Reidel, B.; Rupp, H.: Results of German TDMA experiments. In: Bargellini, P. L.: Communications satellite technology (Progress in Astronautics a. Aeronautics Vol. 33). Cambridge (Mass.): MIT Press 1974, 431—453.

3 Rupp, H.: Zeitmultiplexverfahren mit Vielfachzugang (TDMA). NTG-Fachber. 43 (1971) 159—182.

4 Nuspl, P. P.; Brown, K. E.; Steenaart, W.W; Ghicopoulos, B.: Synchronization methods for TDMA. Proc. IEEE 65 (1977) 3, 434—444.

5 Bousquet, J. C.: Time division multiple access system with demand assignment for intra company network using the satellite TELECOM 1. 5. ICDSC, 11—18.

6 TDMA-S 3: System für den Vielfachzugriff zu Fernmeldesatelliten im Zeitmultiplex. Stuttgart: Standard Elektrik Lorenz AG 1982.

7 Zum Thema TDMA: Mehr als die Hälfte der 58 Beiträge zur 5. ICDSC Genua 1981.

8 Dill, G. D.: Microprocessor advances yield economical TDMA terminals. MSN 11 (1981) 3, 63—73.

9 Harris, R. A.; Ulrich, S.: Transmission considerations for TDMA system using small earth terminals. ESA Journal (1981) 5, 15—31.

[43-1] Utlaut, W. F.: Spread-spectrum principles and possible application to spectrum utilization and allocation. Telecommunication Journal 45 (1978) 1, 20—32.

2 Butler, F.: Pseudo-random binary sequence generators. Wireless World (1975) 2, 87—92.

3 Dixon, R. C.: Spread spectrum systems. Wiley 1976.

4 Aldinger, M.; Herold, W. E.; Krick, W.: Spektrale Spreizung als Multiplexverfahren — Eine Einführung. NTZ 28 (1975) 3, 79—88.

5 Springett, J. C.: Telemetry and command techniques for planetary spacecraft. Advances in communication systems. Edited by A. V. Balakrishnan, Vol. 1, New York, London: Academic Press, 1965, S. 92—98.

6 Siehe [20-3].

7 Gold, R.: Optimal binary sequences for spread spectrum multiplexing. Nat. Aerospace Electron. Conf. Inst. Elektr. Electron. Engrs., 18th Proc. (1966) 173—175.

8 Verschiedene Artikel in: Special issue on spread spectrum communications. IEEE Trans. COM-25 (1977) 8, 745—869.

9 Progress in spread spectrum communications. Conf. proceedings IEEE Military Communications Conference (MILCOM) Boston, Ma. 1982.

10 Schwarz, J. W.; et al.: Modulation techniques for multiple access to a hard-limiting satellite repeater. Proc. IEEE 54 (1966), 763—776.

[44-1] SPADE
    a Edelson, B. I.; Werth, A. M.: SPADE system progress and application. CTR 2 (1972) 1, 221—242.
    b Eckhardt, G.: Frequenzmultiplexverfahren mit Vielfachzugang und Bedarfszuteilung (SPADE). NTG-Fachber. 43 (1972), 144—158.

2 Weidenfeller, H.: Frequenzmultiplexsystem für Satellitenübertragung. NTZ 34 (1981) 10, 679—682.

3 van den Berg, F. L.: The FM single-channel-per carrier principle in domestic satellite systems. Philips Telecomm. Rev. 39 (1981) 2 (June), 63—70.

4 Iterson, P. W. L.: Encoding and modulating in domestic satellite networks. Philips Telecomm. Rev. 36 (1978) 2, 133—138.

5 Walker, A. M.: High data rate PSK modems for satellite communications. Telecommunications (1976) 7, 27—30, 54.

6 Moons, M.; Tack, T.: Ein Vielfachzugriffssystem mit bedarfsweiser Zuteilung für „Thin-Route"-Netze. ENW 55 (1980) 1, 70—75.

[45-1] Mahner, H.: Frequenz-Doppelausnutzung mit orthogonalen Polarisationen. NTG-Fachber. 52 (1975), 187—194.

[46-...] Vgl. [83-...].

  1 Retnadhas, C.: Satellite multiple access protocols. IEEE Comm. Mag. 18 (1980) 5, 16—24.

  2 Sabnani, K.; Schwartz, M.: Connection phase of multidestination protocols for broadcast satellites. 9. AIAA, paper 82-0455.

[47-1] Mehrere Artikel in 5. ICDSC
  a Campanella, S. J.; Colby, R. J.: Network control for TDMA and SS/TDMA in multiple-beam satellite systems. 335—344.
  b Camerini, P.; et al.: Some scheduling algorithms for SS-TDMA systems. 405—410.
  c Perillan, L. B.; Rowbotham, T. R.: INTELSAT VI: SS-TDMA system definition and technology development. 411—420.
  d Assal, F. T.; et al.: Wideband microwave switch matrix for SS-TDMA systems. 421—429.
  e Davies, R. S.: Optimization of SS-TDMA communication satellite payload. 435—444.

  2 Okasaka, S.; et al.: K-band SS/TDMA in japanese satellite communication system. 9. AIAA, paper 82-0445.

  3 Ho, P. T.; et al.: Dynamic switch matrix for the TDMA satellite switching system. 9. AIAA, paper 82-0458.

[48-1] Reudink, D. O.; Yeh, Y. S.: A scanning spot-beam satellite system. BTSJ 56 (1977) 8, 1549—1560.

  2 Reudink, D. O.: Spot beams promise satellite communication breakthrough. IEEE spectrum (1978) 9, 36—42.

  3 Reudink, D. O.; Yeh, Y. S.: A rapid scan area-coverage communication satellite. 7. AIAA, paper 78-548.

[49-1] JTIDS (joint tactical information distribution system)
  a Fawcette, J.: Mystic link revealed. MSN 7 (1977) 9, 81—94.
  b N.N.: Spread spectrum systems serve nearly all C^3-aspects. MSN 12 (1982) 4, 78—91.

[50-1] Siehe [20-1], [20-2], [20-5], [20-7]
  2 IEE Conf. on earth station technology 1970. IEE Conf. public. 72.
  3 Stöhr, W.: Technik der Erdefunkstellen. NTG-Fachber. 43 (1972), 225—245.

[51-1] Raisting
  a Siehe [20-7]
  b Glasow, R.: Raisting — die derzeit größte Erdefunkstelle der Welt. telcom report 4 (1981) 2, 85—89.
  c Raisting wird größte Erdefunkstelle der Welt. mikrowellen magazin (1980) 2, 84—85. — nachrichten elektronik (1980) 3, 99. — Frequenz 34 (1980) 8, 242.

  2 Steinert, W.: Kleine Erdefunkstelle für Symphonie. NTZ 31 (1978) 8, 591—595.

  3 Ford Aerospace and Communications Corporation: SCT-35 X-band earth station.

  4 Eckhardt, G.; Wollenhaupt, H.: Erdefunkstelle Usingen. NTZ 34 (1981) 9, 580—585.

  5 McCaskey, S. D.: Benefits and problems of INTELSAT 'B' earth station systems. Communications International (1979) june, 22—29.

  6 Gray, L. F.; Brown, M. P.: Transmission planning for the first U.S. Standard C (14/11-GHz) INTELSAT earth station. CTR 9 (1979) 1, 61—89.

  7 Ishida, N.; et al.: K- and C-band experimental earth stations and CSE-experiments. Japan Telecomm. Rev. (1979) July, 254—261.

  8 Egami, S.; et al.: Small K-band mobile earth station for domestic satellite communication. 9. EMC, 230—234.

  9 Weischadle, G.; Koury, A.: SBS terminals demand advanced design. MSN 9 (1979) 4, 70—79, 110.

  10 Jones, C. H.: A manpack satellite communications earth station. The Radio and Electronics Engineer 51 (1981) 6, 259—271.

  11 Salomon, J.: "Telcom 1" earth stations for corporate communications. commutation et transmission 4 (1982) 1, 5—26.

12 Inoue, T.; et al.: 30/20 GHz band small earth station for ISSDN experiment. IEEE Trans. AES-17 (1981) 6, 757—765.
[52-1] Siehe [20-2]
2 Faughn, Th.: Optimizing tracking system feeds. Electronic Design (1964) (Jan. 20), 53 ff.
3 Bollock, L. G.; Oeh, G. R.; Sparagua, J. J.: An analysis of wideband microwave mono-pulse direction finding techniques. IEEE Trans. AES-7 (1971), 188—202.
4 Teupser, R.: Eigennachführung großer Antennen in Erdefunkstellen. In [20-17], 33—36.
5 Tom, N. N.: Autotracking of communication satellites by the step-track technique. In [50-2], 121—126.
6 Moens, C.; Roesems, K.: Nachführ- und Datenempfänger für Bodenstationen von Satellitensystemen. ENW 49 (1974) 3, 315—323.
7 Stacey, B. A.; Prime, H. A.: The application of search techniques to autotracking. In [50-2], 133—139.
8 Dinwiddy, S.: Performances of fixed-mount earth station antennas. ESA-Journal (1981) 5, 187—196.
[53-1] Siehe [25-...], [20-1], [20-2].
2 Hogg, D. C.; Semplak, R. A.: An experimental study of near field cassegrain antennas. BSTJ 43 (1964) Nov., 2677—2704.
3 Siehe [16-1 a].
4 Koch, G.: Antennenprobleme beim Weltraumfunk. NTG-Fachber. 43 (1972), 101—123.
5 Clarricoats, P. J. B.: Microwave reflector antennas — a review. 4. EMC, 154—162.
6 Clarricoats, P. J. B.; Poulton, G. T.: High-efficiency microwave reflector antennas — a review. Proc. IEEE 65 (1977) 10, 1470—1504.
7 Koch, F.: Antennenprobleme beim Weltraumfunk. NTG-Fachber. 43 (1972), 101—123.
8 Galindo, V.: Design of dual-reflector antennas with arbitrary phase and amplitude distributions. IEEE Trans. AP-12 (July 1964), 403—408.
9 Williams, W. F.: High efficiency antenna reflector. Microwave J. (July 1965), 79—82.
10 Sato, Y.; et al.: Development of new earth station antenna (Mark IV). NEC RD 35 (Oct. 1974), 77—103.
11 Forrest, J. R.: Assessing antennas for small satcom terminals. MSN 11 (1981) 10, 77—100.
12 Leupelt, U.; Thiere, H.: Aufbau und elektrische Eigenschaften einer 32-m-Satelliten-funkantenne mit Strahlwellenleiter-Speisesystem. Frequenz 34 (1980) 11, 316—326.
13 Burdine, B. H.; Wilkinson, E. J.: A low sidelobe earth station antenna for the 4/6 GHz band. Microwave J. (1980) 11, 53—54, 56—58.
14 Ruze, J.: Antenna tolerance theory — a review. Proc. IEEE 54 (1966) 633—640.
15 Trentini, G. v.: Übersicht der heute in der Technik verwendeten stark bündelnden Mikro-wellenantennen. Frequenz 29 (1975) 6, 158—164 und 29 (1975) 7, 192—199.
16 Dijk, J.; Maanders, E. J.; Vorst, A. v. d.: The measurement of noise temperatures of dry and wet radomes. 2. EMC, Vol. 2, paper C.4.1.
17 Seither, H.: Bodensegment für SATCOM Phase II. ENW 49 (1974) 3, 253—263.
18 Koch, G.: Antennenprobleme beim Weltraumfunk. NTG-Fachber. 43 (1972) 101—123.
19 Rillenhorn (corrugated horn)
    a Soma, S.; Sato, I.; et al.: Earth station antenna performance using a corrugated horn reflector feed. Internat. IEEE/AP-S Symposium Digest (1974), 242—245.
    b Sato, I.; Sarkar, S. K.: Bodenstationsantenne mit Rillenhornreflektor als Primär-strahler. Techn. Mitt. PTT (1978) 2, 40—57.
    c Foldes, P.: Modifications of feed systems for frequency re-use. Microwave J. 19 (1976) 7, 35—38.
20 Siehe [53-17].
21 Siehe [53-18].
22 Trentini, G. v.: Erregersysteme für Cassegrain-Antennen. Frequenz 17 (1963) Sonder-ausgabe, 491—499.
23 Strahlwellenleiter (beam waveguide)
    a Christian, J. R.; Goubau, G.: Experimental studies on a beam waveguide for milli-meter waves. IRE Trans. AP-9 (May 1961), 256—263.

b Degenford, J. E.; Sirkis, M. D.; Steier, W. H.: The reflecting beam waveguide. IEEE Trans. MTT-12 (1964), 445—453.

c Sommers, D. J.; Parad, L. I.; Di Tullio, J. G.: Beam waveguide feed with frequency-reuse diplexer for satellite communication earth station. Microwave J. 18 (1975) 11, 51—59.

24 Drabowitch, S.: A new tracking modes coupler using a corrugated feed for satellite communication earth-station antenna. 6. EMC, 165—168.

25 Mörz, G.: Ein breitbandiges Speise- und Leitungssystem mit Eigennachführung für Satelliten-Bodenstationen. NTZ 26 (1973) 10, 441—447.

26 Siehe [20-3].

27 Hohlleitermultiplexeinrichtungen

a Sleven, R. L.; et al.: Bandstop filter design for ultra-low and high power. 2. EMC, Vol. 1, paper 3.2.4.

b Cuccia, C. L.; Bowes, J. D.: Bandpass filters: Vital elements in efficient MW communications spectrum usage. MSN 6 (1976) Aug./Sept., 50—62.

28 Mahner, H.: Frequenz-Doppelausnutzung mit orthogonalen Polarisationen. NTG-Fachber. 52 (1975) 187—194.

29 Bach, R. E. G.; Wilkinson, D.; Withers, J. D.: Commercial satellite communication. Proc. IEE 119 (1972) 929—954.

30 Rolinski, A.; Carlson, D. J.; Coates, R. J.: The X-Y antenna mount for data acquisition from satellites. IRE Trans. SET-8 (1962) 2 June, 159—163.

31 German, L.; Schönfeld, M.: Symphonie-Erdefunkstelle in Pleumeur-Bodou. Siemens-Z. 48 (1974) Beiheft Nachrichtenübertragungstechnik, 226—229.

32,33 Wilson, D. R.: A survey of the developments in antenna servotechniques. Radio and Electronic Engineer 38 (1969) 3, 169—177.

34 Begrenzte Antennennachführung

a Andrew Antennas: TV receiving earth station. Lochgelly (Great Britain): Andrew Bulletin 1088 A.

b Steinert, W.: Kleine Erdefunkstelle für Symphonie. NTZ 31 (1978) 8, 591—595.

35 Byars, M.: An approximate method of evaluating the effects of beam steering by subreflector tilting in a cassegrain system. In [50-2], 144—149.

36 Comsat Labs.: Multiple-beam torus antenna. Firmendruckschrift 1975.

37 Siehe [33-6].

38 Schiffsstationen

a Ernsberger, K.: Maritime Antennenrichtungsstabilisierung für die Satelliten-Kommunikation. Nachrichten Elektronik 32 (1978) 3, 77—84.

b Brown, K. R.; Crawford, C. I.; Davis, D. A.: A three axis stabilised mounting for a naval satellite communication terminal. In [50-2], 221—226.

c Taylor, M.: Higher accuracy direct mechanical stabilization for marine SATCOM antennas. 9. AIAA, paper 82-0530.

39 Kagoshima, K.; et al.: A 20/30 GHz band high-efficiency small earth-station antenna with elliptical beam. ICC '81, 26.4.1—26.4.5.

40 Antennen der Erdefunkstelle Raisting

a Bell, J.: Die Neubauten der Erdefunkstelle Raisting. ZPF (1981) 4, 32—36.

b Siehe [20-17].

c Schürkämper, K.: Dritte Antennenanlage der Erdefunkstelle Raisting. Siemens-Z. 46 (1972) 7, 508—513.

[54-1] Siehe [20-1], [20-2], [20-5], [20-7].

2 Stegens, R.: Design and performance of low-cost integrated MIC up- and downconverters for earth station applications. CTR 9 (1979) 1, 121—155.

3 Siehe [18-5].

4 Bischoff, M.; Schroth, J.: A 64/4 GHz down converter for a 60 GHz satellite communications system. EMC '79, 608—611.

5

a Saleh, A. M.: Theory of resistive mixers. Cambridge, Mass.: MIT Press 1971.

b Henderson, B.: Mixer design considerations improve performance. MSN 11 (1981) 10, 103—118.

6 Krefft, M.: Ein rauscharmer 30 GHz-Abwärtsumsetzer in das INTELSAT-Band von 3,7 GHz bis 4,2 GHz. mikrowellen magazin 2 (1976) 5, 355—359.

7 Neuf, D.: A quiet mixer — a quadrature image enhancement technique for image rocovery. Microwave J. 16 (1973) May, 29—32.

8 Hallford, B. R.: Low conversion loss X-band mixer. Microwave J. 21 (1978) 4, 53—59.

9 FET-Verstärker
   a Siehe [18-5].
   b Stegens, R.: Coplanar waveguide FET amplifiers for satellite communications. CTR 9 (1979) 1, 255—267.

10 Roy, D. K.: Tunnelling and negative resistance in semiconductors. Oxford: Pergamon Press 1977.

11 Siehe [16-1 b].

12 Heinlein, W.; Mezger, F. G.: Theorie des parametrischen Reflexionsverstärkers. Frequenz 16 (1962) 347—354, 391—401, 442—453.

13 Kurokawa, K.; Kenohara, M.: Minimum moise figure of the variable capacitance amplifier. BSTJ 40 (1961) 695.

14 Whelehan, J. J.: Present and future capability of millimeter pumped paramps. 6. EMC, 539—544.

15 Niemeyer, M.: Ungekühlte parametrische Verstärker für den Satellitenfunk. Bull. SEV 69 (1978) 6, 251—255.

16 Rogers, J. D.; Selby, J. I.: Microstrip double down converter receiver for satellite earth stations. [50-2], 438—446.

17 Griem, H. J.: Mehrstufige Frequenzumsetzung in Sende- u. Empfangsanlagen von Erdefunkstellen. NTG-Fachber. 52 (1975), 225—232.

18 Sleven, R. L.: Minimum distortion filters for satellite communications. Microwave J. (May 1972), 67—72.

19 Siehe [44-1 b].

[55-1] Siehe [20-1] bis [20-5].

2 Siehe [44-1 b].

3 Moghe, S. B.; Tsai, W. C.: 5-Watt 8-GHz MESFET amplifier directly replaces TW tube amplifier. MSN 11 (1981) 2, 79—85.

4 Bobek, H.: 2-kW-Leistungsverstärker für Satellitenfunkstationen. telcom report 3 (1980) 2, 145—149.

5 Graf, H.: Sender und Leistungsverstärker für Erdefunkstellen. Siehe [20-17], 54—57.

6 De Coudenhove, J.; Lisimaque, J.: 6-GHz-Leistungsverstärker für Erdefunkstellen. ENW 49 (1974) 3, 295—303.

[56-1] Cott, P. J.: Earth station practice and operation. Telecommunications 14 (1980) 11, 34 S, 34 U, 34 AA.

2 Cuccia, C. L.; et al.: The rechnology of unattended remotely monitored earth terminals. 7. AIAA, 562—571.

3 Herkert, H.; Tromballa, W.: Fernsteuerungs- und Fernüberwachungssystem für die Erdefunkstelle Raisting. telcom report 4 (1981) 6, 436—441.

[57-1] Cuccia, C. L.; Fischer, P. J.: Taking the measure of earth terminal performance. MSN 6 (1976) June/July, 51—65.

2 Intelsat Standard A: Performance characteristics of earth stations in the Intelsat IV, IV A and V systems having a G/T of 40,7 dB. (23. 11. 1976.)

3 Intelsat BG-24-43 E W/10/76 (23. 11. 76.): Standard C performance characteristics of earth stations in the Intelsat V system frequency bands (14 and 11 GHz).

4 Koyama, K.; et al.: Measurement of AM-PM conversion coefficients. Telecommunications 12 (1978) 6, 25—28.

5 N.N.: NBS to produce calibration system for earth terminalis. MSN 8 (1978) 5, 12—16.

6 Howell, T. F.: Test set for measurement of G/T. In [50-2], 169—174.

[58-1] Eichhorn, P.; Kübler, K.: Unterbrechungsfreie Stromversorgungseinrichtungen für Nachrichtenübertragungssysteme. telcom report 4 (1981) 6, 432—435.

[60-1] Siehe [20-...].

2 Porter, R. W.: The versatile satellite. Oxford: Oxford university press 1977.

3 DGLR-Symposium "Communication satellites — today and tomorrow." 15. Okt. 1981 München.

4 Collette, R. C.; Herdan, B. L.: Design problems for spacecraft for communication missions. Proc. IEEE 65 (1977) 3, 342—356.

[61-1] Siehe [20-...], [30-...]; insbesondere [20-2], [20-11], [20-13].

2 N.N.: U.S. spacecraft/International spacecraft. AWST (1981) (March 9), 142—143.

3 Kenndaten wichtiger Nachrichtensatelliten in Electronics Oct. 6, 1982; Sept. 11, 1980; Oct. 12, 1978.

[62-1] Siehe [60-4].

2 Hayes, G. T.; et al.: Design of the antenna module structure for Intelsat V spacecraft. 7. AIAA, paper 78-592.

[63-1] Ricardi, L. J.: Communication satellite antennas. Proc. IEEE 65 (1977) 3, 356—369.

2 Bangert, J. T.; et al.: The spacecraft antennas. BSTJ 42 (1963), 869—897.

3 Hess, R.: Die rundstrahlende Wendelantenne als Satelliten-Bordtelemetrieantenne. NTG-Fachber. 32 (1967), 96—100.

4 Rankin, J. B.; Devane, M. E.; Rosenthal, M. L.: Multifunction single-package antenna system for spin-stabilized near-synchronous satellite. IEEE Trans. AP-17 (1969) 4, 435—442.

5, 6 Rosenthal, M. L.; Devane, M. E.; LaPage, B. F.: VHF-antenna systems for spin-stabilized satellites. IEEE Trans. AP-17 (1969) 4, 443—451.

7 Siehe [63-4].

8 Donnelly, F. E., Jr.; Graunas, R. P.; Killian, J. D.: Motor gives reverse twist the Intelsat 3 antenna. Electronics (1968) April 1, 71—79.

9 Blaisdell, L.; Rubin, R.; Mahr, O.: ATS mechanically despun communications satellite antenna. IEEE Trans. AP-17 (1969) 4, 415—428.

10 Scott, W. G.; Luh, H. S.; Matthews, E. W.: Design tradeoffs for multibeam antennas in communication satellites. ICC '76, 4-1—4-6.

11 Rebhan, W.: Strahlungsdiagramme für Bordantennen von Nachrichtensatelliten. Frequenz 20 (1966) 5, 156—165.

12 Rebhan, W.: Möglichkeiten und Beurteilungskriterien bei der Ausleuchtung von Erdegebieten durch Satellitenbordantennen. NTG-Fachber. 52 (1975) 178—186.

13 Mehrstrahlantennen
a Hayes, G. T.; Totah, N. I.; Young, J. W.: Design of the antenna module structure for Intelsat V spacecraft. 7. AIAA, paper 78-592.
b Duncan, J. W.; Hamada, S. J.; Ingerson, P. G.: Dual-polarization multiple-beam antenna. 6. AIAA, paper 76-248.
c Han, C. C.; et al.: A beam-shaping multifeed offset reflector antenna. 6. AIAA, paper 76-249.

14 Kreutel, R. W., Jr.; et al.: Antenna technology for frequency reuse satellite communications. Proc. IEEE 65 (1977) 3, 370—378.

15 Wilkinson, E. J.: A dual polarized cylindrical-reflector antenna for communication satellites with low cross-polarization and controlled principal plane beamwidths. Microwave J. 16 (1973) Dec., 27—30, 62.

16 Ricardi, L. J.; Sabelhams, A. B.: Applications technology satellites F and G, communications subsystem. Proc. IEEE 59 (1971), 206—212.

17 Graphit-Epoxyd-Strukturen
a Fager, J. A.: Application of graphite composites to future spacecraft antennas. 6. AIAA, paper 76-238.
b Archer, J. S.: High performance parabolic antenna reflectors. 7. AIAA, paper 78-593.

[64-1] Siehe [20-1], [20-2].

2 Siehe [20-3].

3 O'Donovan, M. V.; Kudsia, C. M.; Keyes, L. A.: Design of a lightway microwave repeater for a 24-channel domestic satellite system. RCA review 34 (1973), 506—538.

4 Siehe [20-4].

5 Siehe [64-3].

6 Latza, E.; Malzahn, P.: Hochleistungs-Senderöhren für TV-Satelliten. NTZ 33 (1980) 11, 732—734.

7 D'Ambrosio, A.: Spaceborne K-band parametric amplifiers; present and future. EMC '79, 603—607.

8 Siehe [18-6].

9 Dobratz, B.: GaAs circuits for spacecraft. communications international (1981) 11, 55—56.

10 Czech, J.: Modulare 4-GHz-Breitbandverstärkerkomponente für Nachrichtensatelliten. NTZ 30 (1977) 5, 407—412.

11 Wheeler, C. A.; Livingstone, S. M.: A solid-state amplifier for satellite communications. Microwave J. 18 (1975) 7, 52—55.

12 Siehe [64-3].

13 Ho, P. T.; et al.: Solid state amplifiers in communications satellites. 7. AIAA, 182—187.

14 Siehe [18-3].

15 Mooney, D. W.; Bayuk, F. J.: Power-combining produces benchmark 41-GHz-amplifier. MSN 12 (1982) 7, 88—105.

16 Deml, D.; Palz, G.: High power amplifiers for direct TV-broadcast satellites. 7. AIAA, 717—727.

17 Cheu, M. H.; Assal, F.; Mahle, C.: A contiguous band multiplexer. Eurocon 1977 Conf. Proc., 2.6.8.1—2.6.8.6.

[65-1] Cuccia, C. L.: Modern transponder technology for baseline designs of data processing and switching communication satellites. In: Napolitano, L. G.: A new era in space transportation. Oxford: Pergamon Press 1977, 153—180.

2 Shimamura, T.; et al.: 120-Mbit/s, 6 GHz on-board waveform regenerator for communications satellites. EMC '79, 213—217.

3 Attwood, S.; Sabourin, D.: Baseband-processed SS-TDMA communication system architecture and design concepts. 9. AIAA, paper 82-0482.

4 Lamberts, H.; May, P.: Characterization of 16 Bit Microprocessors for space use. 9. AIAA, paper 82-0460.

5 Mehrere Beiträge zur 5. ICDSC:
a Apple, J. H.: An onboard baseband switch matrix for SS-TDMA. 429—434.
b Ohm, G.: Experimental 14/11 GHz regenerative repeater for communication satellites.
c Childs, W. H.; et al.: A 14 GHz regenerative receiver for spacecraft application.
d Amadesi, P.: Clock recovery for on-board regeneration in a TDMA satellite communication system. 461—468.
e Moreno, L.; et al.: Implementation imperfections of a 4-DCPSK on-board demodulator: performance degradations and measurements techniques. 469—476.
f Lopriore, M.; Manoni, G.: The design of a 30/20 GHz regenerative payload for satellite applications. 477ff.

6 Childs, W. H.: Integrated 14 GHz digital receiver for advanced spacecraft application. MSN 11 (1981) 10, 119—121.

[66-1] Lafleur, J. D.: Nuclear power systems for spacecraft. IEEE Trans. AES-6 (1970), 147—164.

2 Chichester, L. G.: Advanced light-weight solar array technology. 7. AIAA, 55—60.

3 Siehe [60-4].

4 Williams, R.; Crandall, R. S.: Carrier generation, recombination and transport in amorphous silicon solar cells. RCA Review 40 (1979) Dec. 371—389.

5 AEG-Telefunken: Eigenschaften der Standard- und der Telsun-Solarzellen. Applikationsbericht. B 2/V.7.15/0470.

6 AEG-Telefunken: Solarzellen für Raumfahrt und terrestrischen Einsatz. AEG-Tfk. Halbleiter-Informationsdienst 1/80.

7 Siehe [66-5].

8 Curtin, D. J.; Statler, R. L.: Review of radiation damage to silicon solar cells. IEEE Trans. AES-11 (1975) 499—513.

9 Berks, W. I.; Luft, W.: Photovoltaic solar arrays for communication satellites. Proc. IEEE 59 (1971), 263—271.

10, 11 Koelle, D. E.: Advanced technology for direct TV-broadcasting satellites. 7. AIAA, 709—716.

12 Stockel, J. F.; Dunlop, J. D.; Betz, F.: NTS-2 Nickel-Hydrogen battery performance. 7. AIAA, 66—71.

13 Siehe [31-6a].

14 Siehe [60-4].

15 Gohrbandt, B.; Rath, J.: Power supply systems in the multi-kw-range. ESA SP-122.

[67-1] Siehe [60-4].

2 MBB, AEG-Telefunken, Dornier System, ERNO, SEL: TV-SAT. Interim Study Presentation. Juni 1978 Bonn.

3 Reay, D. A. (Ed.): Advances in heat pipe technology. Oxford: Pergamon Press 1982.

[68-1] Edelson, B. I.; Morgan, W. L.: Orbital antenna farms. Astronautics and Aeronautics 15 (1977) 9, 20—29.

2 Schneider, G.: Konzepte großer Telekommunikationsplattformen der Zukunft. Astronautik (1982) 1, 12—16.

3 Koelle, D. E.: The MBB-Geoplatform concept and potential applications. In [60-3].

4 Koelle, D. E.; Kleinau, W.: A modular geoplatform concept for INTELSAT VII and other applications. 9. AIAA, paper 82-0549.

[69-1] Siehe [60-2], Kap. 3: Designing for the satellite environment.

2 ESRO: Proposition concernant un programme de development de Satellite Europeens de Telecommunications. Fascicule 1—6. 1967.

3 Aschmoneit, E. K.: Meßsatellit soll Störphänomene an Nachrichtensatelliten klären. NTZ 30 (1977) 12.

4 N.N.: Composite material to protect space satellites from electrostatic discharges. Telecommunication J. 48 (1981) 3, 131.

5 Vandenkerckhove, J. A.: Satellite refuelling in orbit. 9. AIAA, 82-0514.

[70-1] Gröschel, G.: Planungsverfahren für die Rundfunkversorgung über Satelliten im 12 GHz-Bereich. Fernmelde-Ing. 32 (1978) 2, 1—29; 3, 1—31.

2 Joint special issue on the 1979 WARC. IEEE Trans. COM-29 (1981) 8.

3 Jansky, D.; Jeruchim, M.: Communications satellites in the geostationary orbit. London: Artech 1983.

[71-1] Siehe [20-16].

[72-1] Weppler, H. E.: WARC-79 provisions for microwave radio relay systems. [70-2].

2 Reinhart, E. E.: The impact of the 1979 WARC on the fixed satellite, intersatellite and mobile satellite services. [70-2], 1182—1192.

3 Reinhart, E. E.; et al.: The impact of WARC-79 on the broadcasting satellite service. [70-2], 1193—1209.

4 Bowen, R. R.: The canadian approach to the development of communications by satellite in the 12 GHz-band. [70-2], 1210—1216.

5 Final acts of the WARC Geneva, 1979.

6 Schroth, A.; u. a.: Erschließung höherer Frequenzbereiche für die Satellitenkommunikation. NTZ Archiv 5 (1983) 1. 19—25.

[73-1] CCIR: Recommendations and reports of the CCIR, 1978. Vol. IV: Fixed services using communication satellites. Vol. IX: Fixed services using radio relay systems. UIT Geneva 1978.

2 CCIR: Provisional technical report for WARC 1984 Interim Working Party 4/1 Doc 4/286-E 12. 6. 1981.

[74-1] CCIR Reports 448-1, 382, 569.

2 Brodhage, H.; Hormuth, W.: Planung und Berechnung von Richtfunk-Verbindungen. Siemens 1977.

3 Phillips, P. J.; Sullivan, T. M.: Techniques for the management of frequency bands shared between terrestrial stations and mobile or transportable earth stations. [70-2], 1179—1182.

4 Stemple, H. L.: Frequency coordination of an earth station. Microwave J. May 1979, 61—65.

5 Gierz, U.: Probleme der gemeinsamen Frequenzbenutzung für Richtfunk- und Satellitenfunk-Netze. TB. Fernmeldepraxis 1976, 208—228.

6 Dalgleish, D. I.: The influence of interference on the siting of earth stations. IEE Conf. Comm. Syst. Techn. London 1975, 21—27.

[75-1] Withers, D. J.: Satellite system constants for effective orbit and spectrum utilization. Telecom '79, 1.5.9.1—1.5.9.7.

2 Gould, R. G.: International and domestic regulations affecting the efficiency of orbit and spectrum utilization. ICC '78, 35.1.1—35.1.5.

3 Prasana, S.; Pontano, B.: Factors affecting orbital utilization. ICC '78, 35.2.1—35.2.5.

4 Withers, D.: The effect of WARC-79 on efficient use of the geostationary satellite orbit. [70-2], 1216—1221.

5 CCIR Study Groups: Provisional technical report for WARC 84. Interim Working Party 4/1, Doc. 4/286-E, 12. Juni 1981.

6 CCIR Report 391-3 draft rev. 1980 (Doc. 4/248).

7 CCIR: Recommendations and reports of the CCIR, 1978. Vol. IV: Fixed services using communication satellites, Rec. 466-2; Rec. 523.

8 Morgan, W. L.: Even smaller earth stations, crowded satellites imply changes, MSN April 81, 81—90.

9 Acampora, A. S.: The ultimate capacity of frequency-reuse communication satellites. BSTJ 59 (1980), 1089—1122.

10 Radio regulations, Appendix 29.

11 Sawitz, P. H.: Planning satellite communication services and spectrum-orbit utilization. 9. AIAA, paper 82-0526.

12 Smith, G. K.; et al.: Geostationary orbit capacity in relation to services expansion and technology development. 9. AIAA, paper 82-0527.

[76-1] Hess, G. C.: Land mobile satellite path loss measurements. IEEE Trans. VT-29 (1980), 290—297.

2 Heierli, H.: Ergebnisse der Empfangsmessungen mit dem europäischen Testsatelliten OTS. Techn. Mitt. PTT (1981) 11, 414—420.

3 Ochs, A.: Geeignete Frequenzbereiche für Satelliten-Nachrichtenübertragungen. NTF 43 (1972), 51—68.

4 Riedler, W.; Lothaller, W.: Über den Einfluß der Mikrowellenausbreitungsbedingungen auf den Entwurf von Nachrichtensatellitensystemen. AEÜ 32 (1978) 5/6, 215—221.

5 Hogg, D. C.; Chu, T. S.: The role of rain in satellite communications. Proc. IEEE 63 (1975), 1308—1331.

6 CCIR Doc. 4/286 (1981)

[77-1] Dingeldey, R.: Wirtschaftliche Aspekte bei Fernmeldesatelliten. [20-9], 93—110.

[78-1] Lauger, E.; Moltoft, J. (edit.): Reliability in electrical and electronic components and systems. Proc. 5. European Conference on Electrotechnics (EUROCON) 1982. Amsterdam: North Holland 1982.

2 DeBaylo, P. W.: Design, measurement and achievement of a high level service availability in a domestic satellite communications network. 9. AIAA, paper 82-0515.

3 Mocci, G.; Saggese, E.: A new computerized approach to reliability assessment of complex satellite payloads. 9. AIAA, paper 82-0516.

[80-1] Häberle, H.; Herter, E.: The influence of modern multiple access system on telecommunication networks. NTZ 24 (1971), 589—595.

2 Häberle, H.; Herter, E.: A proposal for the interworking of preassagment satellite and terrestrial systems with demand-assignment satellite systems in interregional telecommunication networks. IEEE Trans. COM-19 (1971) 2 (April), 205—210.

3 Herter, E.; Knabe, F. T.: Die vermittlungstechnischen Aufgaben und deren Lösung im TDMA-System. Frequenz 25 (1971), 316—321.

4 Siehe [30-2].

5 Siehe [30-3].

[81-1] Pernau, W.: Internationaler Fernmeldeverkehr. ZPF (1976) 2, 24—31.

[82-1] Tanenbaum, A.: Computer networks. Prentice-Hall 1981.

2 Loevenbruck, A.: High level protocols for a satellite network. 5. ICDSC, 185—192.

3 Lundquist, L.; Dinwiddy, S.: Flexible satellite data service. 5. ICDSC, 193—200.

4 Burren, J. W.; Wooster, C. B.: The Universe Project. Linking computer local area networks by satellite. Telecommunications 15 (1981) 9, 34 L—34 N.

5 Hanell, S.: The use of satellites for informatics. ESA Bulletin 19, 14—23.

[83-1] Siehe [46-1].
   2 Kleinrock, L.; Lam, S. S.: Packet switching in a multiaccess broadcast channel: Performance evaluation. IEEE Trans. COM-23 (1975) 4, 410—423.
   3 Kaul, A.; Cook, W.; Dodel, H.: An experiment in high-speed international packet switching. 9. AIAA, paper 82-0456.
   4 May, J. L.; Kaiser, D. A.; Taylor, T. E.: The flooded packet satellite network. 9. AIAA, paper 82-0453.
   5 Weinstein, C. J.; Heggestad, H. M.: Multiplexing of packet speech on an experimental wideband satellite network. 9. AIAA, paper 82-0454.
[84-1] Gatfield, A. G.: Satellite links in the integrated services digital network. 5. ICDSC, 235—242.
[85-1] Kaiser, J.; et al.: A full duplex video teleconference via INTELSAT V F-2 and OTS-2 At 14/11 GHz. 9. AIAA, paper 82-0539.
   2 Sonneville, W.: A closer look at videoconferencing. Telecommunications 15 (1981) 6, 16—22.
[86-1] Rosenbrock, K. H.: Das CCITT-Zeichengabesystem R 2. Unterrichtsbl. 29 (1976) 10/11, 351—370.
   2 Hlawa, F.; Stoll, A.: Der Zentrale Zeichenkanal nach dem CCITT-System Nr. 7. telcom report 2 (1979) 6, 394—401.
[87-1] Bic, J. C.; Bousquet, J. C.; Oberle, M.: Privacy over digital satellite links. 5. ICDSC, 243—250.
[88-1] Bouchard, M.: Planning of feeder links to broadcasting satellites at the 1983 RARC. 9. AIAA, paper 82-0506.
[90-1] Siehe [20-3], [20-4].
[91-1] Hessenmüller, H.: Ein Überblick über Verfahren zur digitalen Übertragung von Ton- u. a. Signalen in Kombination mit dem Videosignal über Rundfunksatelliten. NTG-Fachber. 81 (1982), 55—63.
   2 Heckel, C.: Die Übertragung von Fernsehbegleittönen bei Rundfunksatelliten. NTG-Fachber. 81 (1982), 64—71.
   3 Murakami, H.; et al.: Satellite test results of 30 Mbits/s digital TV transmission. 5. ICDSC, 149—156.
   4 Schreitmüller, W.: Digital sound using 12-GHz-broadcast satellites. Telecommunications 16 (1982) 2, 34 B—34 F, 65-1.
[92-1] Siehe [99-1], [99-2].
[93-1] Maruta, R.; et al.: Design and performance of a DSI terminal for domestic applications. IEEE Trans. COM-29 (1981) 3, 337—345.
   2 Weidenfeller, H.: TDMA/DSI: Digitales Satellitenübertragungsverfahren im Zeitmultiplex. NTZ 34 (1981) 10, 698—703.
   3 Suyderhoud, H. G.; et al.: Digital speech interpolation with nearly instantaneous companding or ADPCM. 5. ICDSC, 273—284.
[94-1] Curtis, T. H.; et al.: Use of a digital echo canceler in the ATT DOMSAT intertoll network. 5. ICDSC, 227—234.
   2 Copperi, M.; et al.: A new approach for a microprogrammed echo canceller. 5. ICDSC, 259—264.
   3 Wehrmann, R.: Stand der Entwicklung von Echokompensatoren für den Fernsprechweitverkehr und notwendige Weiterentwicklungen für zeitvariante Echopfade im deutschen Netz. Frequenz 36 (1982) 7—8, 205—210.
   4 Sondhi, M.; Berkley, D.: Silencing echoes on the telephone network. Proc. IEEE 68 (1980) 8, 948—963.
   5 Mehrere Arbeiten über Echounterdrücker und -kompensatoren. Commutation & Transmission 3 (1981) 4, 5—38.
[95-1] Siehe [20-3], [20-4].
   2 Mehrere Artikel in 5. ICDSC:
     a Harris, R. A.; Ulrich, S.: Interference and distortion control in TDMA systems. 37—46.
     b Satoh, G.; Mizuno, T.: Non linear satellite channel design for QSPKT/TDMA transmission. 47—54.

c Chakraborty, D.; Jones, M. E.: Laboratory simulation results of 120 Mbit/s QPSK nonlinear channel modems. 55—62.

d Chadwick, H.; et al.: Performance of a TDMA burst modem through a dual nonlinear satellite channel. 63—68.

e Murakami, S.; et al.: Optimum filters and their tolerance for nonlinear satellite channels. 69—78.

f Rhodes, S. A.; Lebowitz, S. H.: Performance of coded OPSK for TDMA satellite communications. 79—88.

g Duponteil, D.: Binary modulations of digital satellite communications link with differential demodulation. 89—98.

h Kennedy, D. J.; Koh, E. K.: Frequency-reuse interference in TDMA/QPSK satellite system. 99—108.

i Braude-Zolotarev, Y. M.; et al.: Optimization of spread spectrum systems by cascaded coding. 109—116.

j Porzio Giusto, R.: Transmit power control system in regenerative satellite communications. 117—126.

k Benedetto, S.; et al.: Optimum receivers for nonlinear satellite channels. 303—318.

3 Mehrere Beiträge in 9. AIAA.

a Mickoff, J.: Intermodulation noise in solid-state power amplifiers for wideband signal transmission. Paper 82-0499.

b Eftekhari, R., et al.: Communications design considerations in interference limited satellite networks. Paper 82-0528.

c Chang, M.; et al.: Simulated performance of digital modulations through an injection locked impatt amplifier. Paper 82-0500.

e Benedetto, S.; Biglieri, E.: Nonlinear equalization of digital satellite channels. Paper 82-0510.

4 Mehrere Aufsätze in IEEE Trans. COM-29 (1981) 5.

a Ekanayake, ±.; Taylor, D.: A decision feedback reeiver structure for bandlimited nonlinear channels. 539—548.

b Devieux, C., jr.; Jones, M. E.: A practical optimization approach for QPSK/TDMA satellite channel filtering. 556—566.

c Fang, R. J. F.: Quaternary transmission over satellite channels with cascaded nonlinear elements and adjacent channel interference. 567—581.

d Kennedy, D. J.; Shimbo, O.: Cochannel interference in nonlinear QPSK satellite systems. 582—592.

e Huang, T.-Ch.; Omura, J. K.; Lindsey, W. C.: Analysis of coherent satellite communication systems in the presence of interference and noise. 593—604.

5 Mehrere Beiträge in ICC '81.

a Benjamin, T.: Cumulative hardware distortion effects on coded and uncoded performance via a satellite repeater. 12.3.1—12.3.5.

b Wachira, M.; et al.: Performance of power and band-width efficient modulation techniques in regenerative and convential satellite systems. 37.2.1—37.2.5.

c Nakamoto, F. S.; Middlestead, R. A.; Wolfson, C. R.: Impact of time and frequency errors on processing satellites with MFSK modulation. 37.3.1—37.3.5.

d Schreitmüller, W.: A simple QPSK-downlink for satellite systems with on-board regeneration. 37.4.1—37.4.6.

e Le-Ngoc, Th.; Feher, K.: A new class of IJF-OQPSK modems for regenerative satellite systems. 37.5.1—37.5.6.

f Castellani, V.; Pent, M.: Clock recovery for a DCPSK link in a burst mode TDMA system. 37.6.1—37.6.5.

g Chang, P.; Fang, R. J.; Jones, M. E.: Performance over cascaded and band-limited nonlinear satellite channels in the presence of interference. 47.3.1—47.3.10.

h Lebowitz, S. H.; Rhodes, S. A.: Performance of coded 8-PSK signaling for satellite communications. 47.4.1—47.4.8.

i Hui, J.; Fang, R. J. F.: Convolutional code and signal waveform design for band-limited satellite channels. 47.5.1—47.5.10.

6 Harris, R. A.: Transmission aspects of the ECS system. ESA Journal 2 (1978) 4, 259—278.

7 Weinberg, A.: The effects of transponder imperfections on the error probability performance of a satellite communication system. IEEE Trans. COM-28 (1980) 6, 858—872.

8 Eng, K. Y.; Stern, T. E.: The order- and type prediction problem arising from passive intermodulation interference. IEEE Trans. COM-29 (1981) 5, 549—555.

9 Oka, I.; et al.: Effects of soft-limiting in PSK satellite systems. AEÜ 37 (1983) 1/2, 25—28.

[96-1] Musmann, H. G.: Digitale Codierung und Übertragung von Fernsehsignalen. [34-1], 54.

2 Bit rate reduction techniques incl. DSI. Special issue IEEE Trans. COM 30 (1982) 4.

[97-1] Grant, P. M.; Cowan, C. N. F.: Adaptive antennas find military and civilian applications. MSN 11 (1981) 9, 97—107.

2 Mehrere Beiträge in ICC '81.

3 Foldes, P.; Berkowitz, M.: Reconfigurable multibeam antennas for satellite communications. Telecom '79, 1.5.6.1—1.5.6.12.

4 Amitay, N.; Rustako, A. J.: 12 GHz scanning spot beam phased array for satellite communication. EMC '79, 127—131.

[98-1] Collins, L. J.; et al.: LES-8/9 'communication system test results. 7. AIAA, 471—478.

2 N.N.: TWTs sought for intersatellite communications. MSN 8 (1978) 3, 52.

3 Ross, M.; et al.: Space laser communications. 7. AIAA, paper 78-595.

4 Rutkowski, A. M.: The Inter-Satellite-Service — future shock for telecommunication policy makers. Telecommunications 15 (1981) 7, 64—65.

5 Golden, E.: The wired sky. 9. AIAA, paper 82-0467.

[99-1] Trägerenergieverwischung: CCIR Report 384-2.

2 Arazi: Self synchronizing digital scramblers. IEEE Trans. COM-25 (1977) 12.

3 AM/PM-Konversion: Siehe [57-4].

4 Differenztonfaktor: Kaiser, R. (Hrsg.): Betriebsmessungen der Fernmeldetechnik, Teil 1 Übertragungstechnik. Berlin: Schiele u. Schön 1972.

Sach- und Abkürzungsverzeichnis

Vorbemerkung

Im Zusammenhang mit Nachrichtensatellitensystemen sind sehr viele Abkürzungen gebräuchlich. Die Erläuterung dieser Abkürzungen wurde in das Sachverzeichnis integriert; dies ist sinnvoll, da man auf der Suche nach einem Begriff zuerst das Sachverzeichnis konsultieren wird. Manche Abkürzungen aus dem weiteren Gebiet der Satellitentechnik kommen im Buch nicht vor; andere werden häufig verwendet, aber an den betreffenden Stellen des Buches nicht weiter erklärt. In solchen Fällen ist keine Seitenzahl angegeben.

Nachrichten-technik

Herausgeber: H. Marko

Band 5
G. Färber

Prozeßrechentechnik

Allgemeines, Hardware und Software, Planungshinweise

1979. 98 Abbildungen, 5 Tabellen. X, 208 Seiten
DM 52,–. ISBN 3-540-09263-3

Inhaltsübersicht: Einführung. – Prozeßautomatisierung mit Rechnern: Besondere Kennzeichen von Prozeßrechnern. Einsatzgebiete und Beispiele. Schritthaltende Verarbeitung. Programm und Task. – Prozeßrechner-Hardware: Prozeß-rechner-Zentraleinheiten. Ein/Ausgabesysteme. Datenperipherie für Prozeßrechner. Prozeßperipherie. Zuverlässigkeit und Sicherheit. – Prozeßrechnersoftware: Echtzeitbetriebs-systeme. Prozeßrechnersprachen. – Zur Planung von Prozeß-rechnersystemen. – Literaturverzeichnis. – Sachverzeichnis.

Die Prozeßrechentechnik gewinnt besonders durch die rasche Entwicklung der Mikroelektronik zunehmend an Bedeutung. In Form von Mikroprozessorsystemen finden Prozeßrechner breiten Eingang in Fachgebiete, welche über das Gebiet der Elektrotechnik weit hinausgehen. Industrielle Anlagen, Laborgeräte, Hausheizungen, Autos und sogar Fernsehgeräte sind Beispiele für technische Prozesse, welche heute durch Prozeßrechner automatisiert werden. Das vorliegende Buch baut auf einer über mehrere Jahre abgehaltenen Vorlesung auf. Schwerpunktmäßig werden Prozeßrechner-spezifische Systemeigenschaften behandelt, etwa die Aufgabe der schritthaltenden Verarbeitung, die Prozeßperipherie oder die Basisstruktur von Echtzeit-Betriebssystemen. Die Einführung in die Hardware (Prozessoren, Ein/Ausgabe-Systeme, Prozeßperipherie) erfolgt an konkreten Beispielen (einschließlich Mikroprozessoren), die Struktur der Basissoftware wird aus den Anforderungen abgeleitet. Zahlreiche Einsatzbeispiele u.a. aus den Gebieten Industrie, Labor, Medizin, Verkehr machen die Einsatzbreite dieser Schlüsseltechnologie deutlich.

Band 4
H. Kremer

Numerische Berechnung linearer Netzwerke und Systeme

1978. 29 Abbildungen. X, 179 Seiten
DM 54,–. ISBN 3-540-08402-9

Inhaltsübersicht: Berechnung linearer zeitinvarianter Netzwerke im Frequenzbereich. – Numerische Lösung linearer Gleichungssysteme. – Analyse von Netzwerken mit einstellbaren Parametern. – Berechnung der Übertragungsgrößen eines Netzwerks. – Berechnung der Parameterempfindlichkeiten eines Netzwerks. – Ausblick auf weitere Verfahren zur Lösung linearer Gleichungssysteme. – Anhang: FORTRAN-Programme.

Springer-Verlag
Berlin
Heidelberg
New York
Tokyo